高木貞治とその時代

西欧近代の数学と日本

Teiji Takagi and His Era:

Mathematics of Modern Western Europe and Japan

TAKASE Masahito
高瀬正仁

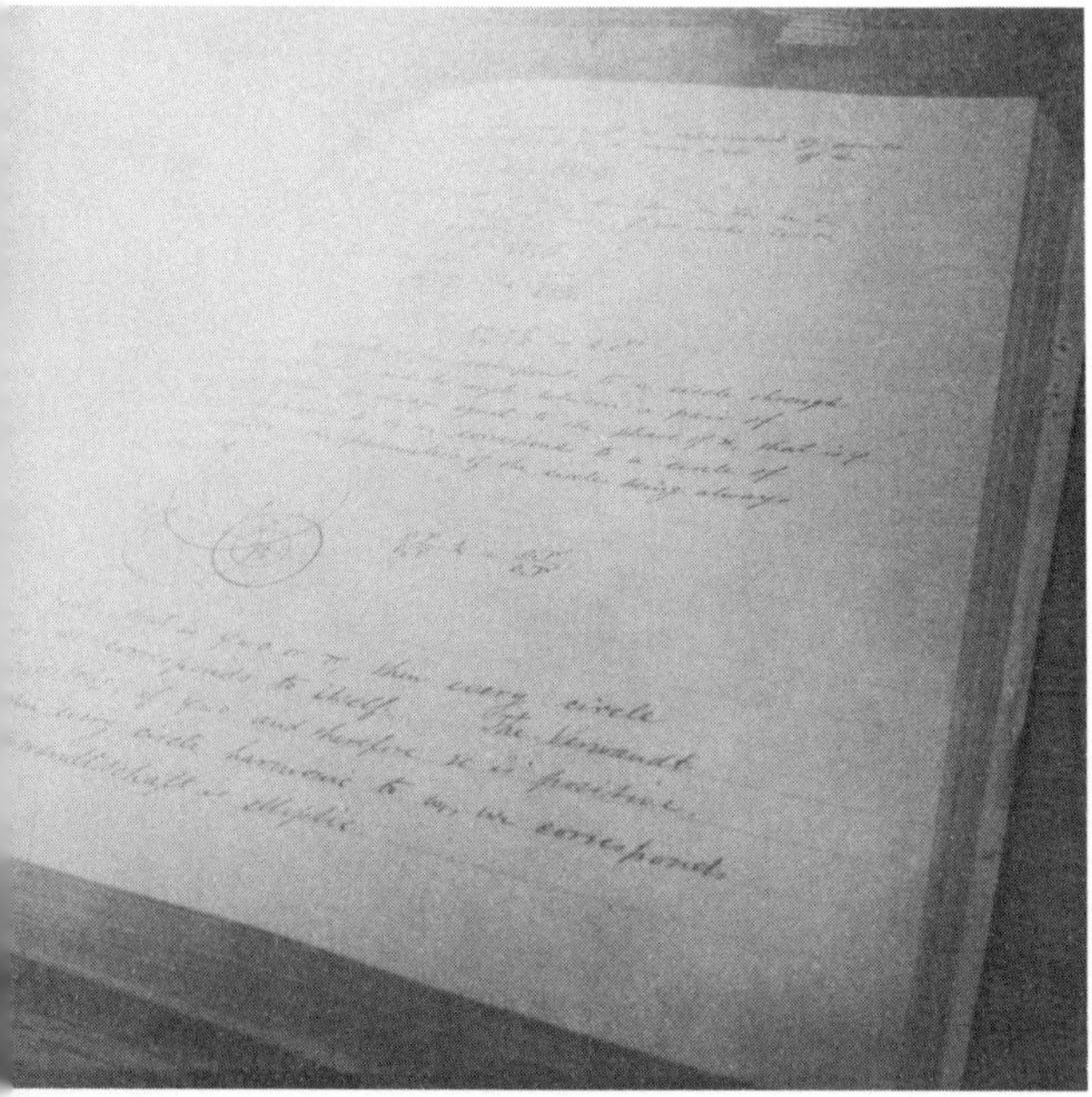

東京大学出版会

Teiji Takagi and His Era:
Mathematics of Modern Western Europe and Japan
Masahito TAKASE
University of Tokyo Press, 2014
ISBN978-4-13-061310-1

プロローグ――日本の近代の星の時間に寄せる

高木貞治は日本の近代のはじまりと変容に随伴して人生を生きた数学者である。明治の草創期に岐阜の山村に生まれた高木の周囲には、さまざまな立場から西欧近代の数学に心を寄せ、日本に移植しようとする試みを続ける一群の人びとがいた。思い出されるままに回想すると、石川県加賀の数学者関口開、高木の第三高等中学校時代の師匠河合十太郎、西田幾多郎の師匠北條時敬、東京に存在した帝国大学の二人の数学者、菊池大麓と藤澤利喜太郎などの名が次々と念頭に去来する。どのひとりの人生も尋常ではなく、日本の近代の形成に深い関わりをもつことになった人物ばかりである。

関口開は長州藩士戸倉伊八郎との幸いとはいえない出会いと別れを体験し、和算を離れ、ひとり洋算の世界に分け入っていった。河合十太郎ははじめ関口に手ほどきを受け、それから父とともに上京した。帝大で菊池、藤澤に学び、藤澤に別れを告げて京都に移り、京都帝大の数学科の創始者になった。後年の『善の研究』の著者西田幾多郎は数学者ではないが、若い日に数学を志した一時期があり、しかも師匠の北條時敬は帝大数学科の最初期の出身者であった。西田は哲学と数学のはざまに揺れる心を抱えて青春期を送り、逡巡の末に数学と別れて哲学を選択した。

高木貞治は三高で河合に出会い、数学の光を心に灯し、上京して菊池と藤澤に西欧近代の数学を学んだ。洋行先のゲッチンゲンでヒルベルトと際会し、ヒルベルトのアイデアを継承して日本に持ち帰り、類体論の建設に成功した。長期間にわたって東大に在籍し、日本の数学者たちの共通の師になったが、高木の親切な支援を受けた人びとの中には、「考へ方研究社」を創業した藤森良蔵や、紀州和歌山の山村でひとり数学研究の日々を送る岡潔のような人もいたのである。

若年の藤森は信濃の畸人保科五無斎と出会い、「考へ方」という、数学教育に新生面を開いた斬新な教育法のアイデアを保科から受け取った。「高等数学の解放」という大きな看板を掲げて熱意のある活動を繰り広げたが、高木は藤森の心情を理解し、協力を惜しまなかった。岡は京大で河合十太郎に学び、親友の考古学者中谷治宇二郎との出会いと別れという痛切な体験を経て帰郷したが、孤高の数学者岡の心情の寄る辺となったのはまたしても高木であった。

高木と高木をめぐる人びとの光芒は今もかすかに感知される。数学的科学の輪郭がぼやけがちになり、行く末の見通しがむずかしい時代にさしかかっている今日、ほのかな星明りを頼りに日本の近代の星の時間を回想し、回復するためのよすがでありたいと願いながら本書を執筆した。共鳴する読者との出会いを心から期待したいと思う。

平成二十六年七月七日

高瀬正仁

高木貞治とその時代

——西欧近代の数学と日本

目次

第五章　青春の夢を追って……199

附録……367

第一章

学制の変遷とともに

一　菊池大麓の洋行

蕃書調所

菊池大麓《だいろく》は東京大学で数学を教えた一番はじめの数学者であった。天文学者の寺尾壽《てらおひさし》と同年で、安政二年一月二十九日（一八五五年三月十七日）、津山藩士の箕作秋坪《みつくりしゅうへい》の次男として江戸天神下（現在の新宿区喜久井町）の津山藩松平家の下屋敷に生まれた。父は蘭学者で、幕府の外国方（外国奉行）に勤務していた。箕作家に生まれたのになぜ菊池を名乗ったのかといえば、父の箕作秋坪が蘭学者の箕作阮甫《げんぽ》の次女と結婚して箕作家の養子になったためで、父の実家の姓は菊池であった。菊池大麓は父方の家を継いだのである。

文久元（一八六一）年正月、数えて七歳の菊池は蕃書調所《ばんしょしらべしょ》に入学した。蕃書調所は徳川幕府が蘭学の域を越えて広く洋学研究のために開設した研究教育機関である。浅草天文台内に設置された蛮書和解御《ばんしょわげご》用掛《ようがかり》の後身であり、同時に明治維新後に設立された東京大学の源流である。蛮書和解御用掛は洋書の翻訳を任務とした徳川幕府の部局である。翻訳の対象になった洋書の中心は蘭書（オランダ語で書かれた書物）だったが、嘉永六年六月（一八五三年七月）と翌嘉永七年一月（一八五四年二月）の二度に渡るペリー来航の衝撃を受けて、翻訳の対象となる洋書の範囲を大きく拡大するとともに、安政二（一八五五）年、ちょうど菊池大麓が生まれた年に「洋学所」と改名した。ところが開設直後に起こった一連の「安政の大地震」により焼失したため、安政三年二月（一八五六年三月）、「蕃書調所」と改称して再出発した。

菊池大麓（安政2年1月29日（1855年3月17日）―大正6（1917）年8月19日）

菊池大麓の父、箕作秋坪（文政8年12月8日（1826年1月15日）―明治19（1886）年12月3日）

これが、少年の大麓が通った学校である。

蕃書調所に学ぶ

大麓少年は虻蜂蜻蛉《あぶはちとんぼ》（子供の髪型。中央の髷の外に前後左右に丁髷を配置した）という髪型で、麻の裃《かみしも》に両刀を帯びて通学した。蕃書調所の所在地ははじめ牛ヶ淵だったが、大麓少年が通い始めてまもなく洋書調所と改名し、それから護持院ヶ原（江戸の火除地《ひよけち》）に移動して、文久三年八月二十九日（一八六三年十月十一日）、「開成所」と改称した。これが東京大学の前身である。

護持院ヶ原に移転する前のことだが、いたずら好きな助教員がいて、同僚を揶揄して、「今度、護持院ヶ原に移り大いに規模が拡張されて、英学のほかに新たにアメリカ学が設置されるそうだが、自分はひとつ奮発してこれをやってみようと思う。君はどうだ」などと言ったというエピソードが残されている。

開成所には教授をはじめとして句読教授《くとうきょうじゅ》、世話心得などと呼ばれる教員たちがいたが、菊池大麓のエッセイ「閑話六七蕃書調所と開成所」（『東洋学芸雑誌』第三十四巻、第四百三十二号、大正六年八月五日発行）によると、蕃書調所の教授の仕方は個人的であったという。少々わかりにくいが、明治期以降の大学のように大勢の学生たちの前で教授が講義をするのではなく、広い教場に教員たちが机を前にして並んで座っていて、生徒たちは思い思いに教員の前に出て教わるのである。だれがだれの受け持ちということもなく、どの教員でも、教わりたい先生のところに空《あ》きがあれば押しかけて行って教わった。そのためひとりが一度に学ぶ分量はきわめて少なく、最初に学ぶ単語帳などは一日に十個の単語を教われればよいほうであった。わずかに三個か四個しか教わらない生徒もいたが、熱心な生徒の中には二人も三人もの先生をつかまえる者もいた。

個人授業的に教わるということであれば、今日の大学で行われているような講義方式とは違い、生徒が増えれば増えるほど、それに見合うだけの多くの教員が必要になる道理である。とくに英語を学ぶ生徒が多かったため、英語の教員もまた非常に多かった。ところが当時の習慣では当番非当番といってすべての役人の任務が隔日であり、しかも授業は午前中までというのであるから教員は不足がちになる。そこで少しできのよい生徒がいると、輪講がすんだ頃合いを見て「世話心得」という代用教員のような役を命じてこれを補った。

菊池は文久三年ころ、まだ九歳のときに世話心得になった。それからまた選抜されて、翌元治元年には「句読教授当分助《すけ》」に命じられた。本当は句読教授になるところだが、年少のため、句読教授の代用のような不思議な職名になったのである。世話心得は弁当が出るだけで俸給はないが、句読教授になると多少の俸給が支給された。

先生の菊池はまだ十歳そこそこの少年だが、生徒は丁髷《ちょんまげ》二本ざしのおとなである。授業がすむと先生は外へ出て凧揚げをして、生徒たちはそのお手伝いをするというありさまであった。

木の葉文典

開成所における英語の修業はＡＢＣを学ぶことから始まった。次に単語篇、次に会話篇を教わり、それから文典に進んだ。文典というのは文法のことで、開成所には『木の葉文典』と呼ばれる文法書があった。原書は一八五〇年にロンドンで出版された“*The Elementary Catechisms. English Grammar*”という本で、嘉永四（一八五一）年に中浜万次郎（ジョン万次郎）がアメリカから帰国したおりに持ち帰った十四冊の英書のうちの一冊である。これを蘭学者の手塚律蔵と西周《にしあまね》が研究し、『伊吉利文典《いぎりすぶんてん》』と題して翻刻した。手塚は安政三（一八五六）年に蕃書調所の教授になり、翌安政四年には西も教授並手伝になった。それから文久元（一八六一）年ころ、蕃書調所で『伊吉利文典』を復刻して『英吉利文典《いぎりすぶんてん》』を刊行した。ちょうど菊池大麓が入学したころのことで、これが蕃書調所、洋書調所、開成所における英語修のテキストになった。百頁ほどの小冊子であり、そのためか誰が言うともなく「木の葉文典」と呼ばれるようになった。

後年のエッセイにおいて菊池大麓は「木の葉文典」の一節を今でも覚えているという話をして、おもしろい一例をあげた。「Ｑ＆Ａ形式」すなわち質疑応答形式になっていて、菊池が例示したのは「移り行く動詞とは何ですか」という質問に対する答である。

「移り行く動詞」は動詞、其れの働が名詞其れは其れに先きだつ所の名詞から、もの其れは其れに従ふところのものにまで移り行く所の動詞である。

「移り行く動詞」というのは見慣れない用語だが、原語の transitive verb を直訳したもので、今日の英文法では他動詞という訳語があてられている。原文を参照すると次の通り。

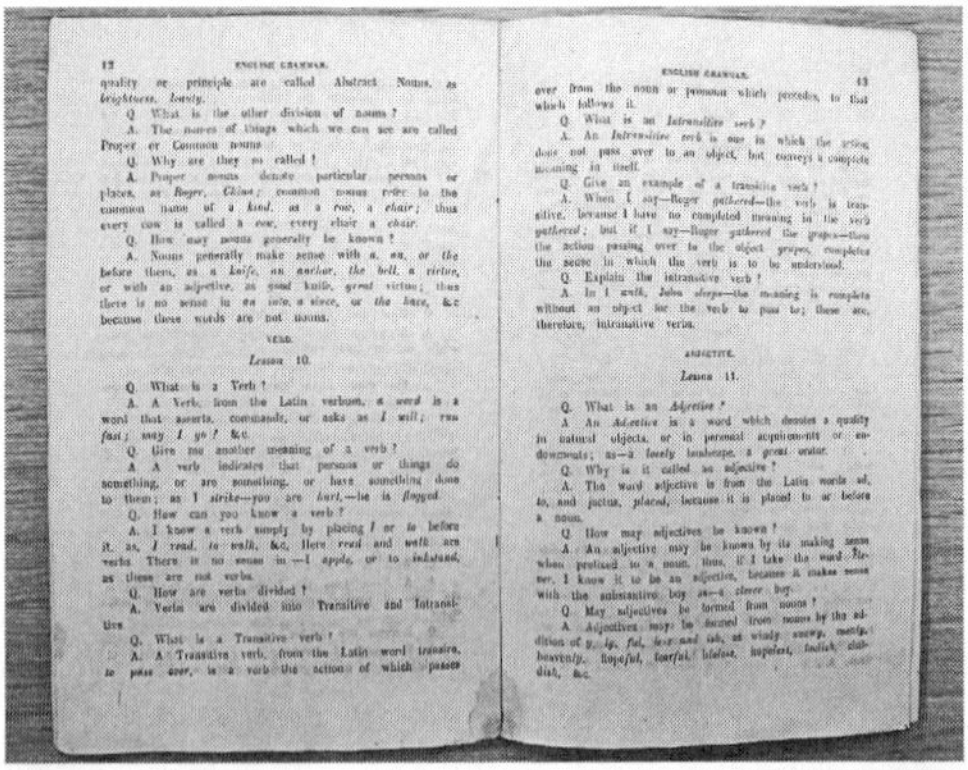

12 ENGLISH GRAMMAR.

quality or principle are called Abstract Nouns, as *brightness, lovely*.

Q. What is the other division of nouns?

A. The names of things which we can see are called Proper or Common nouns.

Q. Why are they so called?

A. Proper nouns denote particular persons or places, as *Roger, China*; common nouns refer to the common name of a *kind*, as a *cow*, a *chair*; thus every cow is called a *cow*, every chair a *chair*.

Q. How may nouns generally be known?

A. Nouns generally make sense with *a, an,* or *the* before them, as a *knife*, an *anchor*, the *bell*, a *virtue*, or with an adjective, as *good* knife, *great* virtue; thus there is no sense in *an into*, a *since*, or *the have*, &c because these words are not nouns.

VERB.

Lesson 10.

Q. What is a Verb?

A. A Verb, from the Latin verbum, *a word* is a word that asserts, commands, or asks as *I will; run fast; may I go?* &c.

Q. Give me another meaning of a verb?

A. A verb indicates that persons or things do something, or are something, or have something done to them; as I *strike*—you are *hurt*,—he is *flogged*.

Q. How can you know a verb?

A. I know a verb simply by placing *I* or *to* before it, as, *I read, to walk,* &c. Here *read* and *walk* are verbs. There is no sense in—I *apple*, or to *inkstand*, as these are not verbs.

Q. How are verbs divided?

A. Verbs are divided into Transitive and Intransitive.

Q. What is a Transitive verb?

A. A Transitive verb, from the Latin word *transire, to pass over*, is a verb the action of which passes

ENGLISH GRAMMAR. 13

over from the noun or pronoun which precedes, to that which follows it.

Q. What is an *Intransitive verb*?

A. An *Intransitive verb* is one in which the action does not pass over to an object, but conveys a complete meaning in itself.

Q. Give an example of a transitive verb?

A. When I say—Roger *gathered*—the verb is transitive, because I have no completed meaning in the verb *gathered*; but if I say—Roger *gathered* the *grapes*—then the action passing over to the object *grapes*, completes the sense in which the verb is to be understood.

Q. Explain the intransitive verb?

A. In I *walk*, John *sleeps*—the meaning is complete without an object for the verb to pass to; these are, therefore, intransitive verbs.

ADJECTIVE.

Lesson 11.

Q. What is an *Adjective*?

A. An *Adjective* is a word which denotes a quality in natural objects, or in personal acquirements or endowments; as—a *lovely* landscape, a *great* orator.

Q. Why is it called an adjective?

A. The word adjective is from the Latin words ad, *to*, and jactus, *placed*, because it is placed to or before a noun.

Q. How may adjectives be known?

A. An adjective may be known by its making sense when prefixed to a noun. thus, if I take the word clever, I know it to be an adjective, because it makes sense with the substantive boy as—a *clever* boy.

Q. May adjectives be formed from nouns?

A. Adjectives may be formed from nouns by the addition of *y, ly, ful, less* and *ish*, as windy, snowy, heavenly, hopeful, fearful, hopeless, foolish, &c.

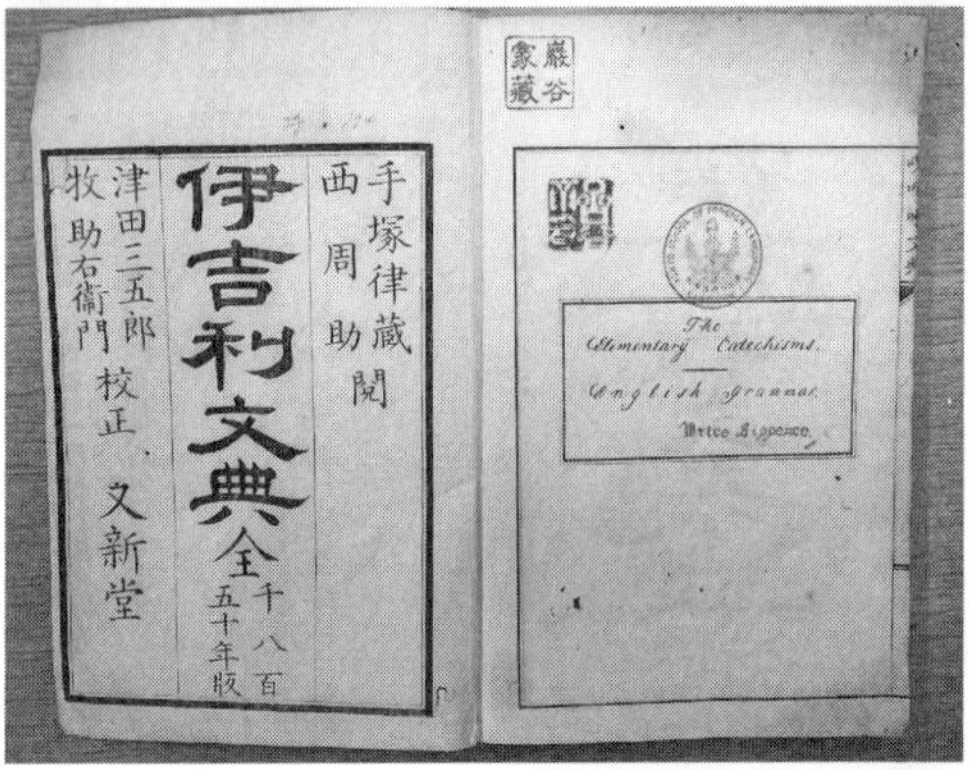

（上）「木の葉文典」よりレッスン10「動詞」。「移り行く動詞」とは。（中）『伊吉利文典』（東京外語大学附属図書館蔵）。（右）『英吉利文典』（同上）

Q　What is a Transitive verb?
A　A Transitive verb, from the Latin word transive to pass over, is a verb the action of which passes over from the noun or pronoun which preceds to that which follows it.

こんな調子で一語一語に訳をつけ、「事その事が」というふうに返って読んだ。いかにも変則であり、漢文を書き下して読むような流儀で読んだのであろう。直訳ではあるが意味はよく通じ、「他動詞」より「移り行く動詞」のほうがよさそうに思う。

発音は実に乱暴で、vegetables はヘゲタブレス、United States はユニテド、スタテスという調子であった。従来 success はシュッセッスと読んでいたが、大麓のいとこの箕作麟祥《あきよし》がウェブスターの辞典などを調べて誤りを指摘して、シュクセッスと読むべきだと主張したところ、一大発見として感嘆されたという時代であった。

英語修業

英語修業が「木の葉文典」に進んだころには輪講が始まった。同程度の学力のもの十人ほどを一組として、組ごとに教員が一人ついて会頭になり、月六斎でたいていお昼すぎに輪講をやった。「月六斎」というのは一六《いちろく》、二七、三八、四九、五十《ごとお》といって、たとえば一六なら一箇月の一、六、十一、十六、二十一、二十六の六日間が該当する。何曜日と何曜日というのと同じである。

輪講はこんなふうに行われた。まず一人が書物の一節を解読して説明すると、それに対して他の者が順次質問する。意見が異なる場合もあるが、そんなときは会頭が判断して勝敗を決め、黒白の点をつける。双方とも誤っていたら次に回す。あるとき甲が乙に負けて白点を取られた場合、敗者の甲は「取り返し」と称してその一節に関係のある問を出し、新たな勝負を仕掛けることができる。その問に対して乙が正しく答えられず、甲がこれを正した場合、黒白の点が取り消しになるのである。『木の葉文典』の輪講ともなると一節の意味ばかりに留まらず、parsing（語の品詞、語尾変化、線状的に並んでいる単語と単語の関係を記述すること）、conjugation（動詞の活用）、declension（語形変化）などにもおよび、激烈な議論がたたかわされた。中には泣き出す者もいたほどだが、英語の力をつけるには大きな効果があった。自由な議論が尊重されていたようで、会頭はなるべく干渉しないようにした。

年に一度か二度、定期的に各人の点数を調べ、成績優秀者は甲科某々三人、乙科某々三人、丙科某々三人というふうに張り出されて賞品をもらった。たいていは厚い大判の雁皮紙《がんぴし》であった。

文典を終えると地理、歴史、窮理など、個別の専門書の輪講になった。窮理というのは物理学のことである。ここまでになるといちいち先生に教わるのではなく、独見所という部屋で各人勝手に勉強するが、教員に質問することも許された。輪講で議論したりすることもあったが、書物がめっきり少なくなり、十人で輪講するのに原書が一、二冊しかないことがある。そんな場合には前もってめいめいが筆写してテキストを準備した。

毎月十五日には有志が集まって「文会」が行われた。前もって宿題が出されたが、ほかに当日には「席上」の問題が出た。いずれも和文英訳の問題で、英訳して提出すると粗末ではあるが本膳に菓子がついた。教授が訳文を見て訂正し、最良の三つに甲乙丙をつけて返却した。万事がこんなふうですべてが自由勝手であった。

専門書の輪講に参加するのはたいてい世話心得以上の人びとだったが、句読教授などの連中は開成所だけでは飽き足らず、ジョン万次郎に英語を学び、英学に通じている箕作麟祥のもとに通学した。箕作の家は天神下にあり、菊池はその家の長屋に住んでいた。

数学はどうしたのかというと、菊池は神田孝平《かんだたかひら》に算術と代数の初歩を学んだ。神田は杉田成卿《すぎたせいけい》と伊東玄朴《いとうげんぼく》に学んだ蘭学者で、蕃書調所の教授である。明治十年に東京数学会社が設立されたとき、柳楢悦《やなぎならよし》とともに総代（後に社長と改称）に就任した人物であり、菊池大麓が教わった数学も洋算であった。

高木貞治の英語修業

明治維新から二十年ほどがすぎて、明治十九年六月、高木貞治は岐阜県中学校に入学したが、第一年目にはスペリングの授業があった。スペリングというのは「書取《かきとり》」のことで、もともとアメリカの子供に正字法（オーソグラフィ）を教えるために考案された教育法である。先生がベーカー（baker）と発音すると、生徒は「ビー・エー・ケー・イー・アール、カー、ベーカー」と声を揃えて応じる。授業のたびに数十の単語をこの調子で暗記して、その成績によって綴り方の時間の席順が毎回改められた。高木たち生徒をもっとも苦しめたのはこのスペリングの授業であった。アメリカの子どもたちは綴りを正確に書くためにこの練習をするが、先生の発音を聴けば意味はよくわかる。ところが高木たちは言葉の意味を知らないまま、発音を聴いて綴りを書かされたのである。

読方《よみかた》と訳解は、第三年目あたりまではアメリカで英語の学習用につくられたリードル（読本）が用いられた。リードルが終わると講読が行われ、マコーレーのエッセイ、ロード・クライブ、ウォルフレン・ヘスティングス、フレデリック大王、ラセラス、ヴィカー・オブ・ウェークフィールド、ワシントン・アーヴィングのスケッチブックなど、いろいろなものを読んだ。発音はあまり重く見られなかったようで、この点は菊池の時代と同じである。これに対して読解のほうは非常に重視され、そのおかげで原書が読めるようになった。この点も菊池の体験と同じである。

イギリス留学（一度目の渡英）

慶應二年秋、菊池大麓は幕府派遣留学生の一員に加わってイギリスに留学した。後年、菊池は博聞館から出ていた雑誌『中学世界』のインタビューを受けて、往時を懐かしく回想した。掲載誌は明治三十三（一九〇〇）年に刊行された第三巻、第一号（新年号）で、「新年大附録」と銘打って「名流苦学談」という特集が組まれた。各界の著名人の苦学の思い出を聞くという主旨だが、真っ先に登場するのが「東京帝国大学総長　菊池大麓君」である。しばらく菊池の回想に追随したいと思う。

徳川幕府がイギリスに留学生を派遣したのは、イギリス公使のパークスが幕府に強く要請したためであった。アメリカやロシアやオランダには留学生を出しているのにイギリスにひとりも留学生を送らないのはけしからんというのがパークスの言い分で、これを受けてイギリスにも留学生を派遣することに決まったため、渡航の手配も現地到着後の世話も万事イギリス側が引き受けてくれることになった。渡航中の世話係を引き受けたのはロイドという人物である。ロイドはイギリスの軍艦に乗り込んでいた教師だが、ちょうどその仕事を辞めて帰国することになったのである。

　幕臣の子弟の中から志願者を募ったところ八十人ほどの応募があり、開成所で試験を行って十二名を選抜した。林董《はやしただす》（後の外務大臣）、外山正一（後の東京帝大総長）、福沢英之助などの名前が目に留まる。三歳上の兄の箕作奎吾《けいご》も選ばれた。大麓少年はこの時期はまだ養子に出る前で、箕作大六（後、大麓）と名乗っていた。取締役は川路聖謨《かわじとしあきら》の孫の川路太郎、副取締役は中村敬宇（幕臣。明治の啓蒙思想家）と決定した。総勢十四名。菊池は満十一歳の少年で、最年少であった。何でも洋行して学問をしなければだめだとばかり思い、行きたくて行きたくて仕方がなかったのである。だれもみな情熱があり、われわれが先覚者となって日本の国を開かなければならないと言い合ったものであった。

　慶應二年十月二十五日（一八六六年十二月一日）の夕刻、一行十四人はイギリス艦ニポール号に乗船して横浜を出港した。ヨーロッパ遍路の旅芸人の一行も同じ船に乗った。洋服や靴などは乗船の前に準備したが、小柄な大麓少年用の洋服が見つからなかった。江戸にも横浜にも洋服裁縫店はなく、大弱りだったが、ようやく西洋人の少年の着古したのをもらって間に合わせた。頭の丁髷はそのままだったところ、遠江灘のあたりで一同揃って切り落とした。上海、香港からシンガポールへ。シンガポールではじめて馬車を見た。アラビア海で「西洋の新年」を迎え、スエズで船を降り（スエズ運河開通の直前であった）、カイロから汽車でアレクサンドリアへ。汽車を見たのもはじめてであった。それからフランスには行かず、ジブラルタル方面へと航海を続けた。マルタ島では本国を出てからはじめて二人の日本人に出会い、みんなで大喜びした。

　一八六七年二月二日、イギリスのサザンプトン港に到着した。この日は日本の暦では慶應二年十二月二十八日である。横浜を出港してから六十四日に及ぶ船旅であった。同日夕刻、汽車でロンドンに向かい、その日のうちに到着した。

ロンドンの日々

ロンドンは見るもの聞くものみなおもしろくてならず、まるで極楽にきたような心地がした。開成所で学んだ英語はいかにも変則ではあったが、まもなくどこへ出てもさしつかえないようになった。モルトベーという若い人を家庭教師に雇い、それからユニバーシティー・カレッジ・スクールに通って英語を勉強した。ロンドンには薩摩の留学生たちもいた。会っても話しても根っから調子が合わず、親密に往来することはなかったが、森有礼《もりありのり》だけは別で、しきりに菊池たちを訪問して語り合い、議論をたたかわせた。森は後年の文部大臣で、ロンドンでは沢井鉄馬と名乗っていた。

こんなふうに充実した毎日が続いたが、一八六七年の年末に近づいたころから幕府瓦解のうわさがちらほらと新聞に出始めて、年明けの二月ころになると月々の留学費がぱたりと止まってしまった。一同おおいに狼狽したが、鳩首会議の末に評議が一決し、ともかく帰国することになった。とぼしい残金を計算すると、喜望峰を迂回する安い汽船に乗るだけしかなかったが、苦心に苦心を重ねた末に明治元年六月二十五日（一八六八年八月十三日）、横浜港にたどり着いた。前月には上野の彰義隊も打ち払われて、会津戦争へと移ろうとする時期であり、明治新政府草創の真っ最中であった。

本国に帰ったらどんな目に会わされるのだろう、きっと幕府の落武者と同じに取り扱われて牢獄にでも打ち込まれるのだろうとだれもみな思わない者はなかったが、それほどのこともなく、めいめい自宅にもどっていった。

イギリス留学（二度目の渡英）

最初の留学は子供心にいささか見聞を広げたというほどのことで、数学とは無関係だが、ヨーロッパ各国の中でもイギリスとの間に縁ができたことは間違いない。帰国した菊池は幕末の開成所の後身の開成学校に入学したが、明治三（一八七〇）年、今度は明治政府の命を受けて再び洋行することになった。菊池はこの時点で満十五歳である。行き先はまたもイギリスだったが、洋行先の選定にあたり、最初のイギリス留学の体験が影響を及ぼしたと見てよいと思う。ロンドンで初回の洋行の際の英語教師だったモルドベーと再会した。モルドベーは何かと親切で、モルドベーの家に長らく滞在してそこから学校に通ったこともあった。

学校ははじめロンドン大学のユニバーシティ・カレッジに通い、それからケンブリッジ大学のセント・ジョーンズ・カレッジに移った。ケンブリッジ大学では数学を学んだが、教師の中にはトドハンターもいた。明治十（一八七七）年五月、帰朝。六月、設立されたばかりの東京大学理学部教授に就任し、物理学と数学を講じた。菊池は日本で一番はじめの、しかも唯一の数学の大学教授であり、この結果、日本の大学における数学教育はもっぱらイギリスの流儀で行われることになった。

十九世紀の後半期のヨーロッパの数学研究の中心地はドイツであり、フランスの数学にも見るべきものがあった。ドイツやフランスに比べるとイギリスの数学はそれほどのものではなかったが、慶應二年の徳川幕府派遣英国留学組十四人の中に数学者の卵がひとり混じっていたことの帰結であるから、偶然の産物というほかはない。明治三年には北尾次郎がドイツに留学して物理学を学び、寺尾壽は明治十二年にフランスで天文学を修めている。数学の担当者はイギリスで学ばなければならないと決まっていたわけではなく、成り行き次第では大学ではじめからドイツやフランスの流儀の数学が講じられた可能性もあったのである。

ヨーロッパの数学は単色に彩られた球面状ではなく、さまざまな色彩で彩られたいくつもの側面をもつ多面体と見るべきであり、イギリスに学ぶだけでは全容を把握することはできない。菊池自身も早くから気づいていたようで、現に、後年、藤澤利喜太郎に数学を専攻するようにうながして洋行をすすめたとき、まずイギリスに行き、それからドイツに行くようにと指示している。

帰国後の菊池大麓の経歴を略記しておきたいと思う。明治十年六月に東大教授に就任したのは上記の通りだが、当初の職名は四等教授といい、後の助教授に相当する模様である。四等教授在任期間は明治十年六月四日から八月二十六日までで、翌八月二十七日の日付で教授に就任した。明治三十一年五月一日まで在職し、この間、東京大学理学部長、理科大学学長を歴任した。明治二十一年、総長推薦により理学博士の学位を受けた。明治三十年は高木が帝大を卒業した年だが、この年、菊池は東大に在職のまま文部省学務局長に転じ、次いで文部次官になった。明治三十一年五月、東京帝国大学総長に就任した。それから文部大臣、学習院長、京都帝国大学総長、貴族院議員、枢密顧問官、帝国学士院長を歴任した。大正六（一九一七）年には理化学研究所の初代所長に就任したが、同年八月十九日、脳出血のため死去した。満六十二歳であった。

二　和算から洋算へ——高久守静の回想より

和なりや洋なりや

明治十年、西南戦争のさなかに菊池大麓が帰朝して東京大学の最初の数学教授に就任したころ、江戸期以来の和算の伝統は依然として健在であった。明治十年は日本の数学者たちが一堂に会して東京数学会社が創設された年でもあった。「会社」というのは「ソサエティ（society）」のことで、「株式会社」などというときの「会社」すなわち「カンパニー（company）」ではなく、「学会」というほどの意味である。そこで明治十七年には「東京数学物理学会」と改称されたが、後年、昭和二十一年六月に数学と物理が分かれることになり、今日の日本数学会と日本物理学会が成立して今日にいたっている。

参加者の顔ぶれを見ると和算家もしくは和算から洋算に転じつつある者の姿が目立っていた。長崎海軍伝習所や静岡学問所、沼津兵学校や陸海軍兵学寮で学んだ者もいた。金沢の関口開《せきぐちひらき》も参加した。川北《かわきた》朝鄰《ともちか》や福田理軒《ふくだりけん》は和算家である。菊池大麓はこの年の五月に洋行を終えて帰朝したばかりだったが、会員になった。赤松則良《あかまつのりよし》や荒川重平《あらかわじゅうへい》は海軍の関係者、神保長致《じんぼうながむね》などは陸軍の関係者であった。

洋行帰りの洋算家といえば菊池大麓ひとりという状況であった。日本全体を概観すると、数学が存在した場所は大学に限定されていたわけではなく、客観的に見ればむしろ菊池のほうが孤立しているように見えたのである。ただし、新たに和算を学ぼうと志す若者はさすがに激減したようで、和算を教えることによって生計をたてるのもむずかしい時期に差し掛かっていた。新時代に入り、和算家たちも否応なしに態度の決定を迫られたのである。

和算家たちは洋算を頭から無視したわけではなく、大量に入ってくる欧米の数学書にふれて、洋算のいかなるものかを各人各様の仕方で認識したが、洋算に対する評価はさまざまに分かれた模様である。洋算を低く見て和算の優位を確信する人もいた反面、関口開のように、洋算の精妙さに感動して洋算研究に転じた人もいた。

洋算に対する和算の優位性を確信していた和算家の例として、高久《たかく》守静《もりしず》の消息をたどってみたいと思う。高久は文政四（一八二一）年九月に江戸に生まれた人で、号は慥斎《そうさい》。馬場《ばば》錦江《きんこう》に和算を学び、四谷に家塾を開いた。明治の数学誌『数学報知』第六号（共益商社、明治二十三年十一月発行）以下に川北朝鄰のエッセイ「高久慥斎君の伝」が掲載されているが、そこに再録された「高久守静小学校教員勤務履歴」（明治十年）により、明治五（一八七二）年の「学制」公布の前後の数学界の消息の一端を垣間見ることができる。文部省の当初の方針では洋算ではなく和算を採用することになっていて、高久に小学校の教科書の作成を依頼したという。

文部省が設置されたのは明治四年七月十八日（一八七一年九月二日）、学制、すなわち学校制度が公布（太政官布告）されたのは明治五年八月二日（一八七二年九月四日）、全国に頒布（文部省布達）されたのは翌八月三日である。だが、東京には明治三年の時点ですでに第一校から第六校まで六校の仮小学校が設置されていた。明治四年十一月、高久は文部省の中小学掛の吉川孝友から急な招聘を受けた。高久が文部省に赴いて対面すると、吉川がいうには、このたび小学校の改革が行われることになったが、数学の教員が不足している。給料は少なく、八円しか出せないが、ぜひ奉職してほしいとのことであった。高久は「其算ハ和ナリヤ洋ナリヤ（小学校で教える数学は和算ですか、それとも洋算ですか）」と尋ねると、吉川は「和算ナリ（和算です）」と明快に応じた。和算ということであれば自分の好むところであり、給与の多寡は問題ではない。ぜひ奉職したい、と高久。こうして高久は小学校の教師になった。数えて五十一歳であった。

十一月二十五日、文部省に召し出され、芝の増上寺境内の源流院に設置された東京府小学第一校の「小学授業生」を拝命した。実際に勤務が始まったのは十二月二日からである。明治六年、東京府小学第一校は鞆絵《ともえ》学校と改称した。現在の御成門《おなりもん》小学校の前身である。

『数学書』の編纂

東京府小学第一校での勤務が始まってまもない明治五年の年賀式のおり、高久は授業生の瀬戸とともに文部省の中小学掛の諸葛信澄《もろくずのぶずみ》に別席に招かれて、小学校で使う数学の教科書を編むように要請された。内容は加減乗除から説き起こし、按分逓折比例《あんぶんていせきひれい》（比例計算の一種）に終わるというふうに西洋法の形式に習うが、もとより和算書であるから、問題集とその解答集（答式）で構成される。高久はこれを受諾し、熱心に取り組んだ。高久が問題を選び、瀬戸が校訂を担当するのである。この作業は順調に進展し、五月、問題五巻、答式五巻、計十巻のテキスト『数学書』が完成した。印刷し、全国の小学校に配布して、このテキストに基づいて数学教育が行われるという段取りが整えられた。七月五日、高久は文部省で褒賞金十円を受け取った。ところが一箇月後の八月二日にいよいよ公布された学制を見ると、小学校の算術について「九九数位加減乗除」という教則が記され、そこに「但洋法ヲ用フ（ただし洋算を用いる）」

と特別の注記が施された。わずかの間に状勢が急変し、文部省の方針は和算から洋算へと逆転したのである。

この事態に遭遇した高久は「一両月ヲ経テ、俄ニ洋算御主張之儀、洋々ト相聞へ、世間モ亦洋算ヲ尊崇スル……」と回想した。悄然とした心情のにじむ言葉である。

明治政府としても、新たに整備される小学校や中学校では和洋どちらの数学を教えるのか、あるいは折衷的な教授法を採るのか、態度を鮮明にしなければならない局面に遭遇し、議論が分かれたのであろう。吉川孝友や諸葛信澄のように和算を支持する人たちも確かにいたが、一刻も早く洋算に向かおうとする勢力もまた強力だったのである。

学制取調掛

新時代の学校制度の立案を担当したのは学制取調掛、すなわち学制起草委員会で、明治四年十二月二日に十一人の委員が任命された。起草委員長と見られたのはフランス法制の専門家の箕作麟祥である。辻新次《つじしんじ》はフランス学者、瓜生寅《うりゅうはじむ》は英学者である。岩作純と長谷川泰《はせがわたい》は東大医学部の前身の医学校、大学東校の系統の人で、西洋医学とドイツ学を代表する人物である。内田正雄は長崎海軍伝習所で学び、オランダ留学の経歴のある人で、『和蘭学制』の訳者である。世界地理書『輿地誌略』の著者としても知られている。

これらの六名はみな洋学者で、それぞれフランス、ドイツ、オランダ、英米の方面の学問を代表する人物である。洋学の系統ではない委員もいたが、わずかに長光《ちょうひかる》と木村正辞《きむらまさこと》の二人にすぎなかった。長は長州藩出身の漢学者で、書家として名の知られた人であり、木村は国学者である。残る三人の委員の杉山孝、西潟訥《にしかたとつ》、織田尚種《おだなおたね》の三人は行政事務関係者である。

十二月十九日にもうひとり、河津祐之《かわづすけゆき》が委員に任命された。河津はフランス学者で、「仏国学制」の訳者である。これで学制取調掛は十二名になった。国漢の学者二名が参加していたとはいえ、圧倒的に洋学派が優勢であり、西洋の様式にならうという姿勢が際立っている。数学教育もまた洋算を採用することが、当初からおのずと定められていたと見てよいであろう。

学制取調掛による審議は迅速に進められた。明治五年一月、学制の大綱がまとめられ、一月四日付で大木文部卿が太政官に上申した。ほどなく学制原案が成立し、三月上旬ころ、太政官に上申された。学制実施にともなう経費をどうするかという問題をめぐって大蔵省が反対して紛糾したが、この問題は未決定のままにして実施することに決し、六月二十四日付けで太政官において学制案が認可された。高久守静が熱心に『数学書』の編纂作業に打ち込んでいた時期に、高久の苦心を水泡に帰そうとする国策が並行して押し進められていたのである。

師範学校

高久は学制における数学教育が洋算に向かう趨勢を知らなかったが、「和算ナリ」と明言して高久を小学校教師に誘った吉川孝友と、『数学書』の編纂を要請した諸葛信澄は早くから承知していたであろう。実際、この時期の吉川の消息はよくわからないが、諸葛は明治五年八月に師範学校（後の東京高等師範学校。現在の筑波大学）の初代校長に任命されている。師範学校で教えられる数学は洋算であり、学制取調掛の方針と完全に軌を一にしていたのである。

小学校教師の養成を目的として師範学校の設立が発令されたのは明治五年五月十四日である。その趣旨は「……外国教師ヲ雇ヒ彼国小学ノ規則ヲ取テ新ニ我国小学課業ノ順序ヲ定メ彼ノ成法ニ因テ我教則ヲ立テ以テ……」教育することであり、教師はアメリカから招聘した。米国の初等教育の制度をそのまま日本に移し、米国で行われているのと同じ教育を行うことのできる教師を養成することが、師範学校設立のねらいであった。それゆえ数学教育の場において和算の出る幕はなく、必然的に洋算になった。草創期の小学校では高久のような和算家が教壇に立つほかはなかったが、純粋の洋算で育成された師範学校の卒業生たちが現場に出るようになると、和算家あがりの教員は不要になったのである。

正規教員の養成は刻下の急務であった。明治五年五月に設立された師範学校では九月に入ると授業が開始され、翌明治六年七月には小学師範学科十名の卒業生が出た。

学制取調掛の方針と師範学校設立は新時代の教育行政の車の両輪であった。吉川と諸葛には日本の数学を保全しようとする心情があり、高久の力を生かそうとつとめたが、滔々《とうとう》と洋法に傾いていく国策の流れにさからうにはいたらなかったのであろう。和洋両算のいずれを採るべきか、文部省の中でも意見が分かれたが、ひとたび洋算採用の方針が打ち出された以上、和算は衰退するほかのない運命に陥ったのである。ただし、洋算を教えるといっても、教科書はどうするか、あるいはまた実際にはだれがどのように教えるのか等々、解決のむずかしい多くの困難があった。そのため、和算の全廃後一年もたたないうちに、文部省は「教則中、算術ハ洋法算術トアレドモ、和算ヲモ課スル意義ニシテ、『数学書』等ヲ以テ教授ス……」という所見を表明した。基本方針は洋算と定まったが、混乱はなかなか収拾されなかったのである。何よりも問題になるのは、洋算を教えるというときの「洋算」の中味である。ヨーロッパの数学書が流入するようになってから日も浅く、しかも程度の低い数学書ばかりであった。高久守静は、和算ははるかに洋算にまさっていると見ていた模様だが、率直で理のある所見である。

和算の消滅

明治四年十一月二十五日に小学授業生を拝命した高久守静は明治六年六月十六日付で一等授業生を拝命し、月給が二円増えた。明治七年十一月二十日付で五等訓導を拝命。明治九年十二月十日まで勤務を続けたが、明治十年一月十二日付で辞職した。どこまでも洋算に傾斜して行く趨勢に抗議したのである。この時点で高久は五等訓導であり、勤務先は吉井学校であった。吉井学校は、明治三年に設立された東京府仮小学第六校のうちの第三校の後身である。

師範学校出身の教員は教員免許状をもつ正規の教員で「訓導」と呼ばれたが、「授業生」「一等授業生」というのは正規の資格のない補助教員の職階である。

初期の混乱は長く続き、混乱期には人の運命もまた過酷であった。高久の身の上にも不愉快な出来事が相次いだ。学制が公布され、洋算の採用決定が明らかになって悄然としている高久に向かい、あると き訓導の森山春雄が声をかけ、この際、洋算を勉強するように促したという。人情が新奇を好むのは和洋いずれが適切なのかを深く考えてのことではなく、ただただ洋算を渇仰するのである。高久先生もどなたかよい師匠に入門して洋算を学んではどうか、というのであった。これに対し、高久は、和算と洋算では姿形が異なるが、中味は同じだ。自分で勉強しながら教えていくつもりだ、と応じた。高久は和算の力に確信があり、和算の学識をもって洋算を理解しようとしたのであろう。まもなく塚本明毅《つかもとあきたけ》が編纂した『筆算訓蒙』が届いたので、それをテキストにした。

塚本明毅は幕臣で、桓甫《かんぽ》と号した。長崎海軍伝習所の第一期生で、維新後は静岡藩に移り、沼津兵学校の頭取になった。『筆算訓蒙』は明治二年に沼津兵学校で刊行された洋算入門書で、学制のもとで下等小学校（四節参照）の数学のテキストとして指定された二冊の数学書のうちのひとつである（もう一冊は吉田庸徳の『洋算早学』。明治五年三月刊行）。その書物が、高久の勤務する小学第一校に届けられたのである。

明治五年十一月、東京府小学第一校の管轄が文部省から東京府に移行したのを受けて、高久が編纂した『数学書』は文部省から東京府に移り、その後、民間の書店に払い下げられた。これも残念な事態であった。

明治五年九月、東京府小学第一校は芝の増上寺から西久保巴町（港区の旧地名）に引っ越し、翌明治六年、鞆絵学校と改称した。東京府に設置された講習所から松浦操という数学の訓導が選ばれて、ときおり鞆絵学校を巡回するようになった。洋算教授を督促するためである。あるとき松浦と言葉を交わしたおり、松浦は数理の本意を知らないと思うことがあったが、松浦は訓導であるのに対し、自分は授業生にすぎない。勢いが隔絶するため、黙って教えを受けるほかはなかった。また、『筆算訓蒙』の巻の三「比例諸法」を正比例から始めて順を追って連鎖比例まで、問題の解答を作成しながら読み進めた。後に塚本明毅が出した答式を参照すると、答が合わないものがあった。そこで再三確認したが、自分の解答に誤りはなかった。そんなことがしばしばあった。

高久は和算の卓越に確信があったが、時流にさからうことはできなかった。職を辞して六年後の明治十六年六月十日に亡くなった。数えて六十三歳。和算の消滅を象徴する生涯であった。

三　藤澤利喜太郎の帰朝

佐渡相川に生まれる

明治二十七年九月、帝国大学理科大学数学科に入学した高木貞治を待っていたのは菊池大麓と藤澤利喜太郎という、二人の数学者であった。菊池は大学に所属する日本で最初の数学者、藤澤は二人目の数学者である。

藤澤の生誕日は文久元年九月九日（一八六一年十月十二日）で、生地は新潟である。父は藤澤親之《ふじさわちかゆき》という人で、幕臣であった。蘭学を学び、オランダ語ができたので、幕府から派遣されて新潟の佐渡奉行所に通詞として勤務していた。安政五（一八五八）年、日米間で修好通商条約が結ばれたのを受けて五つの港が開港することになったが、新潟港は日本海側に指定された唯一の開港場であった。水深不足や北越戊辰戦争など、諸条件が整わなかったため、実際の開港は遅れて明治元（一八六八）年にずれ込んだが、通詞を配置するなどして開港の準備を整えていたのである。佐渡は江戸時代初期から天領で、相川地区には奉行所が設置された。藤澤は幼時を語ることの少ない人物だが、このような状況から推して、生地は佐渡相川地区と見てよいであろう。

維新後、藤澤親之は東京にもどり、内務省寺社局長になった。藤澤は東京外国語学校に入学したが、

藤澤利喜太郎（文久元年9月9日（1861年10月12日）―昭和8（1933）年12月23日）。生年月を「文久元年4月」とする文献もある

翌年（明治七年末）、東京外国語学校の英語科が分離して東京英語学校ができたのを受けてそこに移り、それから明治九年九月、東京開成学校（開成学校の後身。開成学校は幕末の開成所の後身）に進んだ。

明治十年四月、東京開成学校の本科と予科が分裂し、本科は東京医学校と統合して東京大学となり、予科は東京英語学校と統合して東京大学予備門（第一高等中学校の前身）になった。明治十一年七月、予備門卒業。予備門の第一期生で、この時期には藤澤力と名乗っていた。同年九月、満十六歳の藤澤は前年発足したばかりの東京大学理学部の数学物理及星学科に入学した。

三人の同期生の消息

藤澤が在学していたころの東京大学は、今日の目にはとても大学とは見えないほどの小さな学校で、法理文の三学部の学生を全部合わせてもようやく三百人程度にすぎなかった。大学というよりも学習塾のような感じであり、そのうえ藤澤が所属した数学物理学及星学科は三つの専門学科を合わせて一科とした学科で、同期生はわずかに田中舘愛橘《たなかだてあいきつ》、田中正平《たなかしょうへい》、隈本有尚《くまもとありたか》の三人を数えるのみであった。しかも寄宿舎も同室である。学業は順調に進んだようで、明治十五年七月にそろって卒業する見通しになったが、隈本有尚だけは卒業にいたらなかった。

田中舘愛橘は岩手県陸奥の人で、著名な地球物理学者である。洋行後、東京帝国大学理科大学教授。

明治二十四年十月、高木貞治の郷里で濃尾地震が発生したとき、震源地の根尾谷の断層を発見したことでも知られている。また、西田幾多郎《にしだきたろう》が金沢で関口開の門下の上山小三郎《かみやまこさぶろう》の塾で数学を学んでいたとき、天文学の木村栄《きむらひさし》と親しくなったが（第四章参照）、田中舘は木村の師匠でもあった。大学卒業の前年の明治十四年になって、数学物理学及星学科の三つの学科がようやく独立し、数学科、物理学科、星学科が成立した。星学科は後に呼称が変わって天文学科になった。田中舘が卒業したのは物理学科である。

田中正平も物理学科を卒業したが、とくに有名なのは音響学研究の方面で、「純正調オルガン」を発明したことで知られている。出身地は淡路島で、ドイツ洋行の際には森鷗外といっしょであった。

隈本有尚は九州の久留米の出身で、父は久留米藩士であった。星学を専攻し、星学科を卒業するはずのところ、明治十五年七月五日に挙行された卒業式で菊池大麓から卒業証書を授与されたとき、「人物の真価豈一枚の紙を以て定むるを得んや」と宣言してその場で破り捨ててしまった。そのため学位認定を受けることができないという事態に陥ったが、この異様な行動の理由として、菊池の学問に対してかねがね疑問を感じていたためという理由が語られている。硬骨の士だったのであろう。九州福岡の修猷《しゅうゆう》館の初代館長としても知られている。

隈本はこの年には卒業にいたらなかった。一年遅れて翌明治十六年七月に卒業したとする文献も見られるが、『帝国大学一覧』や『東京帝国大学卒業生氏名録』には隈本の名は記載されていない。

藤澤の専攻は物理であり、同期生四人の中に数学を志望する人はいなかったが、菊池大麓は藤澤に数学を専攻するようにと強くすすめ、藤澤はこれを受け入れた。以下の経歴を略記すると、大学卒業の翌年の明治十六（一八八三）年三月十七日、フランスの郵船「タイナス号」で横浜から出港してイギリスに向かい、五月以後ロンドンに滞在した。それから新年を俟たずにドイツのベルリンに移動した。イギリス滞在はごく短期間であり、実質的な留学先はドイツである。明治二十年五月、帰朝。同月三十一日、帝国大学理科大学教授に就任。明治二十四年、総長推薦により理学博士の学位を受けた。大正十年十月、停年退官（翌年三月まで講義を継続した）。帝国学士院会員、貴族院議員を歴任。昭和八年十二月二十三日、没。満七十二歳であった。

藤原松三郎の回想

藤澤利喜太郎の没後、友人や門下生たちがこもごも思い出を語り、一冊の書物を作成した。それは『藤澤博士追想録』という本で、「編纂兼発行者」は「東京帝国大学理学部数学教室　藤澤博士記念会」。この会の代表者は高木貞治である。発行日は昭和十三年九月二十八日。非売品であり、関係者のみに配布されたのであろう。

藤原松三郎は明治三十五年帝国大学理科大学数学科に入学し、藤澤の講義を聴講した。明治四十四年、東北帝国大学に理科大学が設立されたとき、藤原は東北帝大の創立委員のひとりであった藤澤の推挙を受け、数学科の教授に就任した。藤澤の追想録が編まれることになったとき、藤原は「追想」というエッセイを寄せ、昭和七年四月ころ藤澤を訪ねたときの様子を回想した。

没年の前年のことになるが、そのころ藤澤は五反田に新居を建てて住んでいて、藤原はその五反田の新居を訪問した。藤原が藤澤に向かい、「先生は近ごろ文藝春秋にいろいろ昔話を書いていますが、数学に関することは全然ありません。いつかぜひうかがいたいものです」と申し出たところ、藤澤は、今日は退屈でもあるし、少しばかり話してもよかろうと応じた。

藤澤利喜太郎の回想

藤澤が大学を卒業したのは明治十五年で、七月五日に卒業式が行われたが、その翌日、すなわち七月六日に菊池大麓に呼ばれ、数学をやるようにとすすめられた。数学をやることに決まればただちに留学させるという話であった。当時、留学はみなの非常なあこがれの的だったが、藤澤は洋食がきらいで、バターや牛乳を好まないほうだったので、たいして気乗りがしなかった。ところが祖母が大賛成だったこともあってついに受諾した。藤澤と同時に土木では白石直治《しらいしなおじ》、外科では佐藤三吉が留学することになった。もうひとり、内科から留学生を出すことになっていたが、人選がむずかしく、日時を要したため、一年ほど留学の話が延期された。それで医科の物理をやっていた村岡範為馳《むらおかはんいち》のもとで助教授になり、何もしないで一年間ほど暮らした。

ここまでのところは藤原の伝える藤澤の談話をそのまま写したが、いろいろな人の名前が登場したので簡単に紹介しておきたいと思う。佐藤三吉は外科医で、藤澤と同じドイツに留学し、帰国して東大の教授になった人だが、高木と同じ岐阜県の出身である。岐阜県は大きく飛驒と美濃に二分されるが、佐藤三吉の生地は美濃国の大垣である。白石直治は東大の土木科の出身で、まずはじめにアメリカに留学し、それからドイツに移動した。帰国後はやはり東大の教授になった。

村岡範為馳は因幡国すなわち鳥取出身の物理学者で、東京数学物理学会が結成されたとき、初代会長に就任した人物である。村岡は帰国後の一時期、東大の医学部に勤務したことがあるが、藤澤はその村岡のところで助教授になったと自分で語った。いくぶん不明瞭な説明で意味をつかみにくい感じがあるが、藤原にも諒解しがたかったらしく、註釈を書き添えている。藤原は『東京帝国大学五十年史』を参照し、そこに「明治十五年八月二日、予備門教諭に任ず」とあるのを見つけ、藤澤が村岡範為馳のもとで助教授になったというのはこの事実を指しているのではないかと推定した。教員の呼称にも複雑な変遷があったのである。

村岡は後に東京音楽学校（現在の東京藝術大学音楽学部）や京都帝国大学の教授になった。

藤澤の回想にもどると、このような経緯の後、卒業の翌年になってようやく内科の留学生が青山胤通《あおやまたねみち》と決まり、佐藤、青山とともに留学の途についた。明治十六年三月のことで、予備門教諭のほうは洋行に先立って三月九日付で辞職した。洋行の時点で藤澤は満二十一歳である。目的は数学修業。行き先は英独両国と指定された。

青山胤通は帰国後、東大医学部の内科の教授になった。生地は江戸だが、父は美濃国の苗木藩の藩士であった。「青山内科」の青山教授といえば非常に著名な医学者であり、現在の東大のキャンパス内に銅像が立っている。北里柴三郎と野口英世を激しく批判し、排斥したことでも知られている。

イギリスの数学とドイツの数学

藤澤利喜太郎の洋行にあたって注目に値するのは、洋行先に関する菊池大麓の具体的なアドバイスの中味である。菊池は、最初の数箇月はイギリスに滞在し、イギリスで準備をしてドイツに向かうようにと指示したのである。

菊池は西欧各国の中でもイギリスで数学を学び、日本に持ち帰って東大で講義をしたが、そのため大学の数学教育はイギリスの流儀に沿って出発することになった。だが、イギリスはヨーロッパの数学研究の中心地ではなく、十九世紀のヨーロッパで数学を学ぶというのであればドイツもしくはフランスに行くほかはないというのが、ありのままの状勢であった。ドイツにはガウスに始まる数学の系譜が勢いよく流れていたし、フランスにはラグランジュやフーリエ、コーシー以来の数理解析の伝統があった。ドイツとフランスの選択には議論の余地がありえるが、菊池の目にはドイツの数学がひときわ輝いて映じたのであろう。数学は単色の学問ではない。イギリスの窓からのぞいてもヨーロッパ全域の数学が見渡せるわけではなく、ドイツの数学の窓はドイツの土地にしか開かれていないのである。

帰国後、藤澤は数学の二人目の大学教授になり、ドイツ仕込みの講義を開始した。新たな潮流が流れ始め、高木貞治もまたその渦中に身を置いて数学を学び、数学者としての道を歩み始めたのであるから、藤澤のドイツ留学は日本近代の数学史において実に重い意味を担っている。

ベルリンからストラスブルクへ

藤澤の留学談義を続けると、藤澤は菊池のアドバイスにしたがってまずロンドンに行き、ロンドン大学に入学した。数学の教師はローとヘンリシの二人である。ローはクリフォードの後任としてロンドン大学にきた人だが、早世した。ヘンリシの生年は一八四〇年三月であるから、藤澤と会ったときは満四十三歳である。ドイツのホルスタインの西岸の町メルドルフに生まれ、ハイデルベルク大学に入学し、それからベルリン大学に移ってヴァイエルシュトラスとクロネッカーのもとで学ぶという経歴をもつ人物だが、一八六五年、イギリスに帰化した。

藤澤は当初からおりを見てドイツに移る考えだったから、ロンドンでドイツ語を勉強した。新聞広告でドイツ語の教師を探したところ、ロンドン郊外に、ドイツから来ている女学生たちに英語を教える塾のようなものが見つかったので、そこに通ってドイツ語を勉強することにした。ヘンリシに相談すると、イギリスはだめだからドイツへ行けと忠告してくれた。

ベルリン大学にはヘンリシの師匠でもあるヴァイエルシュトラスとクロネッカーが健在であった。一八八三年の時点でヴァイエルシュトラスは六十八歳、クロネッカーは六十歳である。ヴァイエルシュトラスの講義を少しだけ聴講したが、わかりにくかった。クロネッカーは日本からやって来た藤澤に好奇心を抱いたためか、ときどき自宅によんでくれた。ベルリンには日本人が多くて語学の学習に悪いから、どこか田舎の大学へ行きたいとクロネッカーに相談したところ、クロネッカーはストラスブルクのクリストッフェルを推薦した。ストラスブルクにはライエもいて、数学研究所があり、活気があった。藤澤は一八八四年九月、ベルリンを発ってストラスブルクに向かい、十月、同地の大学に入学してクリストッフェルのもとで学位取得の準備をした。

クリストッフェルは一八二九年十一月十日、ドイツの山村モンシャウに生まれた人で、ベルリン大学でディリクレに学び、深い影響を受け、学位もベルリン大学で取得した。審査委員の中にはクンマーもいた。教授資格試験にも合格し、はじめベルリン大学で講師になり、それからチューリッヒのスイス連邦工科大学に移った。デデキントがブラウンシュヴァイクに移ったのを受けて、その後任として赴任したのである。チューリッヒにはデデキントの親友のデュレージもいたから、デュレージとも知り合ったであろう。それからまた多少の曲折があったが、一八七二年、ストラスブルク大学に移り、ここでライエと協力して新しい数学研究所を創設した。

クリストッフェルは、多角形で囲まれた単連結領域を円板に写す等角写像の研究で知られているが、これは複素関数論における貢献である。藤澤は帰国後、東大でクリストッフェル直伝の複素関数論の講義を始めることになる。複素関数論のほかにも、クリストッフェルはポテンシャル論や不変式論、テンソル解析の領域での寄与も際立っている。ディリクレとリーマンの数理解析の系譜に連なる数学者であり、藤澤がクリストッフェルの指導を受けて執筆した学位取得論文のテーマはフーリエ解析であった。

学位取得後、藤澤はストラスブルクから再びベルリンにもどったが、ヴァイエルシュトラスはすでにベルリン大学を離れていた。後任はフックスである。明治二十（一八八七）年五月九日、帰朝。帝国大学理科大学教授に就任し、十九世紀後半期のドイツの数学の講義を開始した。複素関数論、楕円関数論等々、従来にない斬新な講義ばかりであった。日本近代の数学研究は藤澤の帰朝とともに新たな段階を迎えたのである。

四　高木貞治と一色学校

生地表記の変遷

高木貞治の生誕日は明治八（一八七五）年四月二十一日で、出生当時の生地の地名表記は岐阜県大野郡数屋《かずや》村である。番地はしばしば五五七番地と表記されるが、これは現在の本巣《もとす》市数屋の高木家の番地

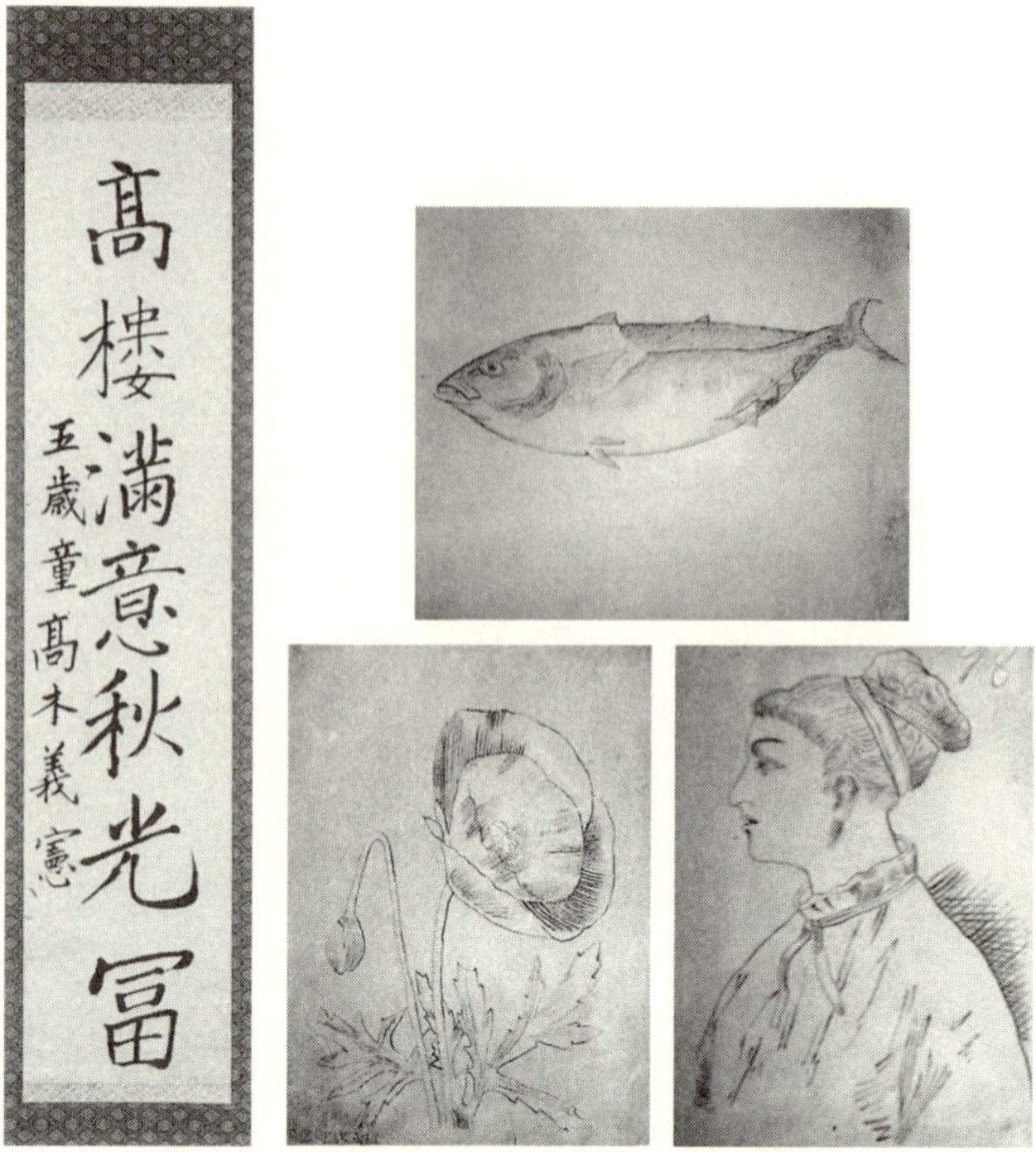

（左）高木貞治の書。数え歳５歳。高木義憲はペンネーム。（右）数屋村時代の高木貞治のスケッチ（高木貞治博士記念室（岐阜県本巣市）蔵）

である。本巣市の「高木貞治博士記念室」に保管されている高木のノート「平面幾何学問題集」を見ると、最後の頁に

岐阜県平民
高木義憲
同県美濃国大野郡数屋村
三番地居住
明治十八年三月朔日

と書かれている。数屋村の三番地である。「朔日」は「一日」の意であり、明治十八年三月一日の時点で高木は満九歳。一色小学校の高等科の第一年目の後期生である。「高

木義憲」というペンネームを使ってノートを書き、書やスケッチに署名した。

また、明治三十三年九月二十九日付で「爵位局」に提出された住所届には、「岐阜県美濃国本巣郡一色村大字数屋四拾九番戸」という住所が記されている。「番地」というのは土地に対して割り当てられた番号だが、「番戸」というのは家に対して割り振られた番号である。「四十九番戸」は高木家の番号であり、「三番地」というのは高木家の所在地の地番であろう。それからまた地番が変わり、現在の五五七番地になったのではないかと思う。

村名の「数屋村」に「数」の一字が見られるのがおもしろく、数学者の高木の生地にいかにも相応しい感じがある。

生地の地名表記はさまざまに変遷を重ねて今日にいたっているが、この経緯はいくぶん複雑で正確を期すのがしばしば困難である。一例をあげると、ときおり「岐阜県本巣郡数屋村」という表記を見かけることがある。「本巣郡」ではなく「大野郡」が正しいが、明治二十二年に大野郡が本巣郡に編入されるという出来事があったため、誤記が生じがちになるのである。それから八年後の明治三十年には、近隣の七箇村（随原村、有里村、数屋村、上高屋村、石神村、見延村、長屋村）が合併して「一色村《いしき》」という村が編成された。数屋村は一色村の大字のひとつになり、高木の生地は「本巣郡一色村数屋」となった。高木の没後、生誕百年を記念して編纂された『追想　高木貞治先生』（一九八六年）の末尾の年譜には、生地としてこの表記が採用されている。

昭和三十年、一色村は糸貫村《いとぬきむら》の一部となり、糸貫村はさらに変容して糸貫町《いとぬきちょう》になった。平成十六年、本巣郡の三町一村（本巣町、真正町、糸貫町、根尾村）が合併して本巣市が成立した。数屋村は現在は本

（上左）養父、高木勘助。（上右）実母、高木つね。（下）高木貞治の生家（高木貞治博士記念室（岐阜県本巣市）蔵）

巣市の一区域である。

出生前後

高木の実父は木野村光蔵、母はつねという人である。高木家に生まれたつねは木野村家（本巣郡柱本村。現在の北方町柱本）に嫁いだが、お産のため実家の高木家にもどり、明治八（一八七五）年、高木が生まれた。ところが、つねは木野村家にもどらずにそのまま高木家に留まり、高木はつねの兄の高木家勘助の養子になった。高木家の長男である。勘助には「いを」という奥さんがいて、そのいをには「しなよ」という名の女の子の連れ子がいた。勘助といをはいとこ同士である。勘助の母、すなわち高木の祖母も健在で、名前は「たか」。勘助の父はやはり勘助という名で、高木の祖父にあたる人だが、この祖父はすでに嘉永六（およそ一八五三）年に亡くなった。この高木家に勘助の妹のつねがもどってきて高木が生まれたのであるから、高木の出生時には全部で六人の人が同居していたのである。

『世界的な数学者　高木貞治博士　資料・遺品目録（解説付）』（平成十九年）によると、高木の養父の勘助の生年は天保七（一八三六）年の生まれ、母つねの生年は天保十三（一八四二）年であるから、高木が生まれたとき、数え年で数えると勘助は四十歳、つねは三十四歳ほどであった。高木家は農家で、勘助は村役場で収入役をつとめていた。

養父の勘助は後にもうひとり、保吉という名の養子をとった。高木の弟になるが、高木が郷里を離れて東京に出たため、保吉が高木家を継いで相続することになった。現在、本巣市の高木家は保吉の孫の英美さんの代になっている。

一色学校

明治十五（一八八二）年、高木は一色学校に入学した。一色学校は、その名の通り「一色」という地名の場所に設立された学校だが、一色は数屋村の隣の見延村（所属先は大野郡ではなく本巣郡）に所属する地区で、一色学校の設立は高木の入学の四年前の明治十一年のことであった。一色学校は小学校だが、校名は一色学校であり、一色「小」学校ではない。一色学校の設立以前にもあちこちにいくつかの小学校ができていたようで、統廃合が行われて一色学校という形におさまった模様である。現在の本巣市の

一色学校

一色小学校の出発点となった学校である。

一色学校の校名は所在地の地区名だが、その一色地区というのは数屋村の近隣の見延村の大字である。他方、一色村が成立したのは明治三十年であるから、一色村が出現するよりもずっと前に、一色と呼ばれる地区がすでに存在していたのである。一色村の成立にともなって見延村も数屋村も一色村の大字になり、見延村の大字の一色は一色村の小字になったが、一色村の村役場はその小字の一色に設置された。小学校が設置されていたことでもあり、一色はこの界隈の中心地だったのであろう。

高木が一色学校に入学する前年の明治十四年の時点で一色学校に通学する生徒数は四百五人である。

明治初期の学制の移り変わり

明治初期の学制、すなわち学校制度は複雑な変遷を重ねた。基本的な事実をおさえると、文部省が「学制」を頒布したのが明治五年八月三日（一八七二年九月五日）、続いて「小学規則」を制定したのが同年九月八日である。これによって小学校は上等小学と下等小学の二部制と規定された。下等小学は初等教育機関で、修業年限は七歳から十歳までの四年間。上等小学は中等教育機関で、修業年限は十一歳から十四歳までの四年間。計八年間である。それぞれ八個の級に分け、修業期間は毎級六箇月であるから、飛び級などせずにすべての課程を踏んでいくと、下等小学の第八級から始めて上等小学の第一級で終わることになる。入学して一番はじめは下等小学の第八級に所属するのであるから、今日のような「小学校一年生」という数え方ではない。この時期は「学制の時代」と呼ばれることがある。

明治十二(一八七九)年九月二十九日、「教育令」が公布され、これにともなって、同日、学制が廃止された。従来の「学制の時代」は七年ほどで終わり、新たに「教育令の時代」が始まったのである。高木が一色学校に入学したのは明治十五年四月であるから、すでに「教育令の時代」である。この時代の小学校の制度はどのように決められたのかという点に着目すると、明治十三(一八八〇)年十二月二十八日に教育令の改正が行われ、新制度の方針が法制上明確に表明された。この改正教育令の第二十三条の規定によると、「文部卿頒布スル所ノ綱領」に基づき、府知事県令が土地の状況を勘案して小学校教則を編成し、文部卿の認可を経ることになった。換言すると、小学校の校則は府県単位で制定されるということにほかならない。

これを受けて、明治十四(一八八一)年五月四日、文部省は「小学校教則綱領」を頒布し、小学校教則のモデルケースを提示した。これを見ると小学校は初等科三年、中等科三年、高等科二年と三つの課程に分けられている。初等科三年(七歳から九歳まで)、中等科三年(十歳から十二歳まで)、高等科二年(十三歳から十四歳まで)。計八年である。「学制の時代」の「上等」「下等」という言葉はもう見られない。

岐阜県も文部省の意向に沿うことになり、明治十五（一八八二）年一月二十八日、岐阜県は文部省の「小学校教則綱領」を忠実になぞって「岐阜県小学校教則」を制定し、文部省に認可を仰いだところ、二月二十四日付で問題なく認可を受けた。三月二十九日、県下に告示。四月八日、岐阜県は県下の各郡役所に通達を出し、郡内の各学区に対し、「岐阜県小学校教則」に準じるようにと指示した。ちょうど高木の一色小学入学と同じ時期の出来事であった。

複雑な学制

「教育令の時代」に小学校に入学し、それからすべての課程をふんでいくと、卒業にいたるまでに全部で八年かかることになるが、実際にはフルコースをたどる子どもはかえって少なかった模様である。しかも飛び級もひんぱんに行われたため、何年何月に小学校を卒業したと明快に書き記そうとするのはむずかしく、精密な調査を強いられる作業である。

各々の学年は今日の小学校のような三学期制ではなく、前期と後期に区分けするセメスター制が採用されていた。しかも前期を終えれば前期課程修了の証書が出され、続いて後期を終えれば今度は後期課程の修了証書が出るというふうで、半期ごとに修了認定が行われた。修了することができず留め置きになることもあり、学校にこなくなってしまう子どももいたが、他方では高木のように飛び級も可能であった。

明治十九年に大阪府尋常師範学校（大阪教育大学の前身）ができたときのエピソードは、当時の諸事情を垣間見るうえで参考になりそうである。大阪にはこの学校が成立する前にも師範学校は存在したが、本校と分校を合わせて計四校が合併して新たにひとつの学校を編成することになり、その際、あらためて入試を実施した。定員二百四十名に対し四百人の応募者があり、合格者は八十名であるから競争率五倍というむずかしい入試になった。ところが驚かされるのはここからで、合格者八十名を対象にしてもう一度試験を実施して、合格者を二年生に編入した。さらに、その二年生にまたも試験を課して、その合格者を三年生に編入。そのうえでさらにもう一度重ねて試験を行い、合格者を四年生に編入した。すなわち、同時期に四度立て続けに試験が行われ、その結果、第一学年から第四学年までの生徒がいっぺんに揃ったのである。一年生は二十数名、二年生は約四十名、三年生は十名、四年生は数名。いかにも学制の草創期ならではの驚嘆すべき出来事である。

このエピソードを参考にして高木貞治の小学校時代のことを考えてみたいと思う。高木は成績が優秀なので「飛び級」を重ね、小学校時代は四年と二箇月で終わったが、「飛び級」というのは具体的にはどのようにして行われたのであろうか。成績が優秀だから担任の先生の推薦などにより飛び越えていくようなイメージもあるが、上記のような事例があるのであれば小学校も同様で、上のクラスの昇級試験をわりと自由に受けられたのではあるまいか。

一色学校に入学した高木はまずはじめに第八級に所属した。第八級というのは「一年前期生」ということで、半年がすぎると昇級試験が行われ、合格すると一年目の後半の第七級に進む。以下も同様だが、第八級が終わる時点で昇級試験に合格し、しかも同時に第六級の昇級試験を受験して合格すれば、いきなり第五級に進み、入学して一年目の後半の半年は「二年後期生」になることになる。すなわち、第七級と第六級を飛び越えたのである。このようなことが自由に行われていて、「飛び級」という現象が発生したのではないかというのが、現在の時点での推定である。

もう少し具体的に考察してみると、上記のような飛び級により、一色小学校の三年課程の初等科の一年目と二年目は、入学した年の最初の一年で修了する。初等科の三年目と中等科の一年目は入学して二年目で修了する。中等科の二年目と三年目は入学して三年目で修了する。これで初等科と中等科を合わせて計六年の課程が三年間で修了するが、次の年は飛び級はせずに高等科の一年目を丸一年かけて修了することになれば、これで小学校在学期間は四年になる。その次の年は高等科の二年目の前期課程に所属するが、そこで岐阜中学の入試を受けて合格し、六月から中学生になった。

二つの生誕日

高木のエッセイに「中学時代のこと」という回想記があるが、それを参照すると「十二の年に、郷里の小学校の上等科七年前期というものを、卒業か中退かして、明治十九（一八八六）年の六月に岐阜の中学校へ入った」という言葉が目に留まる。簡単な記事ではあるが、読み解こうとするといつも困惑を覚えたものであった。疑問を誘われる箇所をあげると、まず「十二の年」、次に「卒業か中退かして」という言葉、それと「六月」というところである。

「十二の年」というのはいつのことなのであろうか。高木の生誕日は明治八年四月二十一日であり、この日付に疑いをはさむ理由はないが、他方、高木が岐阜中学を卒業したときの卒業証書を見ると、そこには「明治九年一月生」と明記されている。中学校の卒業証書に記載されているのであるから、これは正式な数字というか、村役場に提出された出生届けに記入された生誕日と見てよいのではないかと思う。実際に生まれたのは明治八年四月二十一日だが、年明けを待って生まれたことにして、翌年早々、「明治九年一月二十一日」の日付をもって届け出たのであろう。

現在では誕生日をずらして届け出ることは一般的にありえないが、以前は必ずしもそうでもなく、実際よりも早くしたり遅くしたり、諸事情を勘案して適当な日付で届けられることがしばしば行われた。年明けを待って届け出るのはきりもよく、それに何となくめでたい感じもあったのであろう。紀州和歌山の山村に生まれた岡潔の生誕日は明治三十四年四月十九日だが、一年早く小学校に入学できるようにするためというので、一箇月早めて三月十九日に生まれたことにして届け出がなされたため、これが正式な生誕日になった。京都大学の旧教養部の図書館の地下に参考資料室があり、そこに岡潔が大正八年に三高を受験した時の受験票が保管されていて、生年月日が記入されているが、そこに見られる日付は「三月十九日」である。これはこれで正しい数字だが、岡潔自身は自分の生誕日をいつも四月十九日と書いた。この状況をどのように諒解したらよいのであろうか。

生誕日を三月十九日とする書類はいくつも存在し、この生誕日はいわば文献学的な証拠に基づいている。これに対し「四月十九日」には文献上の根拠はないが、岡潔が実際にはいつ生まれたのか、真実を知っているのは岡家の人びとのほかにはなく、その岡家で語られている以上、それをまちがっていると主張することはだれにもできないであろう。それゆえ、岡潔の場合には、文献上の根拠のないことを承知したうえでなお、岡潔の言葉をそのまま信じることにして「四月十九日」を採りたいという心情に傾いていく。もっとも、生誕日を早めて届けるという事例は少ないのではないかと思う。

上記のような状況をふまえて高木の場合にもどると、実際の生誕日は明治八年四月二十一日で、これは高木家で語り伝えられていた本当の日時であろう。高木自身もこの日付を生誕日と認識していたのに相違なく、それに基づいて、晩年の「中学時代のこと」というエッセイで「十二の年」と書いたと見てよさそうである。また、年齢は従来の慣習を踏襲して数え年で数えたのであろう。すると高木のいう「十二の年」は、明治八年を第一年目として十二年目、すなわち明治十九年に該当する。高木の中学入学は明治十九年であるから、先ほどの推定とぴったり合致する。

四年二箇月の小学生時代

高木のいう「十二の年」についてはひとまずこれでよいとして、次に「（小学校を）卒業か中退かして」というところに考察を加えてみたいと思う。今日の常識的な観念からすると「退学する」ということは小学校にはありえないが、「学制の時代」や「教育令の時代」には退学というよりも、進級ができないという事態が実際に起こりえた。

「学制の時代」でいうと、半年ごとに昇級試験が行われた。たとえば第三級生が昇級試験に合格すれば「第三級卒業」の証書を授与されて第二級生に進む。第一級生になると下等小学でも上等小学でも最上級であるから昇級ということはありえず、昇級試験ではなく「卒業試験」が行われる。昇級試験や卒業試験に合格しなければ昇級、卒業はできず、原級に留め置きということになる。このような事情は「教育令の時代」にも同様であるから、「小学校を卒業する」という、今日のような簡単明瞭な事態はありえないのである。強いていえば、「学制の時代」には下等小学の第一級の卒業試験に合格すれば下等小学を離れるのであるから、これをもって「下等小学卒業」といえるようになる。そのうえでさらに上等小学に入学し、最後の第一級の卒業試験に合格すれば、「上等小学卒業」となる。この事情は「教育令の時代」になっても同様だが、今度は「初等科卒業」「中等科卒業」「高等科卒業」と、三種類の小学校卒業があることになる。

そこで高木のいわゆる「卒業か中退かして」に立ち返ると、高木は「上等科七年前期」を卒業もしくは中退したというのであった。「上等科」の「上等」というのは「学制の時代」の上等小学の上等を指すと思われるが、高木は「教育令の時代」の小学生だったのであるから、ここは「高等科」の間違いと思う。学制が複雑に変化した大昔の出来事の回想のことでもあり、勘違いしたのであろう。「七年前期」の「七年」というのは「教育令の時代」の小学校に入学して七年目の学年を指していると考えるのが妥当であり、高等科の第一年に相当する。

義務教育年限の変遷

高木の中学校時代の話をする前に、小学校の修学年限について注記しておきたいと思う。「学制の時代」には教育年限は下等と上等が各四年、計八年とされたが、強制力は弱かったようである。「教育令の時代」に移ると、教育年限は基本的に八年のままとして、最短十六箇月通学すればよいという規定に改められた。一年半に満たない短時日である。この最短規定は明治十三（一八八〇）年十二月二十八日に公布された改正教育令に移るとさらにもう一度改正されて、三年に延長された。これを高木の場合にあてはめると、高木の小学校時代はともあれ四年以上に及んだのであるから最短規定を越えている。中学校に進む資格は十分に満たされたのである。

藤田外次郎の小学校時代

話が前後するが、高木が明治二十七年九月に東京帝国大学理科大学数学科を卒業したとき、七人の同期生がいた。そのひとりは藤田外次郎という人で、生地は石川県金沢である。藤田の小学校時代の卒業証書を参考にして、当時の学制の一端を観察してみたいと思う。

藤田は明治七年四月の生まれであるから、高木よりちょうど一年だけ年長である。小学校に入学した正確な時期は不明だが、満五歳のとき、明治十二年四月十九日付で石川県金沢区第二大学区二十一中学区の百々女木《とどめき》小学校の下等小学第八級を卒業しているから、入学した当時はまだ四歳だったことになる。第八級から第七級に進み、それから一年半ほど後に明治十三年十二月十三日付で下等小学第七級を卒業した。この間の日時が長すぎるように思うが、入学時が若年だったことでもあり、諸事情があったのであろう。第七級に続いて第六級を卒業したのは明治十四年三月十日であるから、今度はわずか三箇月を要したにすぎない。この時点で藤田は満六歳と十一箇月である。

明治十四年五月に小学校教則綱領が公布されて学制が変わり、小学校は初等科三年、中等科三年、高等科二年に分けられたが、この変更の影響が地方に波及するには日時を要したようで、藤田は明治十四年十月十五日付で下等小学第五級を卒業し、次いで明治十五年六月三日、下等小学第四級を卒業した。藤田は満八歳と二箇月。下等小学校の四箇年の課程のうち、二年半までを終えたことになる。それから一年一箇月が経過して、明治十六年七月四日、百々女木小学校の小学初等科を卒業した。ここにきてようやく新学制への切り替えが行われたのである。新学制の初等科の修業年限は三箇年である。旧学制で二年半の課程を終えた藤田は新学制の第三年、すなわち初等科の最終学年に配属され、卒業した。それから五箇月後の明治十六年十二月十九日に小学中等科第四年前期を卒業し、明治十七年六月三十日には小学中等科第四年後期を卒業した。藤田は満十歳と二箇月である。

中等科の第四年というのはいくぶん奇異な感じがあるが、初等科から高等科まで、学年を通年で数えたのであろう。高木貞治は小学校に六年通い、七年目、すなわち高等科第一年の前期の途中で中学校に移ったが、この場合には「高等科第七年前期中退」と書くといくぶん正確な表記になる。

高木の一色学校時代の卒業証書は残されていないが、藤田の百々女木小学校時代の進級と卒業の日付を見るときわめて変則的であり、高木の場合も同様であったろうと推定される。明治十年代は学制の草創期であった。在学年限も進級期日も一様に決められていたわけではない。案外自由に運営されて、成績がよければ飛び級なども自由に行われていたのである。

残存する藤田の小学校時代の卒業証書は中等科第四年後期までである。その後の動向はよくわからないが、明治二十二年七月の時点で第四高等中学校の予科補充科第一級の課程を終えたところである。予科補充科の修業年限は二年であり、第一級は入学して二年目の学年である。小学中等科第四年後期を卒業した藤田は、その後、中等科第五年、高等科第一年、高等科第二年を経て第四高等中学予科補充科に入学し、第二級、第一級と順調に歩を進めたのであろう。この時点で藤田は満十五歳。高木は岐阜県尋常中学校の第二級、すなわち第四学年に在籍中であった。

第二章

西欧近代の数学を学ぶ

一　三高時代

岐阜県尋常中学校から第三高等中学校へ

明治二十四年三月三十一日、高木貞治は岐阜県尋常中学校を卒業し、同年九月、京都の第三高等中学校に入学した。小学校の上部に中学校が配置され、その中学校が尋常科と高等科に二分されていたのである。第三高等中学校は後年の第三高等学校の前身だが、略称はどちらも「三高」である。東京の第一高等中学校ではなく、京都の三高に進んだのは当時の学区制のためである。同期生の中に広島中学（現在の広島国泰寺《こくたいじ》高校）出身の吉江琢兒《たくじ》、一年上に徳島中学（現在の城南高校）出身の林鶴一《つるいち》がいた。二人とも高木と同じ後年の数学者である。

明治十九年の中学校令公布を受けて、岐阜県では華陽学校の解体が実施されて岐阜県中学校が出現した。翌年早々、学校の名称が変わって「岐阜県尋常中学校」となったが、中学校令の主旨に沿うならはじめから「尋常中学校」と称してもよさそうである。どうしてすぐにそうならなかったのかという疑問が生じるが、おそらく尋常中学校と対をなす「高等中学校」が存在しなかったためではないかと思う。とりあえず「尋常」をつけない中学校を発足させ、その後、実際に高等中学校が次々と設立される状勢を見て、改称したのであろう。

明治十九年から翌二十年にかけて、全国に七つの高等中学校が設立された。それらは次の通りである（括弧内の地名は所在地である）。

第一高等中学校（東京）、第二高等中学校（仙台）、第三高等中学校（大阪）、第四高等中学校（金沢）、第五高等中学校（熊本）、山口高等中学校、鹿児島高等中学造士館。

第三高等中学校の所在地は発足の時点では大阪市東区（現在、中央区）だったが、明治二十二年、高木が中学四年生の年に京都市上京区（現在、左京区）に移転した。高木は京都に移転後の三高に入学したのである。

三高は本科二年、予科三年に区分けされ、さらに予科の下に修業年限一年の予科補充科があった。岐阜で五年課程の尋常中学を卒業した高木は予科第一級に編入した。予科第一級は予科の最上級である。甲乙丙丁の四組に分かれ、生徒総数は百三十八人。高木は乙組、吉江は丙組。林は本科二部（理科志望生）第一年級の生徒であった。

第三高等中学校時代の高木貞治（高木貞治博士記念室（岐阜県本巣市）蔵）

三高の河合先生

三高で高木を待っていたのは河合十太郎という数学教師であった。河合は満十六歳の高木の志を数学に向かわせた人物である。

河合の消息を伝える資料はとぼしいが、わずかな情報を集めて紹介したいと思う。河合は加賀国金沢の人で、慶應元年五月十日（一八六五年六月三日）、加賀藩士の家に生まれた。高木よりきっかり十歳だけ年長になる。明治十三年、

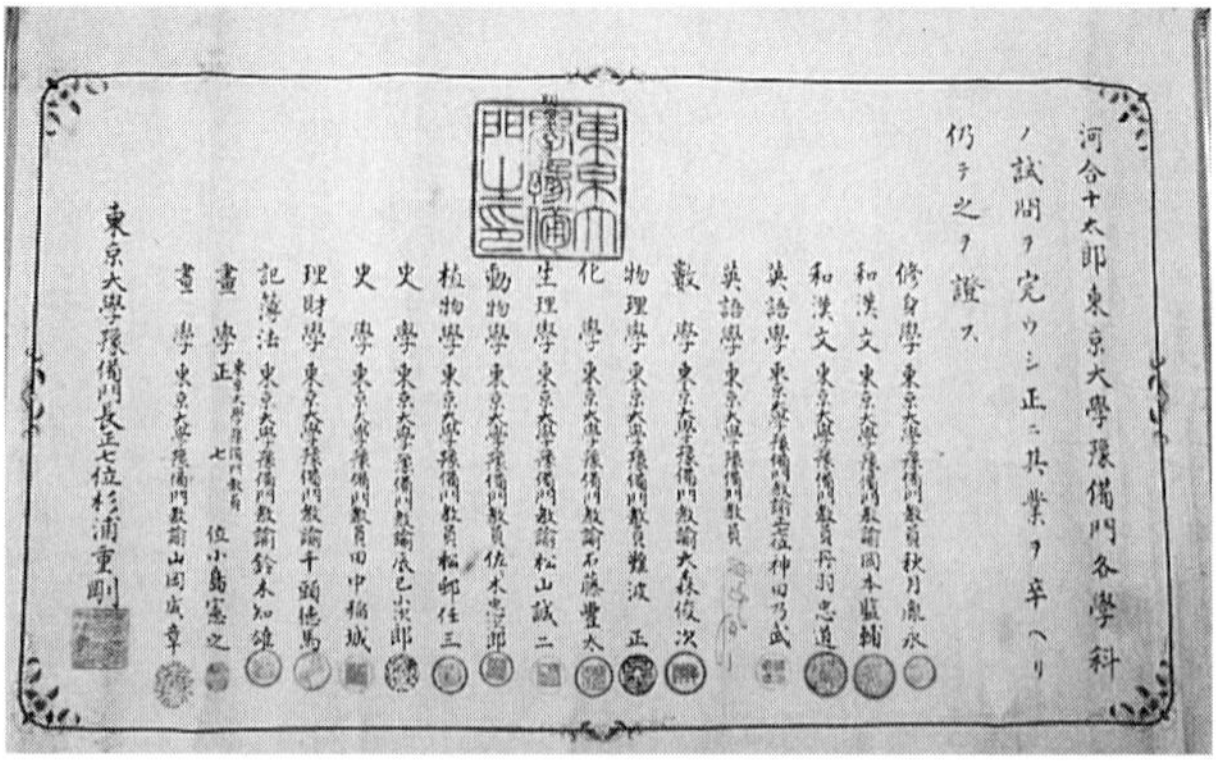

河合十太郎の東京大学予備門修了証書。明治18（1885）年7月（京都大学大学文書館蔵）

十五歳のときに金沢の石川県中学師範学校（啓明学校の後身、石川県専門学校の前身）に入学し、ここで関口開に数学を学んだ。その後、上京して東京大学予備門に入学し、明治十八年七月、卒業。翌明治十九年、おりから帝国大学令が公布されて東京大学理学部が帝国大学理科大学と改称した年の九月に、数学科に入学した。翌明治二十年五月には藤澤利喜太郎が洋行を終えて帰朝し、六月、新制の帝国大学理科大学の教授に就任した。河合は藤澤が東大で行った一番はじめの講義を受けたことになるが、藤澤の生年は文久元（一八六一）年であるから、年齢はわずかに四つしか違わなかった。

明治二十二年七月十日、河合は帝大を卒業した。もう少し大学で勉強を続けたいという希望があったが、藤澤と反りが合わなかったようで、卒業後、東京を離れて京都に向かい、第三高等中学校に雇用されて教員になった。身分は助教授でも教授でもなく、『第三高等中学校一覧』の明治二十二年度の職員録を参照すると、「雇員」の欄にただ「教員」として名前が記載されている。担当は天文と力学

明治35（1902）年7月6日、ライプツィヒにて。滝廉太郎の送別会。後列右から3人目が河合十太郎。前列左から2人目が滝廉太郎（大分市歴史資料館蔵）

と数学である。翌明治二十三年九月十三日付で教諭になり、同年十月十五日付で教授に昇任した（明治二十三年度から職階の呼称が変わり、従来の教諭、助教諭はそれぞれ教授、助教授になった）。

明治三十二年十月、河合は三高教授のまま京都帝国大学理工科大学の助教授を兼務することになり、翌年一月、三高を辞めて京大の専任になった。明治三十三年、六月十二日付で「数学研究ノ為満二年間独国留学ヲ命ス」という辞令が発令され、これを受けてドイツに向かった。留学期間は二年と指定されたが、実際にはライプツィヒに三年間ほど滞在し、明治三十六年五月二十六日に帰朝した。それから六月五日付で京大教授に就任し、関数論の講義を担当した。大正十四年、停年に達し、満六十歳の生誕日になる六月三日の日付で退官した。大正十四年はちょうど岡潔が京大を卒業した年でもある。若い日に高木を教えた河合は、同時に岡の晩年の師匠でもあった。

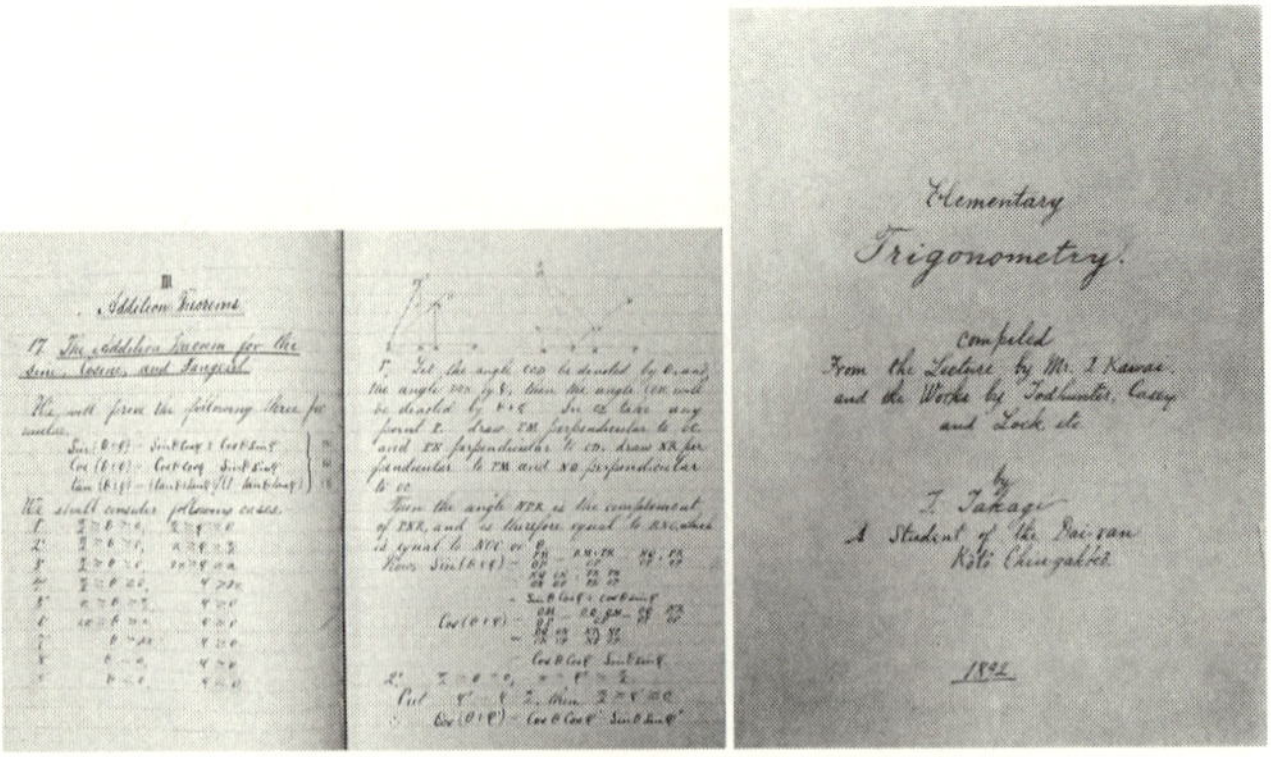

第三高等中学校時代の高木貞治の勉強ノート。1892（明治25）年、三高に入学して第1年目に河合十太郎の初等三角法の講義を聴講した（高木貞治博士記念室（岐阜県本巣市）蔵）

三高の数学教育

岐阜県本巣市の糸貫老人福祉センターの中に「高木貞治博士記念室」があり、高木の消息を伝えるさまざまな文物が蒐集されている。第三高等中学校時代の何冊かの講義ノートもあるが、その一冊は河合十太郎の三角法の講義の記録である。テキストはトドハンターの著作である。最下部に「一八九二年」、すなわち「明治二十五年」という年が見られるが、これは予科第一級の後半期に該当する。表紙に"Elementary Trigonometry"（初等三角法）とタイトルが記入され、河合十太郎とトドハンターの名前も読み取れる。

一般的な視点に立って、明治時代の日本の学校ではどのような数学教育が行われていたのかということを考えるというのであれば、いろいろな資料がありそうである。一例をあげると、藤澤利喜太郎は日本の数学教育に関する英文報告書"Summary Report on the Teaching of Mathematics in Japan"（「日本の数学教育に関する概略的報告」文部省、一九一二年）を書いているが、この報告の第七章は「高等中学校における数学教育」と題されている。これによると、高等学校の第二部、すなわち理科、工科、農科を志望する部門で教えられていた科目と時間配分は次の通りである。

三角法	一年	六十三時間
代数学	一、二年	百二十八時間
解析幾何	一、二年	九十七時間
微分積分学	三年	百二十八時間

藤澤が報告しているのは高等学校令（第一次）が公布されて高等中学校が高等学校になり、三学年制になってからの状勢だが、第一年目に三角法の講義が行われているところなどは、高木の講義ノートと合致する。高木は入学して一年目の予科第一級のとき河合の三角法の講義を聴講したが、吉江琢兒の後年の回想によると二年目に微分積分学を習ったという。高木の在学中の「第三高等中学校一覧」所収の「本科学科課程」を参照すると、理科志望の本科二部の生徒は、第一年に平面解析幾何（週三時間）を学び、第二年に立体解析幾何初歩微分積分法大意（週三時間）を学んでいることがわかり、吉江の回想と合致する。藤澤が報告した上記の教育課程は高木や吉江が在籍した高等中学校時代とほぼ同じである。

一年目に三角法と代数学を学び、二年目までに代数学と解析幾何を修得したうえで、三年目に微積分を積み重ねていくという構成は、今日の高等学校にもおおむね継続されている。微積分の修得が大きな到達目標だったのである。

藤澤の報告書にもどると、三角法の教科書としてはトドハンターの著作“Plane Trigonometry for the Use of Colleges and Schools”（『平面三角法』、一八五九年）が使われたという。「Colleges and Schools

で使うための」と明記されているのは、「大学以前のテキスト」というほどの意味と思う。一九一二年（明治四十五年、大正元年）はイギリスのケンブリッジで第五回目の国際数学者会議が開催された年にあたり、この会議では各国の数学教育の状況が報告された。日本でも数学教科調査委員会が設置されて報告書が作成されたが、藤澤はこの委員会の委員長であった。報告書の英訳版もあるが、それとは別に藤澤は独自に英文報告書を作成した。それが、上記の「日本の数学教育に関する概略的報告」である。

吉江琢兒の回想

三高時代を回想する高木のエッセイは見あたらないが、藤森良蔵が創設した「考へ方研究社」の数学誌『高数研究』第七巻、第十二号（昭和十八年九月一日発行）に、吉江琢兒の回想記「数学懐旧談」が掲載されている。六十年の昔の中学時代の思い出から始まる長大な回想録である。

吉江は明治七（一八七四）年四月、山形県上山《かみのやま》に生まれた人で、高木よりひとつ年長である。父は上山藩士で、吉江が生まれたころは県庁に勤務していたが、まもなく東京に出て、勤務先は陸軍省になった。吉江は東京の芝の小学校に入学したが、十歳のとき、再び父の転勤により広島に移った。それから広島中学校を経て三高に進み、ここで高木と同期になった。

広島中学ではトドハンターの『小代数』や『ユークリッド原本』を教わった。前者は高木が岐阜の中学で教わったのと同じもので、“Algebra for Beginners: with numerous examples”（『初心者のための代数学　多くの例つき』、一八六三年）という本である。後者の原書は“Elements of Euclid”で、ユークリッド『原論』（全十三巻）の冒頭の六巻と第十一巻、第十二巻の一部分を翻案して作成された初等幾何の入門書である。明治もまだ早い時期に翻訳も出版されている。それは、『宥克立』（長澤龜之助訳、川北朝鄰校閲、明治十七年、東京数理書院）という本で、著者のトドハンターの名は「突兌翰多爾」と表記されている。書名の「宥克立」はユークリッドである。

算術のテキストはロビンソンの『高等算術』であった。みな英語の原書であり、学校にある本を貸してくれた。教室では先生が第一頁から直訳するのだが、ABCもわからないうちのことであるから大弱りであった。そのうえ数学を教えてくれる先生は実は数学の先生ではなく、慶應義塾出身の経済の先生であった。英語は達者だが、数学はわからないのではないかなどと吉江は想像したという。やんちゃな中学生だったのである。

幾何ではトドハンターのほかにショヴネーやライトのテキストがあったが、そうこうするうちに先生が代わり、こんな古い本ではいけないといってウィルソンのテキストを使った。三角法もトドハンターのテキストで勉強した。数学ばかりではなく、地理も歴史もテキストはみな英語であった。

吉江琢兒（明治7（1874）年4月29日—昭和22（1942）年12月26日）

三高に進むと、「そこには非常に名高い先生がおられました」と吉江琢兒は回想した。それが河合十太郎であった。「河合先生は喧《やかま》しいので全国に鳴り響いた方」だと吉江はいきなり明言し、それからすぐに、「今でも思い出すとよくやったと思います」と言い添えた。その先を読み進めていくと、どうやら勉強の指導の仕方がやかましいというほどの意味のようである。

予科第一級のときの河合の講義は三角法で、テキストはまたもトドハンターのものであった。一日の講義が終わると、明日までにこの問題をやってこいと宿題を出したが、その問題というのが三十も四十もあり、どんなに骨を折っても追いつかなかった。徹夜して間に合わせたこともあった。講義の途中、学生を前に出させて問題を解かせるとき、あまりできが悪いと叱りつけた。こんなへたなことをやるようでは、この次にどんなにうまいことをやっても教室から追い出してしまうぞ、などとひどいことを言ったが、河合の言葉を悪く取る生徒はいなかった。誠意をもって教えようとしている心情がよく伝わるからで、しかられてよい気持ちがするわけではないが、生徒たちはけっして悪く取らなかった。慶應元年五月生まれの河合は、吉江と高木が三高に入学したとき、まだ満二十六歳の若い先生であった。

三高一年目の代数はトドハンターの『大代数』という大きな本を使った。高木も吉江も尋常中学で『小代数』を使ったが、高等中学校で使用したのは『大代数』である。“Algebra for the Use of Colleges and Schools”（『代数学』、一八五八年）という本で、こちらは六百頁を越える大著である。

トドハンターのもうひとつの著作“A Treatise on the Theory of Equations”（『方程式の理論』、一八六一年）は帝大で菊池大麓が使用した。トドハンターという人は現在ではほとんど語られることがないが、この時期のトドハンターは日本で一番有名なヨーロッパの数学者であった。

トドハンターはフルネームをアイザック・トドハンターといい、イギリスのイングランド南東部のサセックスの町ライに生まれた数学者である。生誕日は一八二〇年十一月二十三日。一八八四年三月一日、ケンブリッジで亡くなった。ロンドン大学でド・モルガンとシルヴェスターに数学を学び、ケンブリッジ大学のセント・ジョーンズ・カレッジで十五年にわたって数学を教えた。菊池大麓もセント・ジョーンズ・カレッジでトドハンターの講義を聴講したことがある。

トドハンターの『大代数』の手ほどきをしてくれたのも河合であった。連分数のところから始まったが、これは後に不定方程式の解法を学ぶための配慮だったのではないかと推察された。連分数展開の理論に基づいて、一次もしくは二次の不定方程式を解くことができるのである。生徒がひとりずつ呼び出されて説明をさせられるという場面もあったが、テキストがあることでもあり、たいしたことはなかった。

平面解析幾何はパックルという人の本で勉強した。パックルはイギリスの数学者で、パックルの本というのは、"An Elementary Treatise on Conic Sections and Algebraic Geometry"(『円錐曲線と代数幾何学入門』)という著作である。よく読まれた本だったようで、『解析幾何学』(根津千治、林茂増、武田益夫共訳、山海堂、一九〇九年)という翻訳書も出ているほどである。吉江の目にもよい本だったが、これを教えたのは河合ではなく、たぶん工科の人で、解析幾何と図学の先生であった(中久木信順という人であろう)。病気がちの人で、休んでばかりいるので、生徒たちも不安になって校長先生に掛け合った結果、先生が交代して担当が河合になった。こんな出来事を織り込みながら、三高での数学修業の第一年目が終了した。

一年目が代数と幾何だったのに対し、二年目には微分積分学を学んだ。先生は河合のままで、テキストはウィリアムソンの本を使った。ウィリアムソンはフルネームをベンジャミン・ウィリアムソンといい、イギリスの数学者である。著作を探すと、"An Elementary Treatise on the Differential Calculus"(『微分計算の初歩』)、"An Elementary Treatise on the Integral Calculus"(『積分計算の初歩』)というテキストが見つかるが、おそらくこの二冊の本がテキストだったのであろう。原本が買えないので、一高で翻刻したものを分けてもらったが、そんな苦労をして手に入れた本にもかかわらず、河合は「あんな嫌な本はない」と言って、知らん顔をして独自の講義をした。吉江の見るところ、なるほど今になって考えるとずいぶん悪い本ではあるが、問題がたくさん書いてあるから字引になる。それで今でも字引代わりに使っているというのが、吉江の話であった。

デデキント

あるとき河合が一冊の本をもってきて、これを読むようにと吉江に申し渡した。見ると、それはデデキントの『連続性と無理数』という論文であった。二十頁ほどの短篇だが、ドイツ語で書かれている。三高に入ってからドイツ語の勉強も始まったが、何分にも習い始めたばかりのことであり、これはどうも読めませんと申し上げたところ、「何でもやれ」と叱られてしまった。それで仕方なく書き写したが、写すとなおさら読めなくなった。そのうえ、生意気にもドイツ字で書いたという。ドイツ字というのは「ヒゲ文字」とか「花文字」「亀甲文字」などといわれるドイツ語のアルファベット表記に見られる独特の字体のことで、日本の文字でいうと草書体のような感じであろう。見た目にきれいで恰好もよいが、活字体のアルファベットに慣れた目には読みにくく、吉江自身も「よけい読めなくなった」などと書いているくらいである。

吉江は苦心惨憺してデデキントの論文を読んだ。読むことのできないドイツ語の花文字を、何回も繰り返して読んだような読まないような日々が重なっていくと、何となくわかったところもあることはあるようになってきたものの、全体としてみるとさっぱりわかったような気にはなれなかった。つらい毎日が続いたが、いろいろ工夫しているうちにだんだんわかったと思えるようになった。

デデキントにはもうひとつ、『数とは何か、何であるべきか』という名高い論文がある。吉江はこれにも取り組んだが、「すべて証明すべきことは証明すべし」と書かれているのを見て、何のことかわからなかった。全然わからないので正直にそのように河合に伝えると、さんざんに叱られた。

吉江は河合に親しみを感じていたようで、「今でも京都に行くと先生のお宅におうかがいします」というほどである。

河合には行列式の理論も教わったが、それは二年生のときのことなのか、それとも三年生のときのことなのか、判然としない。河合が依拠したテキストはスコットの本のようだということで、それなら、"A Treatise on the Theory of Determinants and their Applications in Analysis and Geometry"（『行列式の理論および解析学と幾何学へのその応用』、一八八〇年）という本ではないかと思う。スコットはイギリスの数学者である。

ユリウス・ヴィルヘルム・リヒャルト・デデキント（1831年10月6日—1916年2月12日）

また、これも何年生のときのことなのか、はっきりとはわからないが、森という先生が来て方程式論の講義をした。森先生の一番はじめの講義のとき、高木がいきなり揚げ足をとったという。どんなふうに揚げ足取りをしたのか、具体的な状況は書かれていないが、吉江たち同期生はみな高木のことを先生のように思っていたそうである。このくらい頭の鋭い人はちょっといないと思うというほどであるから、よほど抜きん出た印象をみなに与えたのであろう。高木を中心にして二、三人で研究会をつくったこともあった。研究会といっても、格別何かを研究するというわけではなく、みなそれぞれいろいろな本を読んできて、披露しあったのである。

三高時代の高木は河合の目にもこわいくらいの生徒であった。講義中は聴いているのかどうかわからないような恰好だが、あとで尋ねてみるとちゃんと聴いて理解していた。独自の世界をもっている生徒だったと、河合は後々まで語っていた。

デデキントの論文『連続性と無理数』の初版が刊行されたのは一八七二年、すなわち明治五年のことであった。続いて『数とは何か、何であるべきか』の出版は十六年後の一八八八年、すなわち明治二十一年である。どちらもドイツ語で書かれているが、特に後者の著作の書名の原語表記は“Was sind und was sollen die Zahlen”というもので、ドイツ語のまま「バス・ジント・ウント・バス・ゾーレン・ディー・ツァーレン」と読んで語られることもある。刊行は一八八八年だが、序文には「一八八七年十月五日」という日付が記入されている。吉江は、この作品に「すべて証明すべきことは証明すべし」と書かれているのを見て何のことかわからなかったと回想したが、これは序文の冒頭に配置されている一文で、そのまま引くと、“Was beweisbar ist, soll in der Wissenschaft nicht ohne Beweis geglaubt werden.”というのである。岩波文庫『数について』（翻訳者は河野伊三郎）では、「証明できることは、科学においては証明なしに信頼すべきではない」と訳出されている。

吉江が三高の本科一年生のときというと明治二十五年、すなわち一八九二年であるから、デデキントの著作『数とは何か、何であるべきか』の出版からわずかに四年後のことになる。河合は非常に早い時期からデデキントの著作の重要性を認識し、若い学生を鼓舞し、ともに学ぼうとしていた模様である。一八九二年の時点で吉江は十八歳、河合は二十七歳。高木はまだ十七歳にすぎなかった。

デデキントは論文『連続性と無理数』において「デデキントの切断」と呼ばれる数学的アイデアにより実数の概念を定義し、「実数の連続性」の本質を明らかにすることに成功した。解析学の基礎がこれで確立し、今日でもそのまま受け入れられているが、実数論のそのまた根底にあるものは何かといえば、「数」の概念である。そこでデデキントはさらに考察の歩を進め、集合の言葉を用いて自然数論を展開し、『数とは何か、何であるべきか』という作品を著した。

河合が吉江にデデキントを読ませようとしたことは高木も承知していたであろう。あるいは高木もまた吉江といっしょにデデキントに親しんだかもしれない。高木が大学時代に書いた二つの著作、すなわち『新撰算術』と『新式算術講義』はどちらも「数」の本質の解明にテーマを求めているが、この方面に心を向けていった背景には河合の影響が考えられそうである。

後年、河合は京都帝大に移り、停年で退官する直前の時期に岡潔を教えた。京大を卒業して講師になった岡に、ガストン・ジュリアの一変数関数論のイテレーション（「反復」の意。関数の合成を繰り返してつくられる関数列に関する理論）の論文を読むようにと誘い、岡は河合の誘いに乗って数学研究の道に分け入っていった。若い日に吉江にデデキントをすすめたことといい、晩年、岡にジュリアをすすめたことといい、河合は慧眼と見識を二つながら持ち合わせた教育者であった。

三高卒業

明治二十七（一八九四）年七月、高木は三高を卒業して東京に向かい、九月、帝国大学理科大学数学科に入学した。帝大入学に先立って、三高卒業の様子を垣間見ることのできるささやかな資料がある。それは明治二十七年七月十三日付の官報で、その学事欄に、三高の卒業式が挙行されたことを伝える記事が掲載されている。官報の記事をそのまま写すと下記の通りである。

第三高等中学校卒業証書授与。第三高等中学校ニ於テ本月七日第六回卒業証書授与式ヲ挙行セリ。其卒業生徒ノ氏名及学校長ノ演説、卒業生徒総代ノ答辞左ノ如シ（文部省）

官報の記事のことであるから淡々と事実を並べていくのみにすぎないが、断簡零墨もまた貴重である。実際、この小さな記事により高木が卒業したときの卒業式は第六回目であることがわかり、卒業式が挙行されたのは七月七日であることも判明する。

この時点での学校長は折田《おりた》彦市《ひこいち》という人で、三高の初代校長である。折田校長の演説が全文掲載されているが、それもまた興味深い情報の宝庫である。卒業生は本科生と学部生に二分けされる。本科生というのはごくわずかな例外を除いて帝国大学に進む生徒たちであり、この年は九十人の本科生が本科第二年級を終えて卒業式に臨んだ。

本科第二年級というのであるから、本科に所属して二年目ということになるが（第四章参照）、折田校長の演説によると、このクラスは明治二十一年九月に「予科補充に編成せられた」とのことで、当初の生徒数は百六人であった。高等中学校には尋常中学を終えて進むのが常道だが、実際には尋常中学校の制度が十分に行き届いていなかったため、高等中学校がみずから予科補充科と予科を設置した。これを言い換えると、尋常中学校を終えなくとも三高に進む道が存在したということであり、小学校に何年か通った後に三高の予科補充科に入り、次に予科に進み、さらにその次に本科に進んで帝大進学の足固めをするという順序をたどるのである。明治二十一年九月に予科補充科に入った生徒たちは、落第しなければ六年間の修業を積んで卒業の日を迎えることになるが、このコースとは別に、高木のように尋常中学校から直接予科に入ってくる者もいた。高木は岐阜県尋常中学校から三高の予科に入り、予科に一年間在籍してから本科に進んだ。本科の修業期間は二年である。

明治二十一年九月に編成された百六人の生徒たちを基礎にして、それから六年の間に出入があった。高木のように途中で入学してきた者が百十六人、上のクラスから落第してきた者が百十三人いて、これでこのクラスの名簿に記載された生徒は全部で三百三十五人になった。このうち退学した者が百十一人、下のクラスに落ちた者が百三十五人、死亡した者が二人である。退学者も落第者も驚くべき数字を示している。その結果、卒業にこぎつけたのは「僅ニ九十人ト為リシナリ」というのだが、記されているデータに基づいて計算すると八十七人になり、計算が合わない。名簿に出ている卒業生を数えるとたしかに九十人になるのであるから、退学者か落第者か死亡者の数字がどこか間違っているのであろう。

『第三高等中学校一覧』に記載されている生徒名簿を参照して高木が所属したクラスの変遷を追うと、明治二十五年九月三十日の時点で本科二部（工理農林科志望生）第一年級の生徒は甲乙二組に分かれている。高木が所属する甲組は二十三人。吉江は乙組で、二十六人。甲乙合わせて四十九人である。それから一年後の翌明治二十六年九月三十日の調査では、本科二部第二年級の生徒は理科志望生のクラスと工科志望生のクラスの二つに分かれ、高木と吉江が所属する理科志望生のクラスはわずかに十二名を数えるのみであった。もうひとつの工科志望生のクラスは二十四名で編成されたが、理科と工科の生徒の総計は三十六人であるから、一年の間に本科二部の生徒は十三人も減少したのである。

明治二十七年七月に卒業した本科生九十人の内訳を見ると、一部の法科志望の生徒が二十七人、一部の文科志望の生徒が二十八人、二部の工科志望の生徒が二十三人、二部の理科志望の生徒十二人となっている。このうち高等師範学校の研究科に入る者が三人、未定者が二人。他の生徒はみな帝国大学のそれぞれの分科大学に進んだ。高木は第二部理科の生徒のひとりで、十二名の筆頭に名前が出ている。理科の首席だったのであろう。二番の亀高徳平《かめだかとくへい》は帝大を経て化学者になった。吉江琢兒は三番目であった。

折田校長の演説

高木貞治の成長にともなって、さながら人生の伴奏者のように各種の学校が次々と出現したが、そこで出会う数学は和算ではなく、洋算、すなわち西欧近代の数学であった。一色学校から岐阜の中学を経て三高へと、入学と卒業を次々と繰り返していく中で、高木はおのずと東京の帝国大学へと導かれていった。

三高で高木と同期の名簿に記載された生徒三百三十五人のうち、ともあれ卒業にいたったのはたった九十人というのはまったく恐るべき事態である。学ぶ側も教える側も、個人も国も、今日では想像もつかないほどの強大な緊張を強いられていたのであろう。

卒業式の場での折田校長の演説の紹介をもう少し続けると、本科の卒業生九十名は在学年数も年齢もまたさまざまであった。予科補充科、予科、本科を通じ、もっとも長く三高に在籍した者の在学年数は十一年、もっとも短い者は二年である。前者の学生は落第や留年を繰り返し、後者の学生ははじめから本科に入学してそのまま二年間で卒業したのであろうと思われるが、これらの学生は三名にすぎないから例外中の例外であり、おおかたの在籍年数は六年であった。高木の在籍年数は三年である。

年齢についてはどうかというと、最年長者は二十六年八箇月、一番若い生徒は十八年九箇月、平均は二十二年五箇月と報告されている。月数まで明示されているところから見て、満年齢と見てよいと思われるが、明治二十七年七月七日の時点で高木の年齢は満十九年二箇月である。これは生誕日を明治八年四月二十一日として数えた場合だが、戸籍上の生誕日の明治九年一月二十一日を起点にして数えると十八年五箇月になり、同期卒業生九十人中の最年少とされている十八年九箇月を凌駕してしまう。高木はほとんど最年少の卒業生だったのであろう。

高等中学校には帝大への進学コースである本科のほかに、専門科というコースがあった。専門科は分科もしくは学部と呼ばれることもあり、各々の地方での最高学府であろうとするところに特色があった。医学部、法学部、工学部など、いくつかの学部が設置されたが、設置される学部は学校ごとにまちまちで、たとえば法学部が設置されたのは三高だけであった。高木と同期の法学部の卒業生は十三人。明治二十四年九月の時点で第一年級に編成されたが、当初は二十一人であった。その後の三年間の修業中に退学者が三名、落第者が五名出て、卒業の時点ではとうとう十三人になってしまった。これもまたきびしい数字である。

折田校長の演説の一節をそのまま引くと、次のような言葉が目に留まる。

「凡ソ国家ノ盛衰ハ国民全体ノ強弱ニ根シ、国民全体ノ強弱ハ国民中骨髄タル者ノ痴愚強弱ニ由ル。而シテ其骨髄タルヘキモノハ誰ソ。高等教育ヲ受了シタル者是ナリ。」

「故ニ古人ハ云ヘリ。男児生レテ二十其身ノ一郷ニ関スルコトヲ知リ、三十ニシテ一国ニ関スルコトヲ知リ、四十ニシテ天下ニ関スルコトヲ知ルト。諸子ノ未来ハ実ニ然ラサルヲ得サルナリ。諸子カ責任ノ重大ナル如何ソヤ。諸子ハ如何ニシテ此大任ヲ全クセントスルカ。蓋シ既ニ各自心ニ期スル所アラン。」

学問は個人の趣味の域にとどまるものではなく、学問をする者は国家国民の骨髄であるといわれている。かつて確かに存在し、今では跡形も見られなくなった精神の断片を語る言葉である。

二　帝国大学に学ぶ

三高から帝大へ

第三高等中学校を卒業した高木は、明治二十七年九月、東京に出て帝国大学に入学した。所属先は理科大学の数学科である。理科大学というのは帝国大学を構成する五つの分科大学のひとつである。帝国大学の前身は東京大学である。東京大学は学部制だったが、明治十九年に公布された帝国大学令（三月

東京大学正門

二日公布、四月一日施行）により従来の東京大学は帝国大学になった。これにともなって学部制は廃止され、新たに分科大学制が導入されたが、この制度が維持されたのは大正八年二月までで、それから先はかつての学部制にもどり、そのまま現在に至っている。

一番はじめの東京大学より前にも、東京にはいろいろな学校が存在した。それらはいわば「大学以前の時代」に所属する学校の数々であり、旧幕時代にさかのぼる歴史を負っているが、明治政府は整理整頓を押し進め、明治十（一八七七）年四月十二日の文部省布達により「東京大学」と称する大学が成立した。この大学には四つの学部、すなわち理学部、医学部、法学部、文学部が設置され、理学部は化学科、工学科、数学物理学及星学科、生物学科、地質学及採鉱学科という五つの学科に区分けされた。理、法、文の三学部の修業年限は四年だが、医学部は五年である。

帝国大学が発足した当初の分科大学は五つで、法科大学、医科大学、工科大学、文科大学、それに理科大学だったが、明治二十三年六月、農科大学が加わった。修業年限は医科大学が四年で、他の分科大学は三年である。各分科大学の長は「学長」と呼ばれ、帝国大学の全体の長は「総長」と呼ばれた。

大学の学制の変遷にも相当にめまぐるしいものがあった。高木は入学して三年後の明治三十年七月に卒業したが、この年の六月には帝国大学が「東京帝国大学」と改称されるという出来事があった。これは京都にもうひとつの帝大が設置されることになったための処置で、東京帝大、京都帝大というふうに所在地の地名を附して区別することにしたのである。これで日本の帝大は二つになり、「東西両京の帝大」と呼ばれた。高木は「帝大に入学して東京帝大を卒業する」という成り行きになった。

高木と同時に数学科に入学した学生は七人いたが（七人というのは『帝国大学一覧　明治二十六―二十七年』に記載されている数学科第一年生の総数である）、そのうち第二学年に進んだ学生は四人、第三学年に進んだ学生はわずかに高木と吉江琢児の二人だけであった。翌年、高木と吉江は順調に卒業したが、三高と同様、帝大もまた卒業がむずかしい学校だったのである。ただし明治三十年七月の数学科の卒業生は実は三名で、高木と吉江のほかにもうひとり、林鶴一がいっしょであった。三人とも三高の出身で、林は一年先輩である。帝大にも一年早く入学したが、三年生のときにチフスに感染して一年遅れたため、大学卒業は高木と同年になった。同期入学者の中に四高出身の藤田外次郎がいたが、藤田も二年生のときに病気で進級が遅れ、高木と吉江に一年遅れて明治三十一年七月に卒業した。

帝国大学の数学

明治十七年は、帝国大学の前身の東京大学理学部数学科に最初の卒業生が出た年であった。第一回目の卒業生はひとりきりで、高橋豊夫《たかはしとよお》という人である。数学史家の小倉金之助は昭和六年ころ高橋に会ったことがあるということで、そのときの談話を記録して「日本における近代的数学の成立過程」（『小倉金之助著作集』第二巻、昭和四十八年、勁草書房所収）という論文において紹介した。小倉が採取した高橋豊夫の談話をそのまま写すと次の通りである。

……菊池先生が用いた教科書は、トドハンターの『方程式論』、トドハンターの『微分』、『積分』、ブールの『微分方程式』、フロストの『立体解析幾何』であった。平面解析幾何は教科書を用いなかったがそれはサーモンの『円錐曲線』のような講義であった……。

他に外国人がおり、イギリスのユーウィングは力学の講義をしたが、この人は日本にとっては、物理学の恩人で、磁気や地震の研究をやった先生です。またアメリカのポールがショヴネー（アメリカの数学者・天文学者）の『球面天文学』をやり、ほかに寺尾先生の天文学の講義がありました。それからアメリカのメンデンホールが物理学の講義をした。この人は富士山の頂で重力の観測をやった人です。その他に北尾次郎先生の音響学の講義があった。北尾先生の講義は、微分方程式がどんどん出てきて、ほかの先生の講義とは、段違いにむずかしかった……。

この時期の修業年限は四年であった。「菊池先生」は菊池大麓である。小倉の「日本における近代的数学の成立過程」に講義で使われた教科書もしくは参考書があげられているが、それによると、トドハンターの『方程式論』は三年生、『微分』と『積分』は二年生、ブールの『微分方程式』は二年生、フロストの『立体解析幾何』は三年生、サーモンの『円錐曲線』は三年生のときの講義で用いられたことがわかる。中学でもトドハンター、高校でもトドハンター。そして大学でもまたトドハンターであり、明治初期の日本の数学界ではトドハンターは大人気であった。トドハンターが書いた数学のテキストの数々は日本の大学の図書館に揃っていて、今も容易に閲覧することができるが、微積分も代数も幾何も、どれを見てもとくに際立った叙述はない。全体に平凡な印象を受けるが、明治前期の日本では英語の数学書で勉強するということ、それ自体がすでに新時代の風をよく象徴していたのであろう。

「寺尾先生」は寺尾壽。北尾次郎は松江の人で、ドイツに留学してベルリン大学でキルヒホフ、ヘルムホルツに物理学を学び、クンマーに数学を学んだ。専攻は天文学である。

高橋豊夫の談話に登場するヨーロッパの数学者はイギリス系統の人たちばかりである。実際、サーモンはアイルランドの町ダブリン、ブールはイングランド東部のリンカーンシャーの町リンカーン、フロストはイングランド北部のキングストン・アポン・ハルという町の出身である。

高木貞治のエッセイ「回顧と展望」

高橋豊夫の在学中には数学の教授は菊池大麓ひとりしかいなかったが、明治二十七年に高木が帝国大学に入学したときは藤澤利喜太郎が加わって二人になっていた。数学の教官ということであれば、正確にいえばもうひとり、三輪《みわ》桓一郎《かんいちろう》という助教授がいた。三輪は東京大学の「仏語物理学科」の第三期卒業生で、卒業したのは明治十三年七月。明治十五年、助教授に就任。明治二十年までは専任の助教授だったが、その後、学習院教授となり、東大助教授は兼任になった。ただし、三輪は講義は担当しなかったようである。

「考へ方研究社」の数学誌『高数研究』第五巻、第八号（昭和十六年五月一日発行）に「高木貞治　掛谷宗一　両博士縦横対談記」という記事があり、藤澤の思い出も話題になった。これは高木が披露したエピソードだが、藤澤はいつもいろいろなことを言って若い高木の度肝を抜いたという。藤澤が「君は何処だ」と尋ねてきたので、「ぼくは岐阜県です」と応じたところ、「元亀、天正の頃にあの辺から英雄が出ましたね」と藤澤が言った。これには高木もびっくりしてしまった。元亀、天正のころ、岐阜のあたりから出た英雄というと、織田信長のことであろうか。

菊池、藤澤両教授の講義の模様については高木貞治と吉江琢兒の回想記がよい参考になる。高木の回想録というのは「回顧と展望」というエッセイを指すが、これは書き下ろしのエッセイではなく、高木が文化勲章を受けたことを記念して、昭和十五年十二月七日に東京帝大で行われた数学談話会の講演記録である。

その記録に多少加筆したうえで改造社の総合誌『改造』の昭和十六年一月号に掲載されたが、それとは別に『高数研究』の記者が速記をとり、その記録が高木の校閲を経たうえで『高数研究』第五巻、第四号（昭和十六年一月一日発行）に掲載された。「回顧と展望」には二つのテキストが存在することになる。

高木の回顧は東大の学生時代に聴講した数学の講義から始まる。帝国大学の学生になったのは明治二十七年。ちょうど日清戦争が始まった年であった。明治二十七年に田舎から東京に出てきたころ、数学教室には菊池大麓と藤澤利喜太郎の二人の先生がいた。何を教わったのか、古い記憶をたどってみると、まず微分積分学。それから解析幾何学。これらは一年生のときの科目である。二年生になるとデュレージの楕円関数論というものをやった。これは古い本で、内容はヤコビの楕円関数論。これを言い換えると、ヤコビの著作『楕円関数論の新しい基礎』の平易な解説といったおもむきのものである。複素関数論ができる前の楕円関数論であり、「ずいぶん時代離れのもの」と高木は回想した。

幾何は菊池が担当し、解析は藤澤が担当した。デュレージの楕円関数論のほかに、サルモンの代数曲線論を習ったが、これを担当したのは菊池である。これで二年生まで進んだ。

デュレージとデデキント

「デュレージの楕円関数論」のデュレージは今では語られることの少ない数学者だが、デデキントの論文『連続性と無理数』の序文に名前が出てくる場面がある。このエッセイの序文には、デデキントが連続性や無理数について数学的思索を深めていくことになった契機が詳述されている。

デデキントは一八三一年にドイツのブラウンシュバイクに生まれた人物である。ガウスと同郷だが、ゲッチンゲン大学でそのガウスに学び、ディリクレやリーマンの影響を受けた。一八五八年、スイス連邦工科大学の教授になり、この年の秋から微積分を講じることになったが、「数の理論の真に科学的な基礎」が欠如していることを痛感したのはこのときである。この欠如を補って微積分の基礎を確立しようとすると、「数とは何か」という問いが根源的な意味合いを帯びてくることに、デデキントは気づいたのである。この問いを解く鍵をにぎっているのは「連続性の本質」を正確に認識し、言葉を与えてこれを表明することだが、デデキントは「一八五八年十一月二十四日」にこれに成功したという。

数学的思索が結実した日にちが正確に記録されるのは非常に珍しい事例だが、この成功の数日後、デデキントは熟考の成果を親友に打ち明けた。その親友がデュレージである。

デュレージはフルネームをハインリッヒ・デュレージといい、ドイツの数学者である。生年は一八二一年、没年は一八九三年。デデキントが実数の連続性を発見した一八五八年の秋の時点では、デデキントと同じくチューリッヒのスイス連邦工科大学に勤務していた。著作もあり、高木が習ったという楕円関数論のテキストのほかにも、三次曲線に関する本や複素変数関数論の本がある。

『デュレージの楕円関数論』の原書名は"Theorie der elliptischen Functionen: Versuch einer elementaren Darstellung"というもので、ドイツ語で書かれている。書名をそのまま訳出すると、「楕円関数の理論　初等的叙述の試み」という感じになる。初版の刊行は一八六一年だが、二版、三版と版を重ねた。現在の東京大学の大学院数理科学研究科の図書館には一八七八年に刊行された第三版と一九〇八年刊行の第五版が所蔵されている。第三版はおそらくドイツに留学した藤澤利喜太郎が購入して日本に持ち帰ったもので、藤澤はこれをテキストにして、高木たちを相手に講義を行ったのであろう。

吉江先生ノート

高木が帝国大学で受けた講義の消息をもう少しくわしく知りたいと思う。帝大に入学した年の一年前の明治二十六年、帝国大学理科大学数学科で講座制が敷かれて三つの講座が設置された。担当者は菊池大麓と藤澤利喜太郎の二人きりで、下記の編成表の通り、菊池が二講座を担当した。

数学第一講座　菊池大麓
数学第二講座　藤澤利喜太郎

応用数学講座　菊池大麓

菊池が応用数学講座を担当したのは明治二十八年までで、翌明治二十九年には、ドイツ留学から帰国した物理の長岡半太郎が担当することになった。

新たに制定された講座制の枠の中で、高木が聴講した講義の内容を知るための最良の基本文献が存在する。それは吉江琢兒が書き留めた講義ノートである。

帝国大学理科大学数学科が所蔵する図書や文書は、現在では東京大学大学院数理科学研究科の図書室に受け継がれているが、そこに高木の学問を考えるうえで基本中の基本の位置を占める二種類の文献が保管されている。ひとつは高木の手になる「数学ノート」で、全十八冊。もうひとつが吉江の講義ノートで、全部で十九冊。「吉江先生ノート」という名前をつけて保管され、高木の「数学ノート」とともに貴重図書の扱いを受けている。

高木の「数学ノート」の紹介は後述することにして、「吉江先生ノート」を概観したいと思う。すべて英語で記述されているが、それはそのままにして、括弧の中に邦語訳を書き添えた。

一　Calculus（カルキュラス）

Differential Calculus（微分計算）／Integral（積分）／Differential Equations（微分方程式）／Expansion in Trigonometric Series（三角級数への展開）／Fourier's double Integral（フーリエの二重積分）／Calculus of Variation（変分計算）／Total and Partial Differential Equations（全微分方程式と偏微分方程式）

First and second year course（第一、二年目のコース）、一八九四—九五

担当者　藤澤利喜太郎

「カルキュラス」といえば字義通りには「計算」の意だが、数学ではしばしば「解析学」の意味につかわれる。ここにあげたカルキュラスのノートは藤澤の解析学の講義の記録である。『日本の数学一〇〇年史』にこの時期のカリキュラムが掲載されているが、それによると第一学年には微分積分学の講義が毎週五時間、第二学年には微分方程式論と楕円関数論の講義が毎週三時間ということである。上記のノートを見ると、一年目の微分積分学の守備範囲は非常に広く、フーリエ解析と変分法までもが含まれていたことがわかる。

藤澤の関数論の講義はストラスブルクで聴いたクリストッフェルの講義に基づいていたが、微分積分学の講義の基礎になったのはだれの講義だったのか、この点は解明されていない。また、このノートには微分方程式論は出ているが、楕円関数論の記録はない。

二　Theory of Elliptic Functions（楕円関数論）
Second year course（第二年目のコース）、一八九五―九六
担当者　藤澤利喜太郎

これは第二学年のときの藤澤による楕円関数論の講義ノートである。内容は「デュレージの楕円関数論」である。

「吉江先生ノート」の中には藤澤の関数論の講義ノートもある。

三　Theory of Functions（関数論）
Third year course（第三年目のコース）、一八九六―九七
担当者　藤澤利喜太郎

これは第三学年のときの講義である。全部で三百二十四頁に及ぶ長大な講義ノートである。藤澤の関数論の講義には毎週三時間が割り当てられていた。藤澤本人がドイツで書き留めてきたドイツ語のノートは失われたが、吉江が記録した英語のノートが残されたのは幸いであった。関数論の一般理論が展開され、その流れの中でもう一度、楕円関数論が取り扱われている。いっそう一般的に、代数関数とリーマン面の理論やアーベル関数論もある。

次にあげる二冊のノートは菊池大麓の幾何学の講義ノートである。

四　Plane Geometry（平面幾何学）
First year course（第一年目のコース）、一八九四―九五
担当者　菊池大麓

五　Solid Geometry（立体幾何学）

Surfaces of the Second Degree（二次曲面）／Surfaces and Curves in General（曲面と曲線、一般的な事柄）

First year course（第一年目のコース）、一八九四―九五

担当者　菊池大麓

第一年目には解析幾何学が毎週三時間、割り当てられたが、上記の二講義がこれに該当する。高木貞治のエッセイ「明治の先生がた」（鈴木信太郎編『東京大学80年　赤門教授らくがき帖』昭和三十年、鱒書房所収）によると、菊池は時間のはじめには英語まじりの日本語で話しているが、いつのまにか英語になってしまう。明瞭にゆっくりと話すので、楽にノートを取ることができた。授業の終わりに「ネキスト・フライデーにはエキザミネーションをしますから」と言うのだが、たいていは隔週であった。

六　Plane Geometry（平面幾何学）

Conic Sections（円錐曲線）

Theory of Invariants（不変式論）

Second year course（第二年目のコース）、一八九五―九六

担当者　菊池大麓

これは第二学年の「高等幾何学」の講義ノートである。毎週二時間が割り当てられた。

七　General Algebraic Curves and Curves of the Third Order（一般の代数曲線および三次曲線）
Second year course（第二年目のコース）、一八九五—九六
担当者　菊池大麓

これも第二学年の高等幾何学の講義ノートである。
菊池大麓は数学のほかに物理学の講義も担当した。

八　Dynamics（力学）
Second year course（第二年目のコース）、一八九五—九六
担当者　菊池大麓

ノートの前半はStatics（静力学）、後半はKinetics of a Particle（分子動力学）に当てられている。これは第二学年の力学講義で、割り当て時間は毎週二時間である。

九　Quaternions（四元数論）
Second year course（第二年目のコース）、一八九五—九六
担当者　菊池大麓

これは第二学年の「高等数学雑論」の講義ノートである。この講義は毎週午後一回、行われた。

十　Rigid Dynamics（剛体力学）

Third year course（第三年目のコース）、一八九六―九七

担当者　菊池大麓

第三学年の「剛体力学」の講義ノート。毎週三時間。『日本の数学一〇〇年史』によると、この講義は明治二十九年度から新帰朝の長岡半太郎が担当することになったというが、吉江の講義ノートを見ると、この年は菊池大麓もまだ講義を行っている。ただし、五十九頁ほどで終わっているから、途中で交代したのかもしれない。

菊池と藤澤の講義は上記の通りだが、ほかに数学科、物理学科、星学科の学生がいっしょに受ける共通講義があった。どの学科も学生が非常に少なかったのである。

十一　Dynamics（力学）

First year course（第一年目のコース）、一八九四―九五

担当者　鶴田賢次

第一学年の「力学初歩」の講義ノート。毎週三時間ないし四時間。

十二　Spherical Astronomy（球面星学）
First year course（第一年目のコース）、一八九四―九五
担当者　寺尾壽

第一学年の「球面星学」の講義ノート。毎週二時間。

十三　Calculus of Probability and Method of Last Squares（確率論と最小自乗法）
Second year course（第二年目のコース）、一八九五―九六
担当者　寺尾壽

第二学年。確率論の講義ノート。第二学期のみ。毎週二時間。

十四　Physics（物理学）
Second year course（第二年目のコース）、一八九五―九六
担当者　山川健次郎

第二学年の「高等物理学」の講義ノート。毎週五時間。山川は二枚の黒板を上げたり下げたりして、

そこへノートの英文をどんどん書いていき、高木や吉江たち生徒はそれを書き写した。山川の手持ちのノートが黒板を経由して生徒のノートへと転写されていくのである。山川もうっかりして、「おっ、ここが一頁抜けていた」などと言ったりするので、あとから書き足したなどということもあった。試験のおりには「細かいことはわたしにもノートなしではわからないのだから、そんなむずかしい問題はけっして出さない」と言い、試験の当日になると黒板に問題を書いて、「諸君は紳士だから張り番はしない」と言ってさっさと出て行った。そのあと、衣嚢《いのう》（ポケット）から何か取り出して、こっそり見ていた紳士もいた。

十五　Theoretical Astronomy（星学理論）
Third year course（第三年目のコース）、一八九六―九七
担当者　寺尾壽

第三学年の「星学理論」の講義ノート。毎週三時間。

十六　Rigid Dynamics（剛体力学）
Third year course（第三年目のコース）、一八九六―九七
担当者　長岡半太郎

第三学年の「剛体力学」の講義ノート。百五十二頁もある長編である。この講義ははじめ菊池大麓が担当し、途中で長岡半太郎に交代したのであろう。

十七　Hydrodynamics（流体力学）
Third year course（第三年目のコース）、一八九六—九七
担当者　長岡半太郎

第三学年の「力学（随意）」の講義ノート。毎週三時間。百七十八頁。

「吉江先生ノート」はこれで十七冊になったが、このコレクションにはあと二冊、ドイツ語で書かれたノートが存在する。一冊のノートには "Einleitung in die Functionenlehre"、すなわち「関数論入門」という表題があり、「第三年目のコース」と英語で記入されているが、それ以外のデータはない。藤澤利喜太郎がドイツから持ち帰ったノートの写しの可能性はあるが、よくわからない。

もう一冊のノートの印象はいっそう神秘的である。表紙に

"Theorie der Abel'schen Functionen
Vorlesungen von Prof. C. Weierstrass"
（アーベル関数の理論　ヴァイエルシュトラス教授の講義）

と表題が記入され、全五百九十一頁にも及ぶ長大な本文が展開する。吉江琢兒がドイツ留学中に書き写したヴァイエルシュトラスの講義録であろう。

『日本の数学一〇〇年史』に出ている課程表を見ると、このほかにも「数学演習」(各学年)と「物理学実験」(一年目と二年目)があるが、その様子を伝えるノートは見あたらない。また、第三学年には「数学研究(随意)」という科目がある。これは藤澤のもとで行われた「藤澤セミナリー」を指している(次節参照)。

数学と物理のほかにも、化学の桜井錠二《さくらいじようじ》、動物の箕作佳吉《みつくりかきち》、地質の小藤文次郎《ことうぶんじろう》など、高木の時代の理科大学には大先生たちが健在であった。植物の伊藤圭介《いとうけいすけ》は享和三(一八〇三)年の生まれという大長老で、高木の在学中にはもう大学とは関係がなかったが、異彩を放っていた。植物学者というよりもむしろ本草家《ほんぞう》というべき人物で、明治三十四年の年初に百歳に近い高寿をもって亡くなった。

楕円関数論と複素関数論

帝国大学に進んだ高木貞治は一年生のときに微分積分学と解析幾何学の講義を聴き、二年生になるとデュレージの楕円関数論、それから三年生になると複素関数論の講義を聴講し、複素関数論の講義の中で再び楕円関数論に出会った。

楕円関数論の歴史は西欧近代の数学のはじまりのころにさかのぼり、時代の変遷につれて多くの数学者がそのつど深い関心を寄せ続けてきた。微積分のはじまりのころ、ヨハン・ベルヌーイはすでにレムニスケート積分、すなわちレムニスケート曲線の長さを測定する積分を考察していたが、その積分は楕円積分であった。ヨハン・ベルヌーイを数学の師匠にもつスイスの数学者レオンハルト・オイラーは「オイラー積分」と呼ばれる一系の積分を提示したが、オイラー積分は楕円積分をも包み込む非常に一般的な形の積分であり、ここからさらに歩を進めると「アーベル積分」の世界に到達する。「アーベル積分」のアーベルは十九世紀のはじめのノルウェーの数学者だが、同時代のドイツの数学者にヤコビがいて、この二人が手を携えて建設したのが「アーベル積分」の理論である。

オイラーの次の時代にドイツの数学者ガウスが出現し、新しい楕円関数論のアイデアを提案した。ガウス自身は公表を控え、そのような理論の存在をわずかに示唆しただけにすぎないが、同時代のアーベルとヤコビはガウスの数学的企図を洞察し、ガウスの心情に芽生えた理論を独自に構築するとともに、ガウスを越える地点にまで歩を進めていった。十九世紀の数学史の中でも一段とめざましい情景だが、ガウスとアーベルとヤコビの楕円関数論において際立っているのは、「虚数」もしくは「複素数」というもののもつ魔法の力を全面的に解き放ったという一事である。それが、今日の複素関数論の源流である（複素関数論には二つの源泉がある。もうひとつはコーシーの留数解析である）。

複素関数論の一般理論を建設したのはヴァイエルシュトラスとリーマンである（それと、コーシーの寄与も見逃せない）。アーベルとヤコビの次の世代のドイツの数学者だが、二人ともアーベルとヤコビを深く尊敬し、楕円関数論や、その延長線上に構想されるアーベル関数論のために大きく貢献した。藤澤利喜太郎はクリストッフェルの複素関数論を通じてリーマン、ヴァイエルシュトラスの複素関数論を学んだことになる。藤澤が東大で行った複素関数論の講義は明治二十年から始まったと見てよいが、それなら理論形成の直後の時期である。ベルリン大学でもヴァイエルシュトラスやヴァイエルシュトラスの後継者たちにより複素関数論の講義が行われていたのであるから、藤澤は当時のヨーロッパの数学研究の中核のテーマを日本に持ち帰ったのである。

デュレージの楕円関数論とクリストッフェルの複素関数論

ガウスが構想した楕円関数論の姿形はどのようなものだったのか、その全容の再現を試みる作業は数学史研究に課された実に興味深いテーマだが、遺された研究資料が乏しいため、究明は困難である。これに対しアーベルとヤコビについてはそれぞれ論文が公にされていて、相当にくわしい状況が判明する。ヤコビには初期の楕円関数論の消息を総合的に報告しようとする著作もある。それは『楕円関数論の新しい基礎』という著作である。ラテン語で書かれていて、書名のラテン語による表記の冒頭の二語は「Fundamenta nova（新しい基礎）」である。そこでこれをそのまま発音して「フンダメンタ・ノヴァ」と読み、簡単に「ヤコビのフンダメンタ」と呼ばれることもある。ヤコビ以降のすべての楕円関数論の規範となった重要な書物である。

楕円関数ははじめ第一種楕円積分の逆関数として認識された。ガウスもアーベルもそのように認識し、ヤコビもまたこの流儀を受け入れた。ヨハン・ベルヌーイが考察したレムニスケート積分やオイラーが考察したオイラー積分では変数の取りうる値は実数に限定されていたが、ガウス、アーベル、ヤコビの楕円積分では変数の変域が拡大されて、複素数を許容するようになった。そのため逆関数に移って楕円関数を提示すると、必然的に「複素変数の関数」が認識されることになるが、単なる関数ではなく「解析的な関数」である。アーベルやヤコビの段階ではまだ関数の解析性の認識は獲得されていなかったため、どこまでも「第一種楕円積分の逆関数」という視点に立脚して基礎理論の構築を押し進めていくことになる。その情景を細部にいたるまで懇切に描いたのが「ヤコビのフンダメンタ」の世界であり、デュレージはそれを原典として解説書を執筆した。その著作が藤澤の講義のためのテキストになった。関数の解析性という概念が認識されて、それを表現することに成功すると、「解析的な関数」という関数の範疇が確定する。解析性の表現はただひと通りに限るわけではなく、いろいろな表明の仕方が可能だが、代表的なのはヴァイエルシュトラスによるものとリーマンによるものである。ヴァイエルシュトラスは「冪級数による表示を受け入れること」をもって解析性とし、リーマンは「コーシー・リーマンの微分方程式を満足すること」という状況を指して解析性と認定する立場を採用した。ここで突然コーシーの名前が出るのはなぜかといえば、コーシーはフランス革命の年に生まれたフランスの数学者で、定積分の数値計算などの課題に応えようとして複素変数関数論の構築を試みたからである。ただし、コーシーは楕円関数論とは関係がない。

複素変数関数論の基礎が構築されると楕円関数論の光景は一変する。変数を複素変数に拡大したうえで第一種楕円積分の逆関数を楕円関数と見るという立場に立つと、「楕円関数は二重周期をもつ」というめざましい事実が発見され、理論全体に礎石が据えられる。ガウスはこれを知っていたし、アーベルは独自に発見した。ところが複素変数関数論の場において楕円関数をとらえようとすると、かつて数学的発見であった事実が定義に変容し、「全複素平面上で定義された二重周期をもつ有理型関数」というものを考えて、それを楕円関数と名づけることになる。「発見が定義に転化する」という、数学ではしばしば見られる手順だが、この定義を細かく観察すると、定義されている場所が複素平面全体とはじめから規定され、二重周期性と有理型であること（これが解析性である）が要請されている。要請事項はこれだけで、たった三つにすぎない。あまりにも広々としていて、かえってとりとめのない印象があるほどだが、ここから出発すると、複素関数論の一般理論の力により、楕円関数の諸性質がやすやすと導かれていく。これを言い換えると、楕円関数の本性は上記の三つの要請にことごとくみな凝縮されているということにほかならない。

こうして楕円関数論は面目を一新し、新時代の楕円関数論は複素関数論の一般理論の土台の上に構築されるようになった。大学の講義もこの順序を踏襲し、まず複素変数関数論の講義を行って、その上に楕円関数論の講義を乗せていくという順序になる。クリストッフェルはストラスブルク大学でそのように講義を組み立てた。そのクリストッフェルの講義を日本で再現したのが、藤澤の講義なのであった。

高木は大学の二年目にデュレージの楕円関数論の講義を聴き、三年目にクリストッフェルの流儀の複素変数関数論と、それに基づく楕円関数論の講義を聴いた。楕円関数論の講義は歴史的展開の順序に沿って二度にわたって行われたのである。

藤澤利喜太郎の帰朝の衝撃

高木貞治のエッセイに「日本の数学と藤澤博士」というのがあり、はじめ『教育』という雑誌の第三巻、第八号（昭和十年）に掲載され、後に『藤澤博士追想録』に再録された。一読するとこんな記述に出会う。

藤澤先生よりも前に、西洋数学は勿論輸入されていた。蘭学式の洋算は姑く置くとして、それはイギリス流、フランス流、ドイツ流等々、悪口を言えば語学式数学であった。実質的には高々微分積分法の概念（ノオション）に過ぎない。そのような当時の日本へ、クリストッフェルの函数論、ライエの射影幾何学、それからクロネッケルの代数学、その他多くを土産に持って「新人藤澤」が帰って来られて、その御蔭を以て、当時に於て時代錯誤的ならざる、偏狭ならざる、世界的の「全数学」が日本に移植されたのである。日本の数学に取ってこれは重大で、将来編まるべき新日本数学史上の一つの契点であらねばならない。

藤澤の前にも洋行した人は何人もいたが、数学にねらいを定めて修得して帰国した人は二人しかいなかった。一番はじめは菊池大麓、二番目が藤澤である。明治初期の日本ではトドハンターの著作がよく読まれ、菊池はイギリスに出かけてそのトドハンターから直接教わることもあったが、当時のイギリスの数学そのものの山が低かったため、輸入された書物を通じて学んでも現地で直接学んでも、いずれにしても高みに到達することはできなかったのである。これに対し藤澤がドイツから持ち帰った数学は、デュレージの楕円関数論といい、クリストッフェルの複素変数関数論といい、トドハンターの代数方程式や三角法やユークリッド幾何学などとは比較を絶してレベルが高く、神秘的でさえあった。「世界的の「全数学」が日本に移植された」という高木の言葉はけっして誇張ではなく、藤澤の帰国とともに日本の数学はたしかに新局面を迎えたのである。ただし、高木があげている「クリストッフェルの関数論、ライエの射影幾何学、それからクロネッケルの代数学」のうち、ライエの射影幾何学とクロネッカーの代数学については、藤澤の講義が行われた様子は見られない。

藤澤の講義の様子を当時の学生だった人たちの証言を通じて再現する前に、もうひとつの注目すべき現象を語っておきたいと思う。それは数学の論文の翻訳稿のことで、藤澤が帰国した年の明治二十年から二十九年にかけてアーベルやガウスの論文の英訳が試みられて、東京数学物理学会の会誌『東京数学物理学会記事』に掲載された。それらを列挙すると次の通りである。

ディリクレの論文
Trigonometoric Series（三角級数（フーリエ級数））
翻訳者　藤澤利喜太郎
フランス語から英語へ

アーベルの論文
Binomial Series（二項級数）
翻訳者　三輪桓一郎
フランス語から英語へ

ガウスの論文
Hypergeometric Series（超幾何級数）
翻訳者　菊池大麓

ラテン語から英語へ

以下の三篇は日本の数学者が翻訳したのではないが、やはり『東京数学物理学会記事』に掲載された。

クンマーの論文
Hypergeometric Series（超幾何級数）
翻訳者　長岡半太郎
ドイツ語から英語へ

ロバチェフスキーの論文（ロバチェフスキーはロシアの数学者）
Theory of Parallells（平行線の理論。テーマは非ユークリッド幾何）
翻訳者　アメリカのハルステッド
ドイツ語から英語へ

ボヤイ・ヤーノシュの論文（父はボヤイ・ファルカシュ。ハンガリーの数学者）
The Science Absolute of Spaces（この論文のテーマも非ユークリッド幾何）
翻訳者　アメリカのハルステッド
ラテン語から英語へ

リーマンの論文

On the Hypothesis Which Lies at the Bases of Geometry（幾何学の基礎に横たわる仮説について。リーマン幾何のはじまりを示す論文）

翻訳者　イギリスのクリフォード

ドイツ語から英語へ

原論文の紹介は省略するが、西欧近代の数学の傑作ばかりが並び、壮観な光景である。東京数学会社が結成されて十年余がすぎて、日本の数学者たちの目がこのような一系の古典的作品に熱く注がれるようになったのは真にめざましい現象であり、根底には藤澤の帰国の衝撃が感知されるように思う。

藤原松三郎の回想

『藤澤博士追想録』に収録された藤原松三郎のエッセイ「追想」を参照して、藤澤の講義の模様を観察したいと思う。藤原が東大数学科に入学したのは明治三十五年。一年目に聴講した藤澤の講義は解析幾何であった。上部に赤線の入った洋罫紙に書かれたノートをゆっくりゆっくり読むのを写し取ったが、読み上げも書き取りも英文である。これが終わると説明があり、ときには「諧謔《かいぎやく》」が混じることもあった。関数論の講義を聴いたのは二年生になってからである。三年生になったとき、藤澤がチフスにかかるという出来事があり、そのため楕円関数論の講義はほんの少し聴講することができただけであった。

セミナリーもわずかに数回で終わってしまった。

藤澤の講義とは関係がないが、藤原は学者と学問に寄せる藤澤の考えを書き留めている。それは大正九年三月の東京物理学校の卒業式における藤澤の祝辞の一節のことで、藤澤は、「学者の天職というものは殊に国家の安危を双肩に担い国家というものは学者に依て維持せられているものである。かの政治家の如きは単に一時的のものであって、国家を維持するものは学者である」という話をした。明治二十七年の三高の卒業式のおりに高木が聴いた折田校長の演説と同主旨であり、今日では失われた懐かしい気迫に満ちた言葉である。

藤澤の苗字をローマ字で書くと藤原の苗字とそっくりである。Fujisawa と Fujiwara。そのため、ときおり外国人からまちがわれたりすることがあった。藤原がはじめて留学して、ストラスブルクにウェーバーを訪問したときのことである。名刺をわたして取次ぎを依頼したところ、まもなくウェーバーがいそいそと出てきて、いきなり「また来たか」と言って握手を求められた。何が何だかわからずに困惑したが、後で聞くと、藤澤とまちがえられたのである。藤原はそんなエピソードを紹介した。

停年退官のはじまり

三高で高木と同期になった吉江琢兒は、高木といっしょに帝大に入学し、卒業もいっしょだった。卒業後、吉江は一年志願兵として服役し、それから洋行してドイツに向かい、ゲッチンゲン大学でヒルベルトとクラインに学んだ。日本を発ったのは明治三十二年。三年間ドイツに滞在し、明治三十五年に帰国したから、明治三十一年に日本を発ち、明治三十四年に帰国した高木とちょうど一年だけずれているが、ドイツで合流した時期もあった。留学中の明治三十三年に東大の助教授に任ぜられ、帰国後、数学第四講座を担当した。第四講座は解析学の講座である。高木の担当は第三講座で、こちらは代数学の講座である。明治四十二年、教授に昇任。昭和十年、停年制により退官した。この間、一貫して東大に籍を置き、高木とともに日本の数学界を支える二本の柱であり続けた。

高木の停年退官は昭和十一年三月三十一日で、吉江の一年後のことになるが、これは吉江が高木より一年だけ年長だったためである。停年制は「満六十歳になる年度の年度末」をもって退官するという制度だが、これを言い出したのは藤澤と大学で同期の田中舘愛橘とのことで、高木のエッセイ「明治の先生がた」（『東京大学80年　赤門教授らくがき帖』所収）にそんなエピソードが紹介されている。

東大もはじめは停年退官という制度は存在しなかったが、小石川の植物園で帝大の関係者の会合があったとき、田中舘愛橘がテーブルスピーチを試みて、今日は私の六十歳の誕生日なので事務に辞表を提出したと報告したという。田中舘は二つの理由を提示した。ひとつは後身に道を開くためというものであり、もうひとつは、老境にさしかかるにつけても学問の急激な進歩についていけなくなったからというのである。田中舘は藤澤より五つ年長で、生誕日は安政三年九月十八日（一八五六年十月十六日）であるから、東大の停年制が小石川の植物園で話題にのぼったのは大正五年十月十六日のことになる。このときの会合は実は田中舘の還暦のお祝いの会だったという話を聞いたこともある。

田中舘の唐突な提案を受けて、一同水を打ったように静まりかえったというが、それからぼつぼつと反応が出始めた。辞表の撤回をすすめる人もあれば、辞表の却下を事務に要請する人もあった。そこへ杉浦重剛（近江国膳所出身の教育者。生誕日は安政二年三月三日、すなわち一八五五年四月十九日であるから田中館よりひとつ年上である）が発言し、男がいったん言い出したことをむざむざと引っ込めるものではない、本人の志を成就させてやるべきだという意見を開陳した。これが決め手になったのかどうか、ここから先の消息はよくわからないが、ともあれ田中舘の退官は実現した。数年後、東大では六十歳停年制が定められたが、田中舘の発言と行動が大きなきっかけを与えたのもまた間違いない。

吉江琢兒の回想

菊池と藤澤の講義の模様は、『藤澤博士追想録』に収録されている吉江琢兒のエッセイ「先生の思い出」でも語られている。菊池は主として幾何学と力学の受け持ちで、解析学は藤澤が担当したから、一年生の微分積分学は藤澤に教わった。菊池の立体解析幾何学の講義は全部英語だったが、藤澤は「微妙なる微分積分学は自分の平凡なる英語では講ずる事も従って理解する事も困難ならん」というので日本語で通した。藤澤の講義は独特の洗練されたもので、非常にわかりやすい名講義であった。誤解しやすいところにさしかかると、わざと誤りを犯して後にそれを訂正してみせるなどというふうで、実に手に入ったものであった。

微分学がすんで積分学となり、定積分のところにくると、講義はていねいだが、おりに触れては、「このように講義はするけれども、実際は既製の定積分表を見れば用は足り、講義などするのはよけいなことだ」と繰り返すので、みな勉強しなくてもよいものと心得て、試験に際しても一、二の人を除いては準備するものがなかった。さて試験場に入って見れば、問題はことごとく最も困難な技巧を要する定積分のみだったので、ほとほと困り果て、満点百点に対して十五点という悲惨な結果になってしまった。他の人たちも一、二の例外の人を除いてたいがい同様の成績であった。
「考へ方研究社」の数学誌『高数研究』第三巻、第七号（昭和十三年）に「高木・吉江両博士を囲む会」という記事があり、そこに高木と吉江が大学時代に聴講した菊池の講義について語り合う場面が登場する。

吉江　いきなり英語でやられてびっくりしたものです。
高木　英語でしゃべっているかと思うといつのまにか日本語になる。その移り変りが、いつ変ったかわからないように自然的であったのです。
藤森良夫　先生たちがノートを取られるときにはどういうふうにして？
高木　あのころは今の人よりは英語は上手であったから……
藤森良夫　やはり英語でノートを取ったのですか。
吉江　そうですね。そのころのものはみんな英語でやったのです。
高木　あのころは英語でやるのが当然の話で、日本語でやるのは不自然であったのです。

藤澤について、高木はこんな話をした。

高木　本をどんどん貸してくれたのですが、一年生のときに成績が非常に悪くて、その後で借りにいったら恐い顔をしてにらまれました。

一年生のときの藤澤の講義の試験の成績が非常に悪かったというが、吉江の回想によると、これは微分積分学の講義のうち積分の講義のことであろう。吉江がいうには、一、二の人を除いてみなひどい成績だったということで、高木はその一、二の例外だったのではないかと思われるが、高木の言葉をそのまま受け止めると、この推測は実は間違いで、高木の成績もまた非常に悪かったのかもしれない。

吉江の「数学懐旧談」（『高数研究』の第七巻、第十二号、昭和十八年所収。日本数学錬成所での特別講演の記録）によると、二年生になると藤澤は微分方程式の講義をした。これは微分積分学の続きである。菊池は射影幾何学の講義をして、それから不変式論の講義もあり、静力学もあった。静力学ではミンチンの大きな本に出ている問題をひとつひとつやっていくのだが、そのやり方というのは、研究室に入って銘々勝手にやるのだそうで、先生が突っ立っているところに生徒が入っていって練習をした。問題に取り組んでいるとき、先生が部屋を出ていくと生徒同士でおしゃべりをする。菊池がトイレにたったときのこと、高木が帽子掛にかかっている菊池の帽子を取って、かぶって歩いてみなを笑わせたなどということがあった。

藤澤は楕円関数論を二度講義した。二年生のときの楕円関数論は関数論の成立以前の楕円関数論である。三年生になると関数論の講義があり、関数論がすむとすぐに楕円関数論に入った。はじめはクリストッフェルの流儀だったが、後にヴァイエルシュトラスに依拠した。楕円関数論が終わるとアーベル積分に進み、リーマン面の講義をした。ただし、時間が足りなくてアーベル積分の話はできなかった。アーベル積分の話というのは「ヤコビの逆問題」の解決をめざす理論のことで、ヴァイエルシュトラスとリーマンがこれに成功した。そこでアーベル積分論の方向に進もうとすれば、クリストッフェルを離れてヴァイエルシュトラスとリーマンに依拠することになる。リーマン面はリーマンのアイデアの産物で、リーマンはアーベル積分論の土台を構築しようとして複素変数関数論の基礎理論をつくったが、その際、理論全体の根底に据えられたのがリーマン面の概念であった。藤澤はヴァイエルシュトラスとリーマンの双方の流儀を踏まえてアーベル積分論の講義を組み立てようとしたと推察されるが、これではたしかにあまりにも構えが大きくなり、時間が足りなかったと思う。

三年生のとき、物理の長岡半太郎がドイツから帰国して、動力学と水力学の講義を担当した。水力学というのは水を対象とする流体力学の一分科である。

中川銓吉の回想

『藤澤博士追想録』から藤澤の講義の模様を伝える記事をもう少し拾いたいと思う。高木と吉江が東大を卒業した年の翌年、すなわち明治三十一年には数学科の卒業生が四人出ているが、そのひとりに中川銓吉がいて、『追想録』に「私の知れる藤澤先生」というエッセイを寄稿している。以下に引くのは中川の伝える藤澤の講義風景である。

中川は大学在学中の三年間を通じて藤澤の講義を聴講した。藤澤はまず必要な事柄のだいたいを英語で書き取らせ、それから後に肝要なことを日本語で説明した。その調子は悠々迫らざるというふうで、ときどき余談を交じえたりもした。関数論の講義では、後半に達すると白麻表紙の筆記帳を持参して、それを見ながら英語を読み上げた。それを書き取るのだが、実は藤澤の手控帳には英語ではなくドイツ語で書かれていた。驚くべきことに藤澤はドイツ語のノートを見ながら英語に翻訳して講義をしていたのだが、それならそのドイツ語のノートはどうしたのかといえば、それは藤澤がドイツ留学中に師事したクリストッフェルの関数論講義を清書したものなのであった。

この話は日本における関数論講義の淵源を明らかにするという点において、強く心を惹かれるエピソードである。藤澤の手控帳はクリストッフェルの講義の模様をありありと再現する貴重なノートである。藤澤は時機を見て大学に寄附する考えだったようで、中川はその意向を直接伝えられたかのように語っているが、大正十二年の関東大震災のおりの大火のため焼失してしまった。

クリストッフェルについて、中川はこんな話を藤澤から聞いたことがある。クリストッフェルは数学を研究すること、そのこと自体を楽しみにして、できあがった研究を発表することなど、はじめからまったく考えていない人で、遺言にも自分の遺稿は全部これを焼き棄てよと書いてあった。しかし弟子たちには貴重な文献を捨てるに忍びないという心情があったのであろう、遺言のこの部分は実行されず、現にクリストッフェル論文集として二冊の書物となって刊行された。

国枝元治の回想

『藤澤博士追想録』には国枝元治《くにえだもとじ》の回想も収録されている。国枝は名古屋市に生まれ、明治三十二年に理科大学星学科を卒業した人物だが、『追想録』に「藤澤先生の追憶」というエッセイを寄せた。「先生の御教授は巧妙なる硬教育であったと思います」と国枝は指摘した。国枝は微分積分学とその演習、楕円関数論および複素関数論の講義を受けたと証言したが、これにより微分積分学には演習が附随していたことがわかる。藤澤は講義の途中でときどき「数学には言葉による説明だけでは十分に分らせ得ない所がある、而かも斯様な所が大切な所であってそれは以心伝心によって覚って貰わなければならぬ」というようなことを言った。あるいはまた、しばしば「ここは歌って置きましょう」と言って講義ノートの一節を朗読し、学生はそれを筆記させられたという。それなら藤澤が「歌っておいた箇所」には格別の説明はなかったことになるが、実はそこが油断のならないところなのであった。

単に「歌って置きましょう」と軽く片づけられてもいっこうに困難を感じないものもないではなかったが、きわめてたいせつな事項で、しかも簡単に説明しがたいものが、この「歌って置きましょう」の中に含まれていて、多くの学生がずいぶん苦しめられたのである。もっともそんなふうだったために学生の研究心をおおいにそそったという一面もあったので、かえってよかったのではないかというのが国枝の感想である。

藤澤利喜太郎の講義の変遷

掛谷宗一《かけやそういち》は広島県深安郡坪生村（現在の福山市坪生町）に生まれた人で、三高から東京帝大理科大学数学科に進んだ。卒業年次は明治四十二年であるから、高木の十二年後、国枝の十年後の卒業生である。掛谷は『藤澤博士追想録』に「藤澤先生の追憶」というエッセイを寄せ、明治三十九年に大学に入学して、二年生と三年生のとき、藤澤の関数論の講義を聴いたと回想した。

楕円関数論を聴いたとは記されていないのに加えて、関数論の講義が二年間続いたというあたりにやや不可解な印象がある。デュレージの楕円関数論の講義はこの時点でもまだ行われていたのかどうか、明瞭な状況は読み取れないが、楕円関数論のことを単に関数論と書いているのだとすれば、二年生のときはデュレージの楕円関数論、三年生になって複素関数論を聴講したということと考えられそうであり、もしそうなら吉江琢兒の回想と合致する。

このあたりの消息はわかりにくいが、『日本の数学一〇〇年史』によると、高木が洋行を終えて帰国した年の翌年、すなわち明治三十五年に数学科の教育課程の改訂が行われたという。課程表を参照すると、第二年と第三年に「一般関数論及楕円関数論」という同一の題目が掲げられていて、これを担当したのは藤澤である。掛谷はこの講義を二年続けて聴講したのではないかと思う。吉江の学生時代とは違い、もうデュレージの楕円関数論の講義はとりやめて、楕円関数論は一般関数論の枠の中で取り扱うことにしたのであろう。吉江が学生のときはこれを三年生の一年間で遂行したが、掛谷の時代には二年間になった。吉江のときは時間がなくてアーベル積分論はできなかったが、今度は二年間であるから、リーマン面もアーベル積分も存分に語られたことであろう。

藤澤はあまりくわしく筆記することを好まなかったようで、講義の途中で学生たちを顧みて、「ここは書いてはいけない」「筆を置いて黙って聞いてくれ」と言った。また、要所にさしかかると必ず「ここは特筆大書しておけ」と注意した。講義が始まってまもないころ、何かのおりに「数学は質問すべきものではない」と言ったことがあるという話も書き留められている。国枝の回想と合わせると、藤澤は数学という学問に何かしら「理」を越えたものを感知していたかのような印象がある。

試験の話もおもしろい。当時、一般に数学科の試験時間はほとんど無制限で、朝に出された問題を晩まで考えていてもさしつかえなかったが、これはあくまでも慣習上のことで、試験時間が決められていなかったわけではない。掛谷は二年の終わりにはじめて藤澤の試験を受けたが、掲示された試験時間は二時間であった。これを単なる事務上の形式と思ってのんびり解答作成計画を進めていたところ、終わりがけになって藤澤が教室に現れて、「答案はきっかり二時間以内に出すように」と申し渡したので、一同、大狼狽になった。その様子を察して、藤澤は、「私の試験は与えられた問題を与えられた時間内にどの程度まで解けるかを見たいのであるから」と、わざわざ言い添えたそうである。

大正八年の卒業生の辻正次のエッセイ「藤澤先生の思ひ出で」には、藤澤の試験問題の一端が披露されている。それは辻が二年生のときの関数論の試験問題で、「ヤコビのテータ関数の無限乗積を与えて、それを冪級数に展開したときの係数を求める」という問題が出された。これは難問の部類と思う。方針は立てられそうだが、何よりもひどく時間がかかりそうであり、二時間ではとても間に合わなかったであろう。

松隈健彦《まつくまたけひこ》のエッセイ「藤澤先生と私」にも試験問題にまつわる話題がある。松隈は熊本の五高から東大に進んだ人だが、二年生のとき藤澤の関数論の講義を聴講した。有名な講義であり、リーマン面を説明するあたりの手振り身振りは今でもまざまざと記憶に残っているくらいというのであるから、講義の印象はよほど強かったのである。学年末の試験には、「指数関数を関数論的に研究してその性質を述べよ」という問題が出たが、すっかり逆上してしまい、指数関数の逆関数である対数関数の性質を述べてしまった。対数関数を関数論的に研究するということであれば、対数関数のリーマン面について語らなければならないところであり、リーマン面を説明する藤澤の身振り手振りが頭から離れなかったために勘違いをしたのであろう。関数を取り違えてしまったにもかかわらず、試験は無事に合格した。

保険数学と確率

藤澤の事蹟については、楕円関数論や関数論の講義のほかにもなお語るべき事柄が多い。いわゆる純粋数学ばかりではなく、応用方面の数学にも若いころから関心を寄せ、生命保険の数学的理論や確率統計の方面にも著作がある。藤澤の消息を今日に伝えるもっとも基本的な文献は、『藤澤博士遺文集』（上中下、全三巻、昭和九年十二月二十三日発行、編纂兼発行者、東京帝国大学理学部数学教室、藤澤博士記念会）だが、上巻の冒頭に配置されている一篇は「生命保険論」と題されている。百十八頁にも及ぶ長篇で、もともと単行本として刊行された著作である。「明治二十二年七月、東京文海堂発行」。統計については「統計活論」という講演記録と「再び統計を論ず」というエッセイが収録されている。ちなみに、この『遺文集』の発行元の「藤澤博士記念会」の代表者は高木貞治である。

プロバビリティという言葉には現在では「確率」という訳語が当てられているが、当初は「確からしさ」「公算」など、いろいろな訳語が提案され、揺れ動くばかりでなかなか定まらなかったところ、藤澤が「プロバビリティは今後確率とせよ」と宣言し、この鶴の一声により「確率」と決定した。この話は高木の追想録『追想　高木貞治先生』に収録されている寺坂英孝のエッセイ「行間を読み取れ」に出ているが、出所は高木である。昭和十五年の秋、高木は第二回目の文化勲章を受けたが、このとき大阪毎日新聞社に招待されて大阪で講演を行った。高木はその講演の中で「藤澤の鶴の一声」のエピソードを紹介したのだが、聴衆の中に寺坂英孝がいて、高木の追想録に寄せたエッセイにおいて披露したのである。

フクス先生

『遺文集』の上巻に「フクス先生（Lazarus Fuchs）小伝」というエッセイが収録されている。初出は『東洋学芸雑誌』、第二百号で、出版されたのは明治三十一年である。フックスは複素領域における微分方程式論を創始したことで知られる数学者で、一八八四年にクンマーの後任としてハイデルベルク大学からベルリン大学に移った。一八八四年といえば藤澤もベルリンに滞在中だったが、同年秋にはストラスブルクに移っている。ストラスブルクで学位を取ったのが一八八六年七月。それから再びベルリンにもどったが、藤澤が藤原松三郎に語ったところによると、そのときはもうヴァイエルシュトラスは亡くなっていて、後任としてフックスが来ていたというから、一八八四年の時点ではベルリンにやって来たフックスとストラスブルクに移った藤澤はすれ違いになっていたのであろう。一八八六年の秋から翌年にかけて、藤澤は半年間フックスの講義を聴講したが、その講義というのは楕円関数論であったと、「フクス先生小伝」に明記されている。フックスの楕円関数論はデュレージ流の楕円関数論ではなく、当然のことながら複素関数論に基づくものであり、帰国後の藤澤の講義にも多大な影響を及ぼしたと見てさしつかえない。

藤澤はフックスを回想して「クレールの六十六」の話をした。『クレール』というのはプロイセンの政府高官だったクレルレ（Crelle）が十九世紀のはじめ、一八二六年に創刊した数学の学術誌で、誌名はドイツ語で表記されているが、それをそのまま訳出すると「純粋数学および応用数学のためのジャーナル」となる。縮めて「純粋応用数学誌」と呼ぶこともあるが、創刊者のクレルレの名前を採って「クレルレの数学誌」「クレルレの雑誌」「クレルレ誌」などという呼称が広く行われている。クレルレはアーベルの親しい友人でもあり、創刊号にはアーベルの名高い「不可能の証明」(四次を越える高次の一般代数方程式を代数的に解くのは不可能であることの証明)の論文が掲載されている。一八二六年はリーマンが生まれた年でもある。藤澤は“Crelle”を片仮名でクレールと表記しているが、クレルレやクレレという表記も見られ、必ずしも安定していない。

フックスは一八六六年に刊行された『クレルレの数学誌』の巻六十六に、「一変数の有理関数を係数とする一次微分方程式の論」という論文を掲載した。ドイツ語の表題は、“Zur Theorie der linearen Differentialgleichungen mit veranderlichen Coefficienten”であり、これをそのまま訳出すると「可変係数をもつ線形微分方程式の理論」となる。『クレルレの数学誌』巻六十六の一二一頁から一六〇頁まで、四十頁に及ぶ論文で、末尾に「一八六五年十月」という日付が記入されている。藤澤は、「何れの図書館を問わず、今や百十余冊に達せる『クレール』数学雑誌を並べたものに就き、無心に表紙の最も摩擦せる一冊を採れば、即ち巻の六十六なり」、「而して巻の六十六中最も手垢のつきたる辺を繙けば、即ち先生の論文のあるところなり」という話を披露した。そこで人はこの論文の題名を言わずに、単に「六十六の論文」と呼んでいるのだというのであった。

フックスの生年は一八三三年で、三三の二倍は六十六。本年、すなわち藤澤が「フクス先生小伝」を執筆した西暦一八九八年には、フックスは日本流の数え年で六十六歳である。それやこれやでフックスと「六十六」は親密といえば親密な関係で結ばれているが、藤澤はこれらの事実を指摘して、「所謂不思議の因縁なるものなる乎」とおもしろいことを言い添えた。

それから藤澤はフックスの論文の内容に言及し、「六十六の論文は数学に於て一つの新たなる研究界を開拓せるもの」と、この論文の値打ちを高く評価した。藤澤の見るところ、古来の微分方程式論では微分方程式の解法を純粋に積分問題に帰着させたのであり、積分ができることをもって微分方程式論の最終の目的としたが、この視点を逆転したところにフックスの創意があったというのである。

微分方程式を積分するというのは、提示された微分方程式を満たす関数を見つけることにほかならず、そのためにあれこれと技術上の工夫が重ねられ、工夫の新考案の提出がすなわち微積分の進歩であった。ところがフックスは微分方程式を解かない。微分方程式を解いて解と見なされる関数を何らかの意味合いにおいて具体的な仕方で表示することができないとしても、提示された微分方程式の中には何かしら新たな関数が内包されていると考えられる。これを言い換えると、微分方程式それ自体が新たな関数を定めていると見ることができるということであり、その関数の性質を究明するには必ずしも解く必要はないのではないかと考えられそうである。微分方程式を解かずに、微分方程式が規定する関数の性質を探究すること。それが微分方程式論の目的であるというのがフックスの見解である。卓抜さにおいて比類のない見識である。

だが、フックスはこの斬新無比の見解を何もないところから生み出したのではなく、フックスにはリーマンという先達がいた。藤澤はこれを指摘して、「吾人が先生の功徳を叙するに際し、故リーマン教授を想う」と言葉を続けた。六十六の論文の源はリーマンが一八五七年に公表した論文の中に「不言の間に包容せられたる達見」に発するのであり、フックス自身、六十六の論文の冒頭においてみずからそのように明言した通りである。そのリーマンの一八五七年の論文というのは、「ガウスの級数 $F(\alpha, \beta, \gamma,$

x）によって表される関数の理論への寄与」という表題の論文である。ガウスの級数 $F(\alpha,\beta,\gamma,x)$ というのは今日では「ガウスの超幾何級数」と呼ばれて知られているが、リーマンの論文はこの方面の源流と見られる重要な作品である。

この一八五七年のリーマンの論文はフックスも知っていて、そこに示唆されているリーマンのアイデアを汲んで微分方程式論の新領域を開くことに成功した。ところがさらに興味深いことに、実はリーマンの遺稿の中にフックスの六十六の論文と類似の内容をもつ論文が存在し、そこには西暦一八五七年二月二十日という日付が読み取れるという。それは「代数的係数をもつ線形微分方程式に関する二つの一般定理」という表題の遺稿で、ウェーバーが編纂したリーマンの全集に収録されている。リーマンはアイデアを表明しただけに留まらず、フックスに先立ってすでにその具体化をめざしていたことになるが、リーマンの全集が刊行されたのは一八七六年のことであるから、フックスはリーマンの遺稿のことは知らなかった。

フックスの六十六の論文が数学の世界に及ぼした影響は非常に広大で、ゲッチンゲン大学のクラインもフックスの研究を継承したが、その次の継承者はというと、視線はおのずとドイツの隣国に向かっていく。藤澤は「（フックス）先生の研究とクライン先生の研究との間に連鎖を結べるは、近き同国の数学者にあらずして遠き仏国のポアンカレ先生なる事の如何に奇なる」と述べて、ここにポアンカレの名前をあげた。藤澤は西欧近代の数学の動きに精通していたのである。

三　藤澤セミナリー

藤澤セミナリーのはじまり

藤澤が帝大ではじめたセミナリーは「藤澤セミナリー」と呼ばれて広く知られているが藤澤セミナリーが企画されたのはいつごろなのであろうか。『日本の数学一〇〇年史』には明治二十六年に改訂された帝国大学理科大学数学科の課程表が掲載されているが、その翌年の明治二十七年九月に高木貞治と吉江琢児が入学し、一年前に制定されたばかりの新課程表に沿って講義を受けた。吉江の手になる克明な講義ノート「吉江先生ノート」が残されていて、だれがどのような講義をしたのか、手に取るようにわかるのは既述の通りである。

物理学実験や数学演習など、吉江のノートに記録のない課程もあるが、物理学実験については様子がわからなくともそれほど困らない。数学演習の内容は興味深いが、ノートにはないものの、吉江のエッセイを見ると、なんでもむやみにむずかしい積分の計算をやったと、消息の一端が紹介されている。これらのほかにもうひとつ、第三学年の課程に「数学研究（随意）」というのがある。時間の割り当ては毎週三時間で、担当は藤澤利喜太郎。これが「藤澤セミナリー」である。「随意」というのであるから、あるいは選択科目だったのかもしれない。あるいはまた、研究テーマがはじめから決められていたというのではなく、そのつど自由に藤澤と学生ひとりひとりが話し合ってテーマを選定したというほどの意味だったのかもしれない。開催日時が随意ということだったのかもしれず、状況はさまざまに考えられるが、学生も教師も極端に少ない時代のことであり、選択科目というのは考えにくく、やはり自由研究と見るべきところであろう。

藤澤セミナリーの記録は、五冊のみ単行本の形で出版された。書名は『藤澤教授セミナリー演習録』といい、表紙の下部に、「東京数学物理学会編纂委員編纂ス」と記入されている。奥付を見ると、著作者として山川健次郎の名が記されているが、山川は当時の帝大総長である。刊行年は下記の通りである。

第一冊　明治二十九年十一月十六日発行
第二冊　明治三十年十月十六日発行
第三冊　明治三十一年七月四日発行
第四冊　明治三十一年十月二十五日発行
第五冊　明治三十三年四月三日発行

記録が残されているのはこれだけで、第一冊の刊行前の明治二十六、二十七、二十八年の三年間にもセミナリーは行われていたのかもしれないが、詳細はわからない。第五冊以降についてはどうかというと、刊行された冊子は存在しないものの、セミナリーは継続して行われた模様である。

「考へ方研究社」の数学誌『高数研究』第三巻、第七号に掲載された座談会「高木・吉江両博士を囲む会」でも藤澤セミナリーが話題になっているが、高木が掛谷宗一に向かって「君のときにもやったじゃないか」と水を向けたところ、掛谷は「やりましたが」と応じた。掛谷の卒業年次は明治四十二年である。それから高木が末綱恕一に向かい、「末綱君のときもやったでしょう」と声をかけると、末綱は「われわれはやりません」と答えた。末綱は大正十一年の卒業だが、藤澤はちょうど同じ年に退官したから、末綱は最後の学生だったことになる。藤澤セミナリーは最後の年には行われなかったことがわかる。

高等代数の洗礼を受ける

座談会「高木・吉江両博士を囲む会」の席でのことだが、小倉金之助が藤澤セミナリーを話題にして、「あれは藤澤先生が相当厳密に指導なすったのですか」と高木に尋ねる場面がある。これに対し高木は、「あれは後には毎週顔を合わしてやっていたようだけれども、われわれの時代には学年のはじめに問題をもらって、それをまとめて学年の終りに講演をやったのです」と当時の状況を説明した。

高木の大学時代は文化勲章を受けたおりの講話「回顧と展望」でも回想されている。高木の在学当時は相当に学風が自由で、藤澤などはドイツ仕込みの Lehr- und Lernfreiheit ということを鼓吹して、なんでもいいから好き勝手に本を読むことを奨励したという。Lehr-und Lernfreiheit の Lehr は「教えること」、Lern は「学ぶこと」の意で、freiheit は「自由」であるから、「教育と学習の自由」という意味になる。ひとことで言えば「学問の自由」というほどの意味合いの言葉であろう。ドイツの大学の根幹と考えられていた精神である。

明治三十年になると菊池大麓が文部省に移るという出来事があった。はじめ学務局長、次いで文部次官になった。そのため大学のほうは藤澤ひとりが残るだけになり、講義が非常に少なくなった。明治三十年の時点で高木は三年生で、七月には卒業し、そのまま大学院に進んだ。翌明治三十一年六月二十二日付で大学院を退学したが、これは洋行のための措置で、一週間後の六月二十八日付でドイツ洋行を命じる辞令が発令された。この間、およそ一年半ほどの間、高木は自由な読書に打ち込み続けた。「ほとんど遊んで、まったく自由に暮しておった」とか、指導者なしにいろいろな本を読んだけれども「本当に読んだわけじゃなく、ひっくり返してみたというだけです」などと高木は回想した。

藤澤セミナリーはこのような自由な雰囲気に包まれて行われた。藤澤はベルリンでクロネッカーの講義を聴いた体験の持ち主であるから、大学に代数を入れなくてはならないということを絶えず言っていた。当時の日本では代数は中学で卒業してしまうものと考えられていたが、藤澤の見るところ、その代数が大学には必要だというのであった。ところが代数のテキストというと、セレの『高等代数学』という本があるばかりである。そこで藤澤は、その本を読んで「アーベル方程式」を勉強するようにと高木に命じた。高木はこうして高等代数学の洗礼を受けることになった。

セレは十九世紀のフランスの数学者で、微分幾何の「フレネ・セレの公式」で知られている。ラグランジュの全集を編纂した人物でもある。セレの『高等代数学』というのは“Cours d'algèbre supérieure”(高等代数学教程)という二巻本で、今も東大の数理科学研究科の図書室に第四版が保管されているが、かつて高木が手に取ったのもその第四版であろう。

高木が図書室の書棚を探したところ、ウェーバーの『代数学』の第一巻があった。実際には参考書は一冊きりというわけでもなかったようで、高木はウェーバーの本でガロア理論を学んだ。それからいろいろな新しい本が届くようになり、ウェーバーの『代数学』の第二巻も見ることができた。

『藤澤教授セミナリー演習録』第一冊

藤澤教授セミナリー演習録の内容を概観したいと思う。地の文はカタカナ、人名はひらがな、仮名遣は歴史的仮名遣、漢字は正字体で記されているが、今日の表記法に直して紹介する。また、適宜句読点を補った。

藤澤教授セミナリー演習録

第一冊

奥田竹三郎「三次方程式四次方程式の解法及方程式の根の有理式に付て」

渡辺庸《いさお》「五次及五次以上の方程式は一般に係数の代数式を以て解くこと能わざることの証明」

吉田好九郎《こうくろう》「一変数を含む有理代数函数は必ず一次若しくは二次の実因数に分括せられ得ると云う定理のガウスの正確なる証明」

渡辺庸と吉田好九郎は二人とも石川県士族で、明治二十九年七月の卒業生である。奥田竹三郎は数学科の専科生である。三次と四次の代数方程式についてはいろいろな解法が知られているが、ラグランジュはそれらの解法を統一的な視点から理解しようと試みていて、「方程式の代数的解法の省察」(『ベルリン王立科学文芸アカデミー新紀要』、一七七〇年、一七七一年の二回に分けて掲載された。実際の刊行年はそれぞれ一七七二、一七七三年)という論文を書いた。そのラグランジュの論文を祖述し、紹介したのが奥田の論文である。末尾を見ると、「……アーベルは五次以上の方程式は或る特別なる形のものの外一般に之れを解く事能わざるものなることを証明せり」という言葉で結ばれている。ここで述べられているのは、五次以上の代数方程式には「根の公式」は存在しないという、「アーベルの定理」という名で知られている命題だが、これをアーベルの論文に沿って論述したのが、第二番目の渡辺庸の論文である。

最後の三番目の吉田好九郎の論文では「代数学の基本定理」が論じられている。二つの章に分かれていて、第一章の表題は「普通の証明及オイレルの証明を論ず」。第一章はさらに二節に分かれ、第一節では「普通の証明」と「オイラーの証明」が略述され、第二節ではそれらの証明に向けられたガウスの批評が紹介された。それから第二章に移り、ガウスによる二通りの証明が紹介される。よく調べられていて、今の目にもおもしろい読み物である。巻頭に配置されている藤澤の「緒言」に目を通しておきたいと思う。

緒言

余が「セミナリー」に於ては、学生諸氏をして或る時は数学上特別の事項に就き調査講究せしめ、或る時は著名なる数学大家の論文を購読論評せしめ、又或る時は恰好なる問題に就き自家の研究を為さしめ、演習の方法は一つに時宜に任かす。而して其結果は或は講述し、或は記述し、是亦一つに時宜に従う。其記述に係るものは勿論最初よりして之を公にするの目的を以て編纂せるものにあらざれば、不完全なるところあるを免れず。然れども其中には間々貴重なる材料なきにしもあらずして、此儘之を捨つるの何んとなく物惜しき心地せらるるものからに、其中に就き世に裨益《ひえき》するところあらんと思わるる二三の篇を選び、題して「セミナリー」演習録と名づけ、東京数学物理学会に請い、同会の出版物として出版することとせり。爰に同会が余に此許諾を与えられしを鳴謝す。

藤澤の「緒言」の書き出しの部分は上記の通りである。三篇の論文の簡単な紹介がこれに続き、「以上三論文は各其体裁を異にするに係わらず、一串して代数学の最も重要なる部分を占領するものなり」と的確に指摘された。藤澤の指摘の通りだが、このようなテーマを選んだところに、この時期の藤澤の数学上のねらいがよく反映されていると思う。藤澤は帝大の数学科に代数学を導入することを考えていたのである。

藤澤が代数を重視するようになったのは明治二十九年あたりからのようで、『高数研究』の誌上談話会「高木・吉江両博士を囲む会」において、高木は「二十九年から三年ぐらい代数の問題を毎年一つずつ続けてやったのでしょう。あのころには代数の講義がなかったから……」という話をした。『演習録』の第一冊が刊行されたのは明治二十九年の秋十一月のことだが、藤澤の緒言には「明治二十九年六月」という日付が記入されている。明治二十八年九月から翌明治二十九年の五、六月あたりにかけて、奥田、渡辺、吉田の三人の三年生に代数の課題を与えてセミナリーを実行したのであろう。

代数の課題というのは代数方程式の解法理論のことで、カルダノやフェラリ、タルタリアなど、十六世紀のイタリアの代数学派からラグランジュにいたる流れの回想（奥田）、アーベルの「不可能の証明」の紹介（渡辺）、ガウスによる「代数学の基本定理」の証明の祖述（吉田）と続いた。「代数学の基本定理」は、どのような代数方程式にも根が存在することを保証するのであるから、代数方程式論の根底に位置する基本中の基本の命題である。

藤澤セミナリーのことは吉江琢兒の「数学懐旧談」でも語られている。吉江の回想によると、藤澤セミナリーというのは藤澤が三年生ひとりひとりに課題を与えて調べさせ、その結果を藤澤に報告するという形で実施されたという。この調査を通じて数学への理解を深めていこうとするところに真意があったのであろう。今日の大学でもゼミナールとかセミナーという名前の勉強が行われているが、その源流は藤澤セミナリーである。

『演習録』第一冊は丸善書店から発売された。定価は金五十銭である。

『藤澤教授セミナリー演習録』第二冊

『演習録』の第二冊には林鶴一、吉江琢兒、それに高木貞治の三人の論文が収録された。それぞれの題目は下記の通りである。

林鶴一「e及びπの超越に就て」
吉江琢兒「似真写影(Conform Abbildung)」
高木貞治「アーベル方程式につきて」

林の論文のタイトルに見られる「e」は自然対数の底を表す数、「π」は円周率である。どちらも超越数だが、eが超越数であることはフランスの数学者エルミートが一八七三年に証明し、πが超越数であることはドイツの数学者リンデマンが一八八二年に証明した。その後、証明の簡易化の探索が行われたが、林はヴァイエルシュトラスの方法(一八八五年)、ヒルベルトの方法(一八九三年)、ゴルダンの方法（同上）をくわしく紹介した。ヒルベルトとゴルダンの方法が公表された一八九三年は明治二十六年で、林が論文を執筆した明治三十年の時点から振り返るとわずかに四年前のことなのであるから、林の調査研究は当時の最新の状勢に及んだのである。吉江の論文のタイトルに見られる「似真写影」というのは「等角写像」のことである。吉江の論述のテーマは曲面論で、ラグランジュ、ガウス、ヤコビの研究が解説されている。高木の論文「アーベル方程式につきて」は高木の類体論研究の出発点になったものであり、重要性もまた格別である。

『演習録』第二冊の冒頭に置かれた藤澤の緒言に目を通しておきたいと思う。藤澤は林と吉江の論文を紹介した後に高木の論文に言及し、格段に高い評価を与えた。次に引くのは藤澤の緒言である。

> 高木貞治氏の記述に係わる第三之論文はアーベル方程式を論ずるものにして、論文の事実より推すときは第一冊掲載の諸論文に接続するものなり。而して高木氏は余が最初与えたる問題より一層一般に即代数学最近発達の真相よりしてアーベル方程式を講究せられたるが故に、氏の論文は最も新らしき代数学の要領を得るに最も便利なるべし。

高木は藤澤が与えた課題に取り組み、藤澤の予想をはるかに越える地点に歩を伸ばしたということが語られている。藤澤はどのようなことを予想して、高木はそれをどのように凌駕したのか、具体的に諒解するには高木の論文を読むほかはないが、藤澤が高木の論説を高く評価したことは知られていたようである。『東京物理学校雑誌』巻六、第七十二号、三五二頁に、『藤澤教授セミナリー演習録第二冊』を

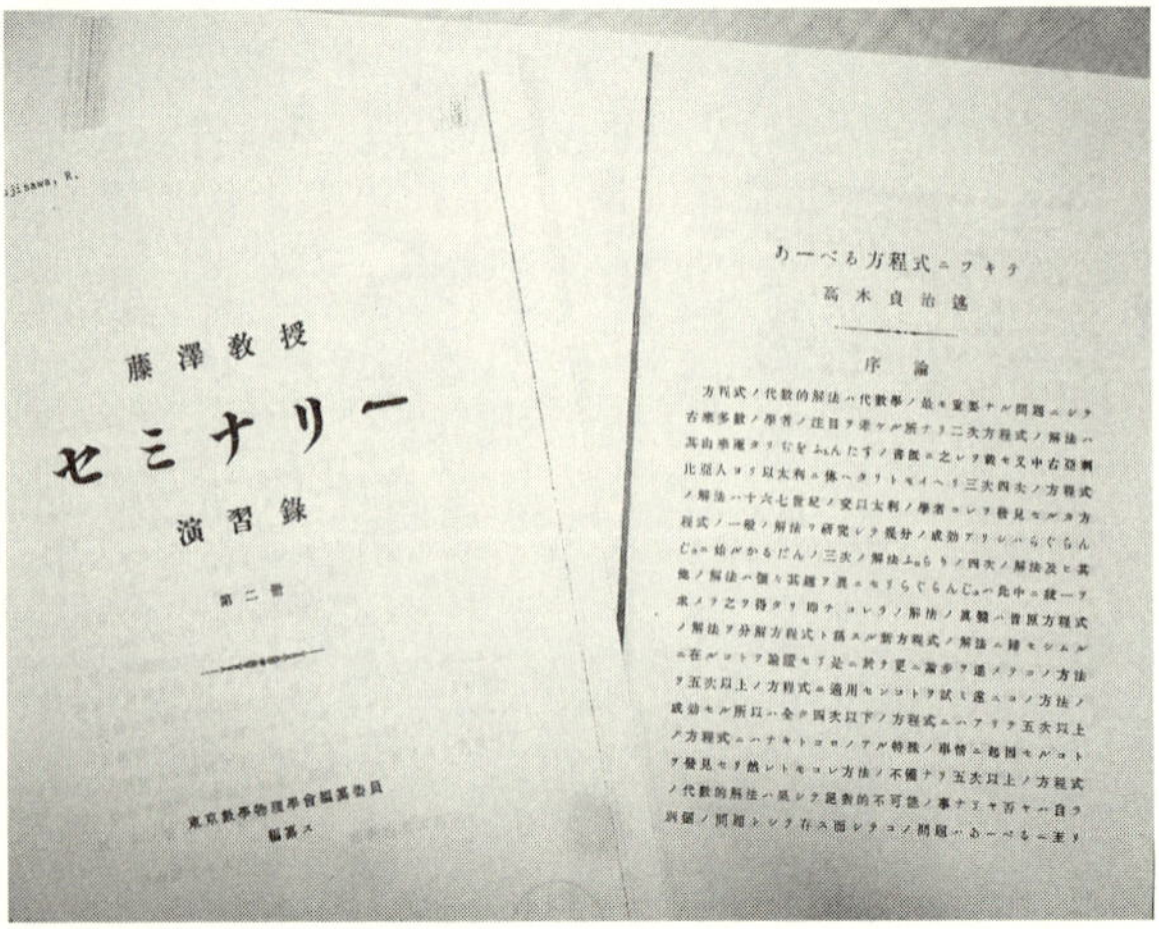

『藤澤教授セミナリー演習録』第二冊。高木貞治「アーベル方程式ニツキテ」

紹介する記事があり、そこにこんなことが書かれている。

> 編者の聞きたる所によれば三氏の論文中殊に高木氏の研究されたるものは最初藤澤教授の与えられたる問題より一層一般に最近代数学発達の真相よりアーベル方程式を講究せられたるが故に氏の論文は最も新らしき代数学の要領を得るに便なるのみならず文章亦巧妙にして我邦文にて記載せる論文中最上のものなりと云う。

高木は将来の数学者であるための最良の一歩を踏み出したのである。

高木貞治の論文「アーベル方程式につきて」

藤澤が高木に提示したセミナリーの課題はアーベル方程式であった。セミナリーの成果を報告する論文「アーベル方程式につきて」の序論において、高木は代数方程式の解法理論の歴史を悠然と回想した。二次方程式の解法はディオファントスの書物にすでに出ていることから説き起こし、三次と四次の代数方程式の根の公式の発見を経て、次数が四を超えると、もはや根の公式は存在しないという、いわゆるアーベルの「不可能の証明」に及んでいる。後年の著作『近世数学史談』の萌芽を思わせる余裕のある筆致である。

一般方程式の根の公式は存在しないとしても、根の間に特殊な関係が認められる特殊なタイプの方程式の中には、代数的解法を許容するものも存在する。ガウスの円周等分方程式がその例を与えているが、円周等分方程式はアーベル方程式の一例である。そこで高木はアーベル方程式の解法の論述にあたり、「この叙述に於て余輩はアーベルの跡を追わんよりは寧ろ最も斬新なる見地より翻ってこの問題を考察せんと欲するものなり」と、独自の方針を明示した。藤澤が高木に指示したのは、おそらくアーベル方程式の解法を調べて報告することだったのではないかと思われるが、高木は単にアーベルを祖述するのではなく、アーベル以降の代数学の進展を踏まえて考察しようというのである。

参考にした書物として、セレの『高等代数学』の巻二、ジョルダンの『置換論概論』、ネットーの『置換の理論』、それにウェーバーの『代数学』があげられた。中でもウェーバーの著作は特別のものだったようで、序論の末尾でわざわざ「特にこの最後のオーソリチーに負う所甚だ多かりしことを告白せざるべからず」と言い添えているほどである。

高木の論文の目次は次の通りである。

第一節　体

第二節　体の中の関数
第三節　代数体
第四節　ガロア分解式
第五節　ガロア群
第六節　群の移動性と方程式の分解性との関係
第七節　群に関する定理
第八節　根の有理式
第九節　分解式の節約
第十節　アーベル方程式、アーベル群
第十一節　アーベル方程式を循環方程式に帰せしめ得べきこと
第十二節　循環方程式の解法
第十三節　結論

高木のセミナリー演習報告「アーベル方程式につきて」の序論の全文を書き留めておく。原文では、地の文はかたかな、人名はひらがな、漢字は正字体、仮名遣は歴史的仮名遣だが、仮名遣のほかは現在通有の書法にあらためた。

「アーベル方程式につきて」

高木貞治

序論

方程式の代数的解法は代数学の最も重要なる問題にして古来多数の学者の注目を牽ける所なり。二次方程式の解法は其由来邈《ばく》たり。ギヲファンタスの書既に之れを載せ、又中古亜剌比亜《あらびあ》人より以《い》太利《たり》に伝えたりともいえり。三次四次の方程式の解法は十六七世紀の交以太利の学者これを発見せるが、方程式の一般の解法を研究して幾分の成功ありしはラグランジュに始る。カルダンの三次の解法、フェラリの四次の解法及び其他の解法は個々其趣を異にせり。ラグランジュは此中に統一を求めて之を得たり。即ちこれらの解法の真髄は皆原方程式の解法を分解方程式と称する新方程式の解法に帰せしむるに在ることを論証せり。是に於て更に論歩を進めてこの方法を五次以上の方程式に適用せんことを試み遂にこの方法の成功せる所以は全く四次以下の方程式にはありて五次以上の方程式にはなきところのある特殊の事情に起因せることを発見せり。然れどもこれ方法の不備なり。五次以上の方程式の代数的解法は果して絶対的不可能の事なりや否やは自ら別個の問題として存す。而してこの問題はアーベルに至りて否定的の解答を得、方程式論の研究はここに一段落を結びぬ。

五次以上の方程式は其一般の形に於ては代数的に解き得べからざれども特殊の方程式に至ては必しも然らず。是より先きガウスは既に二項方程式の一般の解法を発見せるが、アーベルは更に進みて根の間にある特別なる関係ある一種の方程式の一般に代数的に解き得べきことを証明せり。この種の方程式は即ち所謂アーベル方程式にして、二項方程式の如きはその極めて特別なる場合たるに過ぎず。然れども方程式の代数的に解き得らるべき条件如何との大問題の解釈は実にガロアの稀有なる天才に待つ所ありき。リウービルの手を経て世に出でたるガロアの論文は爾後続出せるヘルミット、クロネッカー、ジョルダン等の研究の起点となれるものなり。

ここに叙述せんとするはアーベル方程式の解法に止まる。而してこの叙述に於て余輩はアーベルの跡を追わんよりは寧ろ最も斬新なる見地より翻てこの問題を考察せんと欲するものなり。この叙述をなすに当り余輩はセレー、ジョルダン、ネットー及びウェーベル等の書、而も特にこの最後のオーソリチーに負う所甚だ多かりしことを告白せざるべからず。

林鶴一と吉江琢兒

『演習録』第二に収録された他の二篇の論文のうち、林鶴一の論文のテーマはやや特別なおもむきがあり、藤澤の緒言にも「晩近《ばんきん》数学社会に於て特殊の注目を惹ける e 及 π の超越性を論ずるものなり」と指摘されている。e と π の超越性の確立という出来事は今日の超越数論の源流であり、林は早々に関心を示したのである。

林鶴一は徳島に生まれ、三高を経て帝大に進み、卒業後は大学院で解析学を研究したが、それからの人生はやや複雑な経歴をたどった。新設の京都帝大の助教授になったものの、なぜか短期間のうちに辞職して四国松山の中学校の教員になった。奇抜な印象のともなう行動だが、理由はわからない。明治四十四年、東北帝大の開設にともなって数学科の主任教授として赴任し、新しい数学教室の創設に尽力した。数学研究というよりも、学術誌『東北数学雑誌』を私費で刊行したり、和算研究に打ち込むなど、独自の活躍が目立っている。

『高数研究』に「数学者のプロフィール」というコーナーがあり、毎号ひとりずつ数学者が紹介されたが、第一回目に真っ先に登場したのは高木であった。そこに紹介されたエピソードによると、高木と林は学生時代「痛飲馬食大いにメートルをあげた」。あるとき例によって思う存分はめをはずし、気焔当たるべからずの勢いになったときのこと、林が「おれはウェーバーのような世界一の大数学者になるんだ」と言うと、高木は言下に「おれはウェーバーの娘をもらうんだ」と力んだという。記者は匿名であり、真偽のほどはわからないが、高木と林の交友ぶりの一面が示唆されていると思う。ウェーバーの名前が出てくるところを見ると、このエピソードの背景になっている学生時代というのは大学時代のことなのであろう。

『演習録』第二冊に収録された吉江琢兒の論文の表題に見られる「似真写影」は等角写像という言葉に取って代わられた。ドイツ語の原語は“Conform Abbildung”である。これをどう訳したらよいのか、適切な訳語が見あたらなかったが、藤澤から提案があった。それは、「似て以て非なり」という言葉があるから、「似て以て真なり」というので「似真写影」としたらいいだろうというのであった。これで訳語が確定した。

今日の数学で「等角写像」というと、もっともよく連想するのは複素正則関数であろう。複素正則関数は複素平面から複素平面への写像と見ることができるが、この写像は等角写像である。だが、一般に等角写像という概念の守備範囲は非常に広く、複素関数論で出会うものだけに限定されるわけではない。現に吉江がセミナリーで取り上げたのは曲面の等角写像であり、吉江はガウスの曲面論を基礎にして、他にいろいろなものをできるだけ調べて論文を書き上げたのである。

藤澤は等角写像を調べて報告せよという課題を出しただけで、調査は吉江ひとりで勝手に進めた。そうして一年の終わりにまとめて藤澤のもとに提出したところ、藤澤は何時間もかけて説明した。セミナリー報告を書き上げた当の本人の吉江が説明するのではなく、説明するのは藤澤のほうである。吉江は藤澤の説明を聞いて、不審な点をいろいろと質問したり、間違っていたところを訂正したりした。それがセミナリーにおける勉強ということの実態であった。林も高木もめいめいみなそんなふうにして勉強した。

吉江が大学院に入学してからのことというのであるから、大学を卒業して一年志願兵の兵役を終えた後の二年目の時期のことと思われるが、藤澤が吉江に向かって、「お前、これを翻訳しないか」と言って、フックスの論文「クレールの六十六」を指し示した。吉江はこの仕事に一生懸命取り組み、註釈もつけてやり遂げた。吉江は東大ではじめて微分幾何の講義をした人物だが、これは藤澤セミナリーでの勉強が生きたのであろう。また、洋行先のドイツでは微分方程式を専攻したが、洋行前に「クレールの六十六」の解読に打ち込んだ経験が、洋行先まで継続されたと言えそうである。真に恐るべきは藤澤で、帰朝してからこのかた、微積分、関数論、楕円関数論、アーベル関数論の講義を続けたばかりか、代数方程式論、超越数論、曲面論、それにアーベル方程式論をも学生たちに指導したのであるから驚くほかはない。さながら西欧近代の数学の果実をたったひとりでことごとくみな日本に持ち帰ったかのようなありさまであり、ドイツ滞在時のたいへんな勉学ぶりがしのばれるのである。

『演習録』に見る代数学の流れ

藤澤はフックスの六十六の論文のタイトルを「一変数の有理関数を係数とする一次微分方程式の論」と訳出したが、原論文のドイツ語のタイトルをそのまま訳すと「可変係数をもつ線形微分方程式の理論」となる。いくぶん不可解な状況だが、藤澤があげているリーマンの遺稿「代数的係数をもつ線形微分方程式に関する二つの一般定理」を見ると、書き出しのあたりに「微分方程式の係数が独立変化量 x の有理関数であるならば、云々」という言葉に出会う。ここでは「一変数の有理関数を係数とする微分方程式」が考えられているのであるから、藤澤が紹介したフックスの六十六の論文のタイトルと合致する。リーマンのねらいはいっそう一般的で、単に有理関数のみならず、x の代数関数を係数にもつ微分方程式の考察に向かっていくが、藤澤がフックスの論文を紹介しようとしたとき、このあたりの諸事情が少々入り混じってしまったのであろう。

『藤澤セミナリーの演習録』の第三冊目には、三輪田輪三《みわたりんぞう》の論文「置換論に就て」が収録されている。この一篇のみである。著者の三輪田輪三（前後どちらから読んでも同じ読み方になる）は愛媛県の人で、卒業年次は高木や吉江の次年の明治三十一年である。置換の理論は代数方程式論でのラグランジュの考察が基礎になって生まれたのであるから、三輪田の論文は『演習録』の第一冊、第二冊の代数学研究の流れを汲み、コーシーやジョルダンの理論が広く渉猟されている。明治三十一年七月四日付で発行された。

『演習録』の第四冊には中川銓吉の論文「四則に於ける数学の基礎を論ず」が収録された。この第四冊も中川の論文一篇のみである。目次をあげると次の通り。

緒言

第一章　結絡《けつらく》（ドイツ語の Verknüptung の訳語。「結合」の意）
第二章　有理数の論
第三章　無理数の論
第四章　復素数の論（「復素数」は「複素数」のこと）
第五章　結論

この目次を一瞥すればすぐに了解されるように、ここでは数学の基礎が論じられ、「数とは何か」というテーマが究明された。中川は石川県金沢の出身で、三輪田と同じ明治三十一年の卒業組だが、『演習録』の刊行は第三冊に少し遅れて明治三十一年十月二十五日付になった。

中川の論文のテーマはデデキントの一八八八年の論文『数とは何か、何であるべきか』と同じである。明治三十一年は西暦一八九八年であり、デデキントから中川まで、この間わずかに十年にすぎない。また、同じ明治三十一年五月には高木の最初の著作『新撰算術』が刊行されている。これに先立って、吉江琢兒は第三高等中学で河合十太郎からデデキントの論文を読むようにと要請された。数学の基礎の方面への同時代的関心が高まっていた様子がうかがわれる。

中川の洋行先はドイツで、明治三十四年から三年間にわたって滞在し、ベルリン大学でH・A・シュヴァルツの指導を受けて幾何学を学んだ。シュヴァルツはヴァイエルシュトラスの影響のもとで幾何学を研究した数学者である。留学中、東大助教授。明治四十四年、学位取得。大正三年、教授。第一講座を担当した。第一講座は幾何学の講座である。大正九年、数学第五講座が設置され、中川が担当した。

第五講座も幾何学の講座である。

『演習録』の第五冊目には松村定次郎の論文「代数方程式の代数的解法に関するガロアの条件に就て」が収録された。刊行は明治三十三年四月三日。松村の卒業年次は中川銓吉の次で、明治三十二年である。『演習録』の第一冊では三次と四次の代数方程式の解法が論じられたが、松村の論述はラグランジュ、ガウス、アーベルを経て、ついにガロアの理論に到達した。数学科に代数学を導入しようとする藤澤の新路線は、ここにいたってようやく実り、高木の類体論研究を支える礎石が据えられたのである。

『新撰算術』

『藤原セミナリー演習録』を書いて東京帝大を卒業した高木貞治は、大学院に進んで手当たり次第に数学書を読みふけってすごしたが、一年目の終わりころ、洋行してドイツに向かうことになった。大学院退学は明治三十一年六月二十二日付。ドイツ留学の辞令は同年六月二十八日付で出されたが、この洋行の年に二冊の著作を刊行した。ひとつは『新撰算術』という本で、刊行日は五月二十七日と記録されているから、ドイツ留学の辞令が出る一箇月前のことになる。出版社は博文館で、帝国百科全書という叢書の第六篇である。もうひとつは『新撰代数学』という本で、これも博文館から刊行された。帝国百科全書の第十七篇である。刊行日は十一月十八日だが、このときすでに高木の所在地はベルリンである。二冊とも高木が満二十三歳のときの作品である。

『新撰算術』の序文は明治三十一年三月に執筆された。次に引くのは書き出しの一節である。

「アリスメチック」ノ語ニハ二様ノ意義アリ。一ハ主トシテ十進法ニ於ケル計算ノ方法ニ関係シ俗間ノ需要ニ応セントスル者ニシテ、普通教育ノ教科トナレル者、又一ハ専ラ整数ノ性質ヲ論スルモノニシテ数学諸分科中最超越的ナル者ノ一ナリ。邦語ニテハ通常前者ヲ算術ト称シ、後者ヲ整数論ト云フカ如シ。而シテ本書説ク所ハ、此所謂算術ニ外ナラズ。然レドモ此書ハ固ヨリ普通教育ノ教科書ニ充テント欲スルモノニアラネハ、其体裁世ニ行ハルル算術ノ書ト少シク其撰ヲ異ニスルモノ無クンハアラズ。

書名にいう「算術」は英語の「アリスメチック」(arithmetic) の訳語だが、普通、算術というと小学校で教わる数学を指し、数学というよりも「算数」というほうがぴったりである。だが、もともとアリスメチックという言葉は広く数に関する学問という意味合いで用いられてきたのであるから、内実は算数の範囲を超えていて、ギリシアの昔からすでに非常にレベルの高いアリスメチックが出現した。ユークリッドの『原論』には初等幾何学ばかりではなく、高度なアリスメチックも記されているし、アリスメチックの一語をそのまま書名としたディオファントスの著作には、形の複雑なさまざまな不定方程式の解法が記述されているほどである。ヨーロッパも近代に移ると、フェルマやオイラー、ラグランジュなどの研究が大きく結実し、「高度なアリスメチック」の守備範囲が大きく広がっていった。

数学的状勢がこのように進展した以上、アリスメチックを二つに分けるほうがかえって適切ではないかという感じがあるが、実際、ガウスの著作『アリトメチカ研究』(アリトメチカはラテン語、アリスメチックは英語による表記である)を見ると、ガウスは従来のアリトメチカに対し、高等的アリトメチカを対置した。ルジャンドルの著作『数の理論のエッセイ』では、新たに「数の理論」すなわち「数論」という言葉が提案され、そのまま書名に使われた。ルジャンドルの「数論」はガウスのいう「高等的アリトメチカ」と同じで、高木の言葉でいうなら「もっぱら整数の性質を論じるもの」である。

『新撰算術』のテーマはガウスのいう高等的アリトメチカやルジャンドルのいう数論ではなく、あくまでも算術ではあるが、算数とは違い、「高度の算数」というか、高木の言葉では「数ノ精確ナル観念ヲ得セシメントスル」ところに、この著作の眼目がある。どうしてこのような「高度な算数」が数学に発生したのかといえば、微積分の基礎を確かなものにしようとする試みが出現したためで、高木は「近来欧州大陸ニ於テ発刊セラルル微積解析ノ書ハ大抵此新学説ヲ冒頭ニ置カサルモノナシ」と書いている。解析学の厳密化といわれる流れのことを指しているが、デデキント、ハイネ、カントール、ヴァイエルシュトラス等々、この方面に尽力した人びとの名前が次々と念頭に浮かぶ場面である。

全体は六つの章に分かれ、末尾に「結論」が配置されている。章のタイトルのみあげると、次の通りである。

第一章　整数
第二章　整数ノ性質
第三章　分数
第四章　冪根
第五章　無理数

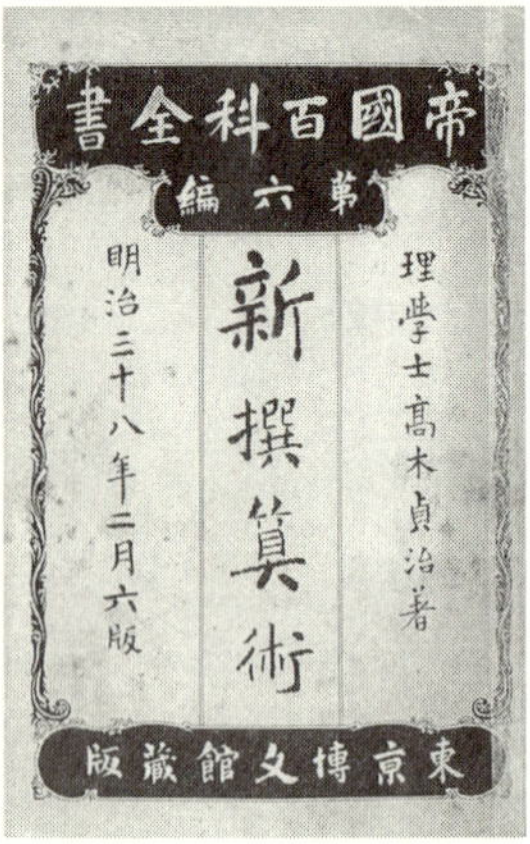

高木貞治『新撰算術』博文館、明治31（1898）年初版。写真は明治38年発行の第6版

第六章　量及其測定
結論

第五章と第六章は「実ニ本書ノ首脳」であると、高木は序文に明記した。第五章では二通りの仕方で無理数の観念を導入するといわれているが、具体的には、ひとつはデデキントの一八七二年の著作『連続性と無理数』に依拠するものであり、もうひとつはハイネの論文「関数の理論の基礎」（高木の訳では「函数原論」）によるものである。ハイネの論文は『クレルレの数学誌』の第七十四巻、第二分冊に掲載されたもので、刊行されたのは一八七二年であるから、デデキントの著作の刊行と同年である。実際にはハイネの論文は一八七二年三月十四日にハイネの厚意によりデデキントのもとに届けられていた。デデキントもハイネも同じテーマで思索を続けていたのであり、デデキントはハイネの論文を見て、ハイネの論文は自分がまさに準備中の著作と本質的にまったく一致していることを理解した。

デデキントが『連続性と無理数』の序文を書いたのは、ハイネの論文を受け取ってまもない一八七二年三月二十日のことだが、ちょうどこの日、ドイツの数学誌『数学年鑑』第五巻、第一冊（一八七二年三月）に掲載されたばかりのカントールの論文「三角級数論の一定理の拡張について」が届いた。デデキントが取り急ぎ通読したところ、カントールの論文には、デデキントが「連続性の本質」として把握したこととまったく同じ認識が表明されていることが明らかになった。解析学の基礎に関心が寄せられて、さまざまな試みがいっせいに開花した季節なのであった。

ハイネは「有理数のコーシー列」、デデキントは「有理数の切断」をもって実数を把握しようと試みたが、高木は両者を紹介し、そのうえで第五章の末尾に「無理数ノ二様ノ定義ノ調和」(第三十九節)という一節を設け、実数を規定する二通りのアイデアは完全に調和することを示した。

第六章では数と量の関係が論じられ、最後の「結論」では負数と虚数が導入された。

再び序文に立ち返ると、高木はこの著作を「僅々二ヶ月ノ短日月ノ間」に書き上げたと、執筆の消息を語っている。しかも必ずしも執筆に専念したというわけではなく、数学の研究の余暇の作業であった。菊池大麓が大学を離れて文部省に移ったこともあって三年生の後半あたりから講義が減り、大学院時代には図書館を頼りに乱読に乱読を重ねたのである。では、乱読の中からとくに『新撰算術』で取り上げられたようなテーマに向かったのはどうしてなのであろうか。

当時のヨーロッパの数学の潮流に敏感に反応したのは間違いないが、それとは別にここで回想されるのは、三高時代に吉江琢児が河合十太郎の指示を受けて無理矢理デデキントの『連続性と無理数』を読まされたというエピソードである。高木自身はどうしたのか、そのあたりの消息は不明だが、吉江がデデキントを読もうとして四苦八苦していた様子を目の当たりにしたのはまちがいなく、この時期にすでにデデキントを知っていたと考えてよさそうに思う。大学に進んで藤澤の微積分の講義を受け、大量の数学書を読みふける中で、解析学の基礎をめぐるデデキントやハイネの研究におのずと関心を寄せていったのであろう。藤澤セミナリーで課題として与えられたアーベル方程式の勉強とは別に、広範な独学から生まれたのが、一番はじめの著作『新撰算術』であった。

『新撰算術』で取り上げられたのは解析学の根幹に位置するテーマであり、高木の生涯において、後年の著作『解析概論』の礎石を据える役割を果たすことになった。

『新撰代数学』

高木は洋行前にもうひとつの著作『新撰代数学』を書き上げたが、出発が迫って余裕がなかったためか、ヨーロッパに向かう日本郵船のアルマン・ベイック号の中で序文を書いた。附せられた日付は「明治三十一年九月下院」(「下院」は「下浣《かかん》」と同じで「下旬」の意)で、「印度洋航海中」と言い添えられている。

目次は下記の通りである。

第一章　序論
第二章　有理函数
第三章　方程式ノ根
第四章　整函数ノ有理分解
第五章　多元整函数
第六章　対称式論
第七章　デテルミナント(ドイツ語の Determinante の音読み。行列式)
第八章　二次形式論

第九章　三次及四次方程式ノ解法

序文を見ると、この著作の内容と成立過程が多少諒解される。序文を摘記すると、おおよそこんなふうである。

いよいよ刊行の運びになろうとしたときのこと、にわかに海外留学の官命を受けたため、出発の準備が急がしくてていねいに校正を行うゆとりがなかった。説明に遺漏があるかもしれず、体裁に不備があるかもしれないが、この本ははじめの数節は別にすると主としてウェーバー、ネットー、セレの「模範的名著」の翻訳にすぎないのであるから安心だ。これを言い換えると、たとえ「繍縫《しゅうほう》」の技は拙いとしても「地質」は「請合」ということである。

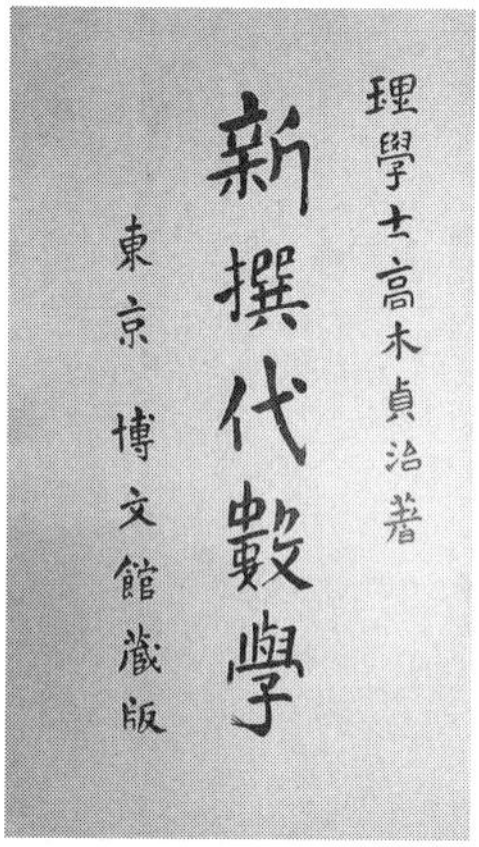

高木貞治『新撰代数学』博文館、明治31（1898）年発行

最後の一文はおもしろい言い回しだが、「繍縫」というのは「縫う」ことであるから、ウェーバー、ネットー、セレの著作を勉強して理解したことを適切に縫い合わせて一冊の書物をこしらえたという意味になる。その技術は拙いかもしれないが、「地質」は「請合」とのこと。素材がすばらしいのであるから、縫合の技術に少しくらい難があっても作品の品

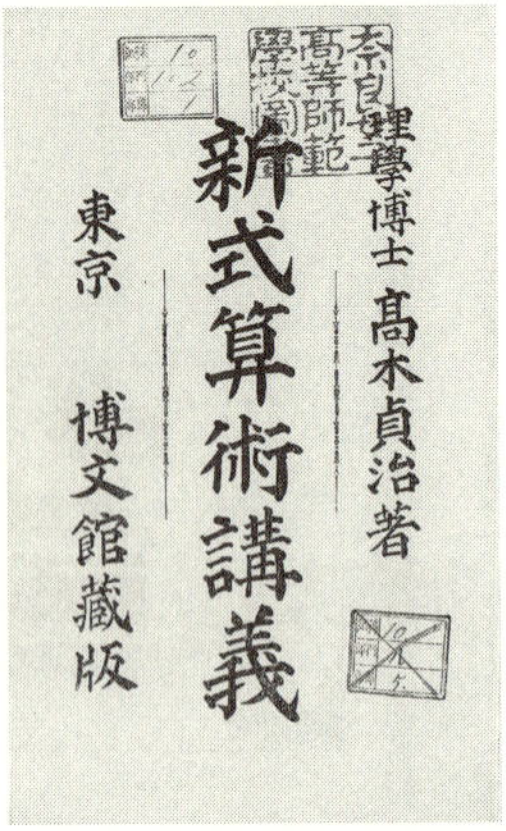

高木貞治『新式算術講義』博文館、明治37（1904）年発行

質は保証されるというほどのことであろう。

序文の摘記をもう少し続けたいと思う。今度は校正に関する言葉が並んでいる。

学友の某君が義俠的好意を発揮して、上木《じょうぼく》に関するあれこれの事柄を厳密に監督することを承諾してくれた。そのおかげで、印刷上および他の不注意から起りうる誤謬は根絶したと思う。

「上木」というのは、書物を印刷するため版木に彫ることという意味の言葉であるから、上梓《じょうし》と同じで、書物を出版することを意味する。高木のために義俠的好意を示した学友というのは吉江琢兒のことであろう。

『新撰代数学』の最後の第九章では三次と四次の代数方程式の解法が論じられて、ラグランジュの理論が紹介されている。高木は藤澤セミナリーでアーベル方程式という課題を課され、これに応えようとしてウェーバー、ネットー、セレ、それにジョルダンの著作を参照したが、『新撰代数学』はこの勉強から生まれた作品である。高木の代数学の書物はこの後にもあり、『高等教育　代数学』（東京開成館、明治三十九年）、『代数学講義』（共立社、昭和五年）と続く。

前作の『新撰算術』のほうは、三高時代から続く関心のおもむくまま、自在な勉強から生まれた果実であった。数学の基礎に寄せる高木の関心は息が長く、洋行を終えて帰国した後、『新式算術講義』（明治三十七年、博文館）という作品を書いた。また、『数学雑談』（共立社、昭和十年、新修輓近高等数学講座、第一巻）でも同じテーマが繰り返し語られている。数学の基礎に寄せる高木の関心は非常に強く、生涯にわたって思索のテーマであり続けた。

第三章

関口開と石川県加賀の数学

一　洋算との邂逅

生地と生誕日

西欧近代の数学研究の場において、高木貞治の最初の師匠は三高の数学教師河合十太郎だが、関口開はその河合の師匠である。関口の生涯を知るためのもっとも基本的な文献は、上山小三郎と田中鉄吉《おのきち》が編纂した『関口開先生小伝』（大正八年）と、金沢市の近世資料館が保管する「関口開略歴」という文書である。「関口開略歴」は一冊の冊子の形にまとめられているが、内容を見ると、「履歴書」「関口開略履歴（写し）」「関口開初世略履歴」という、三つの異なる文書で編成されていることがわかる。巻末に成立事情を示す短い記事が附されているが、それによると、この冊子は「郷土の科学者物語中関口開編纂資料として同氏の遺族学習院教授関口雷三氏より借用したるを機とし写之」ということである。日付は昭和十六年十月。はじめの「履歴書」は関口開が自分で書いたもの、次の「関口開略履歴（写し）」は「乙喜」という名の子どもが書いたもの、最後の「関口開初世略履歴」は関口の兄の松原匠作《しようさく》が書いたものという消息も記されている。関口雷三は関口開の次男で、東京帝大数学科出身の数学者である。

たったこれだけの記事にも多くの情報が盛り込まれているが、基本的な事実から検討していくことにして、まず関口の生誕日に着目したいと思う。『関口開先生小伝』には「天保十三年六月晦日」と明記されているが、関口が自分で書いた「履歴書」の記事は「天保十三年七月生」である。「関口開略履歴（写し）」には「天保十三年七月一日生る」とあり、「関口開初世略履歴」には「天保十三年六月生る」

と記載されている。天保十三年七月一日の前日は天保十三年六月の晦日だが、六月はいわゆる「小の月」で二十九日まであるから、「六月二十九日」が該当する。

そこで生誕日として六月二十九日と七月一日のどちらを採るかという問題が生じるが、おそらく六月二十九日の夜更けに生まれたのであろうと考えられそうなところであり、いずれにしても大きな違いはない。そこで関口本人による履歴書の記述を基礎にして、天保十三年七月一日、すなわち一八四二年八月六日を生誕日と見ることにしたいと思う。明治元年、すなわち一八六八年の時点で二十六歳である。

以下、『関口開先生小伝』と「関口開略歴」を参照して関口の履歴を略記したいと思う。生地は加賀金沢泉町。はじめから関口だったのではなく、松原家の四男であった。父は松原信吾という人である。幼名は安次郎、後に甚之丞とあらためた。「関口開略履歴（写し）」にはもう少し長く「甚之丞武達」という名前が記載されている。甚之丞は通称で、実名は「武達」。関口になったのは安政四年六月のことで、この時期に関口甚兵衛の養子になった。文久三年十二月、関口家を継承した。加賀藩の士族である。関口の名前はその後も変遷した。明治三年九月二十四日、満二十八歳のとき、通称を「開」と改めたが、それから二年後の明治五年六月十九日に実名を廃し、通称と実名を使い分けるのをやめた。これで「関口開」という名前が確定した。

関口開（天保13年7月1日（1842年8月6日）—明治17（1884）年4月12日）

和洋数学修業

数学ははじめ実兄の松原匠作に和算を学び、それから安政三年八月から瀧川秀蔵を師匠にして勉強を続けた。安政三年というと西暦では一八五六年に該当するが、関口はこの時点で満十四歳である。関口の「履歴書」によると、瀧川秀蔵は加賀藩の「数学師範人算用者」である。加賀藩お抱えの数学者で、経理などを担当したのであろう。『関口開先生小伝』によると「算学師範第二世」とのことで、第二世の前の初代は滝川流和算の開祖の瀧川有乂《たきがわありはる》である。関口の通称が甚之丞、実名は武達であったように、有乂は実名で、通称は「新平」である。

和算は北陸地方でも非常に盛んで、三池流、直系の関流、中根彦循《なかねげんじゅん》の系統に属するもうひとつの関流、それに瀧川流という、四通りほどの系統が存在した。関口開が修業した瀧川流は「規《き》矩《く》流」と呼ばれることもあった。有乂の没後、長男の瀧川秀蔵友直が規矩流を継承し、第二世になった。秀蔵が通称、友直が実名である。関口はこの二世秀蔵のもとで修業したが、文久三（一八六三）年、秀蔵が亡くなるという出来事があった。秀蔵には吉之丞永頼（吉之丞は通称。実名は永頼）という長男がいたが、まだ幼いため、三好善蔵質直が三世吉之丞の代師範をつとめることになった。

三好家は瀧川家とともに加賀藩の算用吏をつとめる家で、秀蔵の次男の金蔵正直が三好家の養子になっていたが、早世したため、有乂の三男の善蔵質直《かたなお》が代わって養子に入り、三好家を継いだ。瀧川吉之丞から見ると叔父であることになる。このような経緯により三好善蔵は関口の二番目の和算の師匠になったが、三好の出自はもともと瀧川家である。

和算研鑽の消息をもう少し続けると、

万延元（一八六〇）年九月、初段免許取得。

文久三（一八六三）年二月、中段免許取得。

元治元（一八六四）年正月、皆伝および指南免許を取得。

というふうに、順調に進展した。文久三年二月に中段の免許を取得した後に、師匠の瀧川秀蔵が亡くなるという出来事があり、そのため算学師範は第三世の瀧川吉之丞に移ったが、関口は師範代の三好善蔵から皆伝と指南の免許を与えられた。

和算修業では師匠にも恵まれて非常に順調だったが、洋算の修業は困苦をきわめた模様である。おりしも幕末にさしかかり、嘉永六年六月三日（一八五三年七月八日）にはペリーの艦隊が浦賀来航という事件があり、加賀藩としても海岸防備の強化のためにさまざまな手だてを講じた。関口と関係のありそうなことを拾うと、文久二（一八六二）年、金沢西町と七尾に軍艦所が開設された。二箇所の軍艦所は役割が違い、西町は航海術を学ぶための学校だが、七尾のほうは艦船の実習訓練が中心で、軍艦の根拠地であった。

海岸防備強化というのは具体的には軍備の洋式化を意味するが、これに連動して軍艦所で修業する学科も洋式であった。数学でいうと和算ではなく洋算、すなわち西欧近代の数学を学ぶことになり、加賀藩では航海術と数学の教授として長州藩士の戸倉伊八郎という人物を招聘した。関口は西町の軍艦所に所属して、戸倉から数学を学んだ。これが関口と洋算との出会いである。

戸倉伊八郎

関口が戸倉のもとで洋算を学び始めたのはいつのころだったのであろうか。加賀藩では軍備の洋式化をめざして新たにいろいろな学校を創設した。おおよその経緯を振り返ると、嘉永六（一八五三）年のペリー来航を受けて、西洋流火術方役所と鉄砲製造所が設置されたが、西洋流火術方役所は安政元（一八五四）年八月になって壮猶館《そうゆうかん》と改称され、敷地もまた拡大した。所在地は金沢の上柿木畠《かみかきのきばたけ》である。加賀藩における蘭学研究の中枢に位置する施設であった。

壮猶館は軍艦所とは別の学校だが、無関係ではなく、壮猶館で教えられていた学科のうちから航海に関するものだけが独立して、軍艦所で教授されるようになった。その航海術も、西町では学科が中心になり、七尾では実習が中心であった。西町の軍艦所の所在地は現在、加賀藩の第三代藩主前田利常を祀る尾崎神社があるところである。

戸倉伊八郎は長州藩から長崎海軍伝習所（海軍士官養成のために徳川幕府が設立した学校。ペリー来航後の安政二（一八五五）年設立。教師はオランダ人）に派遣され、航海術や数学を学んだ人物である。加賀藩と同様、長州藩もまた軍政改革をめざしたのである。蔵原清人の論文「金沢に洋算を伝えた戸倉伊八郎」（『市史かなざわ』第六号）によると、戸倉は長崎から江戸に出て村田蔵六の塾に入り、洋学の修業を続けた。蘭学にとどまらず、イギリス人と知り合って英学修業も志したという。だが、文久二年正月の坂下門外の変の後、長州藩では尊王攘夷論が活発になり、そのため洋学を学ぶ者は身辺に危険が迫ったという。それから多少の曲折があって加賀藩に招聘され、戸倉もこれを受けて金沢に向かった。「文久三癸亥年本藩雑記」（金沢市立玉川図書館所蔵。蔵原清人「金沢に洋算を伝えた戸倉伊八郎」に引用されている）には、「亥三月金沢へ来着」と記されている。「亥三月」は文久三（一八六三）年三月であり、西町に軍艦所が設立された年の翌年である。軍艦所の教官として招聘されたのである。

『加賀藩艦船小史』（著作者兼発行者は梅桜会。昭和八年）には、三宅秀《みやけひいず》の談話が引かれている。戸倉豊之進（戸倉の旧名）は加賀藩に招聘された後、坪内祐之進と改名し、明治維新後は単に「祐」と改めたという。文久のころ、長州では戸倉のように西洋の学術を修めた人の身辺はきわめて危険になったため、戸倉は江戸小石川丸山町（当時は十人町）の高島秋帆《しゅうはん》の塾に移り、蘭書で西洋の砲術、兵学、築城の学を修めた。また、そのかたわら、本郷元町（後真砂町に移った）に塾を開いて英書と蘭書とで兵学造船等の教授をしていた手塚律蔵の門にも通った。手塚律蔵は長州藩の洋学者で、ジョン万次郎がアメリカから持ち帰った英文法書“The Elementary Catechisms. English Grammar”を西周とともに研究し、翻刻して『伊吉利文典』を整えた人物である。『伊吉利文典』は、少年の日の菊池大麓が蕃書調所で英語を学んだときのテキストになったあの「木の葉文典」の底本である。

手塚もまた長州の人であった。長州藩の攘夷浪士たちは、手塚は長州の出でありながら西洋の学術を教授するとはまことに不届者であると見て、しばしば脅迫した。そこで手塚の門人や知己が勧告して、手塚を養子節蔵の郷里である佐倉に亡命させた。手塚は姓を横脇と変えて一時難を避けたが、戸倉もまた手塚と同じ目で見られていた。蛤御門の変があってから後になると、戸倉はますます志士からねらわれて、ほとんど身を置くところがないというほどの状況に陥った。あたかもその時期に金沢に招聘されることになったのは、戸倉にとって実に天佑であったというのが、三宅の談話の大意である。

三宅は幼名を復一《またいち》といい、江戸の蘭方医三宅艮斎《ごんさい》の長男として江戸の本所に生まれた人で、幕末、徳川幕府の遣欧使節に随行した経歴の持ち主である。帰国後、横浜のヘボン塾で英学を学び、アメリカの海軍医ウェッダーのもとで医学を学んだ後、慶應三年、加賀藩に招聘されて壮猶館で英学を教授した。

関口開本人の「履歴書」によると、関口は文久二年五月、加賀藩が教師として雇った航海測量者の戸倉伊八郎に従って洋算を修業したという。ところが「関口開初世略履歴」によると、洋算は文久三年三月に旧藩御雇教師の戸倉伊八郎についてわずかに学ぶことができたと記されている。時期がずれているが、上に引いた「文久三癸亥年本藩雑記」の記事によれば、文久三年三月は戸倉が金沢に到着した時期に合致する。軍艦所で学ぶ関口の前に戸倉が現れたのは文久三年三月と見てよいのではないかと思う。関口のいう文久二年五月というのは、軍艦所に入所した時期を指すのであろう。

入門と破門

瀧川秀蔵のもとで和算を修業し、初段免許を取得したのが万延元年九月、中段免許取得は文久三年二月、皆伝および指南免許の取得は翌元治元年正月であるから、和算修業のさなかにあるときに洋算修業にも手を染めたことになるが、関口は洋算のあまりの精緻さにすっかり魅了されたという。和算と比較してそんな印象を受けたのであろう。

戸倉からどのような洋算を学んだのか、くわしい消息は不明瞭である。戸倉の学力も気に掛かるところだが、「関口開初世略履歴」によるとたいしたことはなく、くわしいことは教えなかったような印象がある。坂井良輔や実兄の松原匠作のように数学に素養のある者はことのほか戸倉を嫌悪し、関口とともに戸倉を離れて独自に洋算研究に向かうようになった。

戸倉は「教授手控一覧」という本をもっていて、それに基づいて洋算を講義した。この書物の実体はよくわからないが、おそらくオランダ語の数学書などを参照して作成したテキストだったのであろう。講義内容はそれほど高いレベルではなかったようで、関口には飽き足らなかった。このあたりの消息に

ついて、『郷土の科学者物語』(金沢こども文化会、昭和十七年)は興味の深いエピソードを書き綴っている。ある日、関口は、

「先生、先生の持っていらっしゃる教授手控一覧を見せていただけませんか。」

と、思い切って戸倉に懇願した。すると戸倉は、

「いや、これは君達が読む必要はない。」

とひとことで拒絶した。関口の望みは絶たれたが、あるとき戸倉が昼食に出たおりに、書斎の机に「教授手控一覧」がぽつりと置いてあったのを見て、関口は夢中でこの本を書き写した。ところが後日、戸倉の知るところとなり、激怒した戸倉は関口に破門を命じたというのである。

このエピソードの典拠はおそらく『加賀藩艦船小史』に記載されている矢島守一の談話であろう。以下に引くのは矢島の談話の大意である。

戸倉が加賀藩に聘用された当時、御算用者で関口開という和算の大家がいた。関口は御算用者瀧川秀蔵の高弟で和算に造詣が深く、並ぶ者はなかった。だが、洋算はまだ習わなかったのですぐさま戸倉を訪ねて勉強を始めた。戸倉は同人の力を知らぬから、自己秘蔵の書籍から少しずつ初歩の問題や例題を出して教授し、容易にその奥義を教えなかった。関口は甚だこれをもどかしく思い、其の上教授法の拙きことを常に遺憾に思って居た折柄、或る日戸倉の中座した時、傍に人なきを幸い窃に例の秘蔵書中から其の要部を摘録し、数日の後に式と答とを附して戸倉に示した。こんなふうに自分の力量を示せば戸倉も必ずや感嘆し、それならと奥義を教えてくれるにちがいないと、関口はいたって単純に考えたのである。ところが戸倉は満面に朱を注ぎ、だれの手からこれを盗み取ったのかとおおいに関口を詰問した。

関口は何ひとつとして隠し事をせず、ありのままの事実を正直に伝え、いささかの悪意もないことを述べて謝罪したが、戸倉の怒りは解けず、即座に関口を破門にした。

こうして関口は軍艦所を去った。正確な時期は不明瞭だが、諸文献の日付をすべて受け入れるなら、文久三年三月以降のある日のことと推定される。関口は満二十歳もしくは二十一歳。戸倉は関口より七歳ほど年長で、若い教師であった。

星座の観察

関口が戸倉所有のテキストを盗み見したという咎《とが》により西町の軍艦所を破門されたという事件のことは、「関口開略歴」に収録されている三つの文書のどれにも記載がなく、『関口開先生小伝』にも見あたらないが、「関口開初世略履歴」には別の消息が伝えられている。それによると戸倉は非常に偏狭な性格の持ち主で、学問も未熟なうえ、学生たちがどれほど懇願しても手持ちの数学書を絶対に見せなかったという。まるで頑愚が城壁をつくっているかのようなありさまだったため、瀧川派の和算に通じていた学生たちは憤激して断然戸倉のもとを去って、独立の研究グループを結成した。そのグループの学生たちとして、関口のほか、坂井良輔、松原匠作、竹村源兵衛などの名があげられている。この話の通りなら、関口は破門されたのではなく、瀧川派の同志たちと同盟を組んで自主的に独立したことになるが、この話の出ている「関口開初世略履歴」を書いたのは松原匠作なのであるから、当事者の告白である。当事者から見れば自分たちのほうから進んでたもとを分かったのであり、戸倉の側からすれば破門したことになりそうに思う。どちらも正しかったのであろう。

戸倉の講義を聴いてかすかに匂いをかいだだけでも洋算の香りは非常に高く、関口の心情はもっと深く学びたいという望みへと傾いていった。そこで関口は仲間と語らって、和算の師匠の瀧川秀蔵が秘蔵する本田利明の著作『渡海新法』や、八線表、対数表などの翻訳書を頼りにして洋算の勉強を続け、航海術に通暁するまでになった。八線表というのは三角関数表のことで、ヨーロッパの三角関数表を翻訳したのである。「八線」は正弦（$\sin x$）、余弦（$\cos x$）、正割（$\sec x = 1/\cos x$）、余割（$\mathrm{cosec}\, x = 1/\sin x$）、正矢（$1 - \cos x$）、余矢（$1 - \sin x$）、正接（$\tan x$）、余接（$\cot x = 1/\tan x$）の総称である。

本田利明は江戸時代後期の和算家だが、加賀の前田家に出仕した一時期があり、瀧川家に著作と翻訳書が残されたのである。瀧川流の第一祖の瀧川有乂が書写したと伝えられる作品群で、関口たちはそれらを頼りにして洋算の探究を進めたが、本田は蘭書、すなわちオランダ語で書かれた洋算書を研究したのであるから、原典が存在することになる。関口は解説書や翻訳書を越えて原典そのものに関心を寄せ始めたようで、それが洋書探究の契機になった。

文久三年は西暦一八六三年である。この年の十二月、養父の関口甚兵衛が隠居し、関口開が関家を相続した。役職は「定番歩士《かち》」である。加賀藩の職制に「御徒《おかち》」という身分があり、御徒は六組御徒と定番御徒に区分けされる。六組御徒は藩主が出かける際に駕籠の回りで警護するのが役目で、定番御徒は城の中で警護にあたる。殿様にお目通りのできる身分とできない身分に分けると、御徒は「御目見《おめみ》以下」とか「御目見得《おめみえ》以下」などといって、殿様に直接会うことはできなかった。

関口が家督を継いだ時点で定番歩士の俸禄は切米《きりまい》四十俵であった。米は玄米である。加賀藩では米一俵は五斗、すなわち半石であるから、切米四十俵は二十石になる。米一石は百五十キログラムである。

慶應元（一八六五）年十一月の時点で、関口は加賀藩の算用者である。算用者というのは会計掛のことで、年貢の割合を決めたり、実際に収納作業に携わったり、藩士に切米を支給したりする作業を受け持った。

明治維新を間近に控えていよいよ幕末にさしかかり、加賀藩にも動きがあった。関口にも影響が及び、慶應二（一八六六）年三月、「京都御守衛詰」を命じられ、京都に出張し、同年十一月、満期となって加賀にもどった。「京都御守衛詰」というのは皇居を守る仕事である。明治元年一月、再び京都出張。同年六月、帰藩。同年八月、北越戦争に際し出張。大小荷駄方の御用（物資運搬の仕事）をつとめた。明治二年二月、帰藩したところ、加賀藩の藩校の洋算教師に任命された。俸禄は十石である。関口の洋算研究は戸倉のもとを離れてから数年の間に相当に進捗し、藩に認められるまでになったのであろう。

「関口開初世略履歴」によると、慶應二年三月から十一月まで京都に滞在していたときのことだが、関口は晴れた夜には連日、屋上にのぼり、夜空を見つめて星座を検視し、星図と照らし合わせて二十八宿《にじゅうはっしゅく》の星座を確定し、各々の星座を目で見て判別できるようになった。同僚たちは関口が夜な夜な屋上に上るのを不審に思っていたが、事情が判明するに及んで一同みなおおいに感嘆したということである。

英語修業

加賀藩の洋算教師に任命された関口は、公務の余暇を見て私塾を開いた。金沢市の玉川図書館近世資料館に保管されている「算術稽古出席記」という文書を見ると、表紙に「練算堂」と「関口私塾」という二つの言葉が併記されていて、明治四年四月から明治十二年までの出席者たちの名前が書き留められている。この練算堂というのが関口の私塾であろう。他方、関口の門人の田中鉄吉が編纂した『郷土数学』によると、関口は数学講究のために邸内に「衍象舎《えんしょうしゃ》」を起こしたという。その時期は明治十年六月ということだが、時系列を追うと衍象舎は練算堂の後身なのではないかと思う。

関口が洋算探究に不可欠な英語の勉強を始めたのは、加賀藩の藩校教師を拝命したころである。はじめ岩田勇三郎について勉強したが、ほんの数箇月ほど学び、ようやく綴り字の大要を知ったというところで、岩田は他県に出てしまった。次いで加賀藩の外国方の役人の佐野鼎《かなえ》について勉強を続けたが、まても数箇月ほどのことにすぎず、わずかに文法の一班を知ったという程度であった。まるで目の見えない人が杖を失ったような状態になってしまったが、関口の独学自修はここから始まるのである。

明治元年、壮猶館の英語教師の岡田秀之助が洋行を終えて加賀にもどったとき、持ち帰った書物の中にイギリスの「ホットン」と「チャンバー」の数学書があった。関口の微弱な英語の力ではとても及ばなかったが、関口は勤務の余暇を見て寝食を忘れて独力刻苦の研究を重ねて解読につとめた。『数学稽古本』（明治三年）と『数学問題集』（明治四年）はこの努力の結晶である。英文を読む力は弱かったが、深く蓄えられた数学の力をもって読み解いたのである。

巽《たつみ》中学（啓明学校ができる前に金沢に存在した学校のひとつ）のイギリス人教師のランベルトという人に依頼して、トドハンターの代数の教科書を購入したこともあった。原書の定価が七シリングのところ、関口は金五両三分を支払ったという。換算率が不定であるのに加え、イギリスと日本の間の交通も容易ではなく、そのために手数料が加わってこの値段になった。どのくらいの金額なのか、判定はむずかしいが、明治元年の慶應義塾の教師の給与は四両という話もあるくらいであり、関口は大きな決意をして高価な買い物に踏み切ったのである。

『善の研究』の著者の西田幾多郎は、関口の門下の北條時敬《ほうじょうときゆき》の家で書生をしていた一時期がある。その西田のエッセイに「コニク・セクションス」という回想記があり、関口の話題も登場する。「私共の先生から聞いた話」ということであるから、北條の話と見てさしつかえないが、関口がトドハンターの著書などの翻訳に腐心していたころ、全般に英語の知識というのはきわめて不完全で、関口も数学の英語ですらやすやすと読むというわけにはいかなかった。数学の式を見て、これはこのような意味でなければならないというふうに考えたこともあった。たとえば、"set"という言葉は数学ではよく「一組」とか「一揃い」という意味で使われるが、当時の辞書には「置く」とか何とかいう訳語しか出ていなかった。そこで関口は数学の方面から見て意味を考えて推測した。万事がこんなふうであった。杉田玄白や前田良沢たちの『解体新書』を思わせる出来事であり、深く敬意を表すべき訳業である。

著作の数々

金沢市の石川県立図書館に「関口文庫」があり、関口開の著作と訳書が集められている。それを閲覧したいと思い、申し出たところ、運ばれてきたのはごく小さな木箱であった。上中下三段に区切られていて、上段には七巻十四冊、中段には九巻十六冊、下段には十巻十六冊、合わせて二十六巻、四十六冊の小冊子が詰め込まれていた。表記を簡略にして「巻」と書いたが、正確にいうとすべてが活字になって出版社経由で刊行されたわけではなく、「稿」と「版」に区分けされる。「版」は通常の出版物だが、「稿」は「原稿」で、出版にいたらなかった作品である。入れ物の木箱も中味の書物もどちらもあまりにも小さいのには目を見張らされ、しみじみと感慨に誘われたものであった。実物の迫力は大きいのである。

木箱の裏側に作品リストが記入され、そこに門人の田中鉄吉のこんな言葉が添えられている。

以上は明治初年の頃より僅々十数年間に先生刻苦独学努力せられたる遺著にして稿本は悉く先生の自筆自装なり　大正八年十二月　石川県図書館に寄附に際し
門人　田中鉄吉

関口の著訳書は全部で何冊くらいあるのであろうか。田中鉄吉は『関口開先生小伝』の二人の編者のうちのひとりだが（もうひとりは上山小三郎）、その小伝には関口の著作リストがあり、二十二冊の作品があげられている。一冊は和算書で、書名は『球類百題問答』。文久元治のころの作品である。他の二十一冊はすべて洋算書である。関口文庫所蔵本も参照して、関口の著作群を概観したいと思う。

●『数学稽古本』訳　全一冊　稿

明治三年。成稿（完成した原稿ではあるけれども

関口文庫（石川県立図書館蔵）

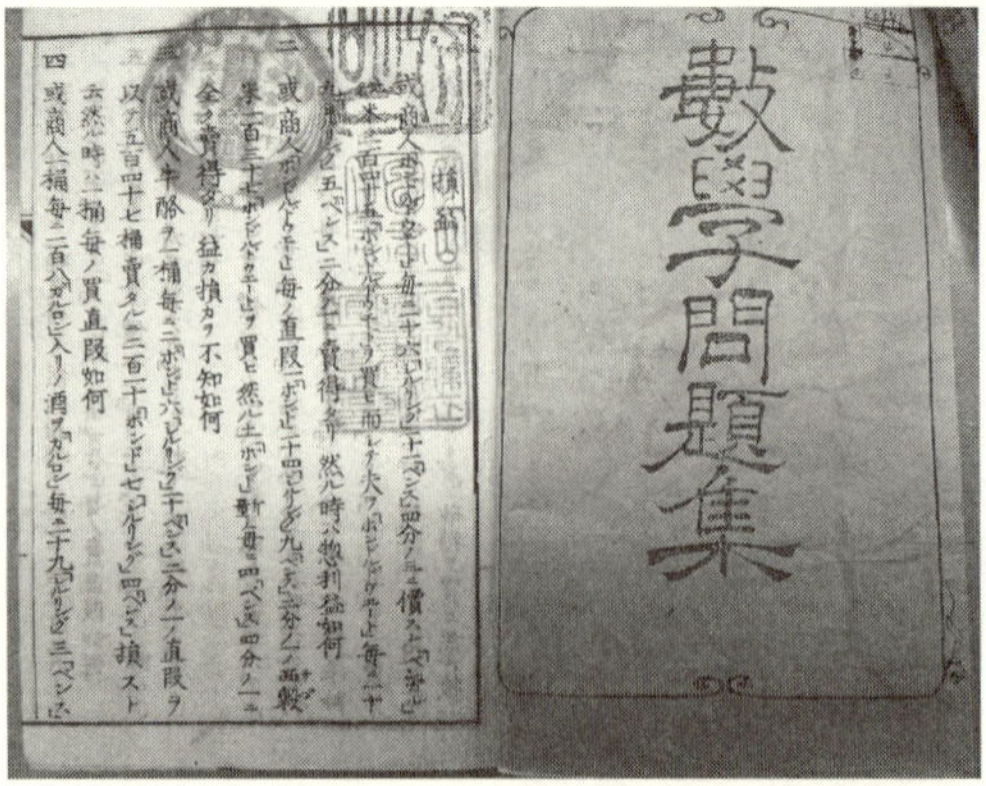

関口開編『数学問題集』明治4（1871）年（石川県立図書館蔵）

刊行にはいたらなかったもの）。イギリスのホットンの数学書の翻訳書。ホットンについては不明。

●『数学問題集』編　上下二冊　附録一冊　版

明治四年、初版。明治八年十二月、改正増補版版権免許。明治九年二月、同発行。イギリスのチャンブル（チェーンバーズ）の数学書を基礎として編纂した算術の問題集。明治七年三月、『数学問題集』の解答集『数学問題集附録』が刊行された。答を問う者が多くなってきて煩に堪えないため、解答を輯録《しゅうろく》し、附録として『数学問題集』につけることにしたという主旨のことが、巻頭に書かれている。

●『新撰数学』版　関口開（撰）加藤和平、石田《いしだ》古周《かねひさ》、村田則重、下村秀充（著述）明治六年版

●『増補　新撰数学』関口開（撰）加藤和平、石田古周、村田則重（校）明治八年版

『数学問題集』は明治四年の初版と明治九年の改正増補版を合わせて、計三万五千部も出た。この本は洋書の直訳で、問題の度量衡や貨幣はイギリスで使われているものだったため、日本の日常生活には適さない。そこで門下生の加藤和平

と石田古周《かねひさ》、村田則重《のりしげ》がこの点を修正し、『新撰数学』を編集した。木版原稿を作成したのは能筆の石田である。度量衡の制度が日本の制度に改められたのに加え、内容もことごとく改正された。初版は全三冊、明治六年三月。撰者として関口の名が記載され、著述者として加藤、石田、村田の三名に加えて下村秀充の名があげられている。

第二版から上下二冊を合わせて全一冊の合本にあらためて、明治八年三月、増補版刊行。関口閲撰。校者は村田、石田、加藤の三名である。以下、版を重ね、明治九年五月、再再版刊行。明治十一年、増補版刊行。この増補版には関口が序文を寄せている。売れ行きは上々で、関口没後の明治十九年七月には第六版が刊行されるというふうで、通算約二十二万部に達するという大ベストセラーになった。あまりにも売れ行きがよく、違法の複製版が相次ぐというありさまになったため、そのつど加賀出身の大阪在住の代言人（弁護士）菊池侃二《かんじ》に託して訴訟を起こし、応接した。

「関口文庫」には明治六年三月の初版三冊と明治八年三月の増補版二冊のみがおさめられている。

●『點竄《てんざん》問題集』編　上下二冊　版

明治五年三月、初版。同十年一月、再版。関口文庫所蔵。加減乗除から二次方程式まで。點竄は筆算式の代数のこと。

巻頭に配置された一文によると、アメリカのデーヴィス、イギリスのトドハンターなどの著作から抜粋して編纂した代数の問題集とのこと。続編の『改正點竄問題集』の緒言には、原本としてアメリカのデーヴィス、ロビンソン、イギリスのトドハンター、ハットンの著作があげられている。

●『改正點竄問題集』編　上下二冊　版

明治九年十一月、版権免許。同十年、出版。『點竄問題集』の第二版。関口文庫所蔵。『関口開先生小伝』には記載がない。

● 『幾何初学』 訳 全二冊 版

明治七年三月、初版。デーヴィスの幾何の書物を翻訳したもの。

● 『幾何初学例題』 著 全一冊 版

明治十三年八月十九日、版権免許。同十四年二月、出版。奥付に「関口開編輯」と記されている。校訂は鈴木《すずき》交茂《かたしげ》、堀義太郎、上山小三郎。初等幾何学の例題三百七十五問を集め、巻末に代数的解釈の一班を示し、例題七十五問を集めたもの。

● 『平三角』 編 全一冊 稿

明治四年編輯。成稿。平面三角法の初等的部分。範式と例題を編纂したもの。典拠は不明だが、トドハンターの平面三角法の著作から例題を拾ったのではないかと思う。

● 『測量』 編 乾坤二冊 稿

明治五年秋編輯。成稿。陸地測量の様式と例題を編纂したもの。「距離高低より面積計算に至る」という説明がついている。

● 『弧三角』 編 上一冊 稿

明治五年。成稿。球面三角法の初歩。辺および角の関係まで。下巻も企画されていた模様だが、『関口開先生小伝』には、それはトドハンターの著作の翻訳書『弧三角術抄訳』に譲ったように思うという説明が添えられている。

●『答氏　弧三角術抄訳』訳　全一冊　稿

明治八年。成稿。原書はトドハンターの球面三角法の著作 "Spherical Trigonometry for the Use of Colleges and Schools"。抄訳し、第四編を巻頭に置いて編成した。冒頭の三編を欠くが、それは明治五年の『弧三角』とほとんど同じであるためである。『弧三角』を上巻として、その下巻に相当する。「答氏」は「答毒翻多」で、トドハンターのこと。

●『航海暦用法』編　一冊　稿

明治六年八月編輯。成稿。

●『微分術』訳　一冊　稿

明治七年二月訳了。成稿。アメリカのロビンソンの微分法の著作を翻訳したもの。該当する原書と思われる本が「石川県専門学校洋書目録」に記載されている。Robinson, Horatio Nelson. "A New Treatise on the Elements of Differential and Integral Calculus"。この本は微分法と積分法の双方のテキストである。関口はあるいはこの本の微分法の部分だけを訳出したのかもしれない。この本には「石川県中学師範学校」の蔵書印が捺されている。

●『算法窮理問答』編　上中下三冊　版

明治七年八月、官許。同年十月、発行。物理の理論と計算法を問答体に編纂したもの。物理思想の普及をめざした作品。アメリカの「ダビス」の算術と「カッケンボス」の窮理書、イギリスの「チャンバース」の算術を抜粋して編纂された。窮理学という言葉は広義の物理学の意味合いで用いられた。上巻は梃子《てこ》あるいは天秤、滑車など（静力学）。中巻は引力あるいは重力、落体速力など（動力学）。下巻は温度計、諸体（固体、流体、気体）膨張体の混合温度など（熱力学）。

●『答氏　微分術』訳　全三冊　稿

明治七年以降。成稿。トドハンターの微分学の著作“A Treatise on the Differential Calculus”の翻訳書。

●『微分術附録』著　全一冊　稿

明治七年三月。主として微分学の極大極小に関する例題を集めたもの。典拠は明記されていないが、トドハンターの著作であろう。

●『答氏　平三角術抄訳』訳　上中下三冊　稿

「上」は明治八年訳了、「中」は明治十年九月二十一日訳了、「下」は明治十二年一月訳了。平面三角法。原書はトドハンターの著作“Plane Trigonometry”。

●『答氏　幾何学』訳　全五冊　稿（「関口文庫」三冊所蔵）

関口文庫所蔵の三冊のうち、一冊には巻一、二、三、四所収。明治十三年一月訳了。一冊には巻五所収。明治十一年一月訳了。もう一冊には巻六、十一、十二所収。明治十一年七月訳了。明治九年から明治十三年にかけて成立。成稿。トドハンターの著作『ユークリッド』の翻訳書。原書は“The Elements of Euclid”。ユークリッドの『幾何学原論』の解説書。

●『答氏　積分術』訳　全二冊　稿

第一冊は明治九年十二月完成。第二冊は明治十一年三月完成。成稿。原書はトドハンターの著作“A Treatise on the Integral Calculus”。

●『代数学』訳　第二編　上下二冊　上版　下稿（上巻のみ刊行）

●『代数学』訳　第三編　上中下二冊（「関口文庫」上中二冊所蔵）稿

トドハンターの代数学の翻訳書。この代数学は「大代数」のほうで、原書は“Algebra for the Use of Colleges and Schools”。『點竄問題集』の後編。第二編上巻は刊行（明治十年九月十一日、版権免許。明治十年十月、出版）されたが、下巻は未刊。第三編も刊行にいたらなかった。

第二編上巻の「緒言」には、前編の『點竄問題集』と書名が異なる理由が語られている。前編は問題が列挙されているのみであったから點竄問題集という書名にしたが、このたびの後編では、原本と同様に、各節ごとにまず数学的説明を述べ、その後に例題をあげるという体裁にした。そこで書名を「代数学」とあらためたということである。

『代数学』第三編の「中巻」は明治十年六月二十八日訳了。

●『答氏　円錐形截断術』訳　全二冊　稿

第一冊は明治十年十一月二十二日完成。第二冊は明治十二年三月完成。成稿。原書はトドハンターの『コニックセクション』。トドハンターには“A Treatise on Conic Sections”という著作がある。書名を見る限り、翻訳の原書としてはこれがもっとも相応しいのではないかと思われる。他方、トドハンターには“A Treatise on Plane Co-Ordinate Geometry as Applied to the Straight Line and the Conic Sections”という著作もある。これは「石川県専門学校洋書目録」に記載されていて、「円錐曲線法」として紹介されている。関口が翻訳の典拠にしたのはこちらの本かもしれない。

●『答氏　静力学解』著　一綴　稿

関口開訳稿『答氏　円錐形截断術』全２冊（石川県立図書館蔵）

明治十四年。成稿。トドハンターの著作“A Treatise on Analytical Statics”の例題を解釈したもの。

下記の二冊は『関口開先生小伝』の著作リストには見あたらないが、関口文庫におさめられている。

『點竄問題集』訳　上中下三冊　稿

明治三年訳了。

『答氏　幾何学活用例』訳　上下　稿

「上」は明治九年十月訳了。「下」は明治十一年六月訳了。

関口開の刻苦精励の十年余の歳月の果実は小さな厨子におさまって、今も郷土の図書館に保管されている。いつまでも語り継がれるべき宝物であり、金沢の誇りである。

二　衍象舎《えんしょうしゃ》の人びと

関口開の教授法

『関口開先生小伝』には門下生たち数名の回想録が収録されている。門人のひとりの森外三郎《もりほかさぶろう》のエッセイ「関口開の教授法」によると、森が関口に師事したのは石川県専門学校予科の最後の半年と、同校理学科の最初の二年間余だが、それ以前にも関口の著作をテキストにして、関口の門下の人に数学を学んでいた。関口が遺した著作は大部分が問題集で、森が石川県専門学校に入る前に実際に使ったのは『数学問題集』『點竄問題集』『幾何初学』だが、翻訳書の『幾何初学』以外の二冊は単に問題を集めたものであった。この事実によく象徴されているように、関口の教授法の眼目は問題の解釈にあった。

石川県専門学校では代数、幾何、三角術を教わった。テキストは上記の『點竄問題集』『幾何初学』のほか、『幾何初学例題』、アメリカのロビンソンの代数学と三角法の原書、トドハンターの代数学、円錐曲線法などであった。難解の箇所を質問すると、関口は多くを語らず、問題の所在地を指し示し、「論より証拠、まずこれを解け」と注意した。すなわち、「注入主義」を排して「一種の開発主義」を取ったのであろうというのが、森の所見である。一方的に教え込むのを避けて、自分で何事かを悟ってほしかったのであろう。

森は大正期の三高の名物校長として知られる人物だが、金沢時代には河合十太郎とともに関口に数学を学んだ経歴の持ち主である。森の在学中の石川県専門学校には生徒数はごく少なく、予科時代には森と河合を含めて全部でわずかに六人で、理学科に進んだときは河合と二人きりになった。しかも河合は一年たらずのうちに東京に出たため、それからはただひとりのクラスになり、毎時間関口と差し向かいで教わる恰好になった。この時期の森は十七、八歳の少年であった。

森がテキストを読み、問題を考えている間、関口は何かほかの仕事をしていたが、質問すると応じてくれた。ときには森の筆算を注視して、まちがっているところがあると、黙って机上を石筆で突いたり、一言半句というか、わずかに暗示を与えたりすることもあった。教師が教え、生徒は受動的にこれを受けるという教授法とはまったく異なるが、森が思うに、これは関口自身の体験に基づいて編み出された方法のようであった。関口は独学自修をもって高等数学をきわめるにいたるという体験の持ち主であったから、後進の指導にあたってもなるべく注入を避け、自発をうながす方法を採用したのであろうと森は推測した。

石筆というのは蠟石《ろうせき》を鉛筆の形にしたもので、石盤に字を書くのに用いる。石盤と石筆は明治期の終わりがけあたりまで小学校などで広く使われたが、その後、次第にノートと鉛筆に代わっていった。

河合十太郎の回想

『関口開先生小伝』には河合十太郎のエッセイ「関口開に対する感想」も収録されている。河合ははじめ和算の三好善蔵のもとで點竄術を学び、啓明学校（河合が入学したころは石川県中学師範学校と改称されていたが、河合は「啓明学校」と書いている。啓明学校の名に愛着があったのであろう）では関口に洋算を学んだ。

ある日、円錐形に関する難問に出会ったことがあり、河合ははじめこれを和算の方法によって解こうとして、おおいに煩悶した。すると関口がその様子を見て、「西洋人は円錐形を直角三角形の「基股」を軸として回転するときに生じる曲面と考えている」とおもむろに言った。「股《こ》」というのは和算の用語で、直角三角形の直角をはさむ長いほうの辺を指している。関口のヒントはただこれだけのことだったが、河合はこのひとことを深く思い、「潜思玩味」したところ、ついに一筋の光明をみいだして難問を解決することができた。
だんだん学業が進んでトドハンターの代数学のテキストを読むことになったが、「変数論」のあたりがなかなかむずかしく、読んでも理解できなかったため、関口に質問した。すると関口はだまって本を閉じてしまった。そうして本を手に取り、変数論の末尾に載せられている練習問題のうちの二、三を選び、それらを解くようにと要請した。河合は失望したが、帰宅して思索を続けたところ、深更に及んでついに解法を得ることができた。よほどうれしかったようで、「快なる哉」と書きつけたほどである。しかもそれと同時に、直面していた難関もおのずから釈然として消滅し、変数論の理論も自然に会得された。

河合が言及した「トドハンターの代数学」というのは、“Algebra for the Use of Colleges and Schools”（一八五八年）である。この本の第二十八章は“Variation”と題されているが、河合はこれを「変数論」と訳出したのであろう。“Variation”は「変化」「変動」という意味合いの言葉である。数学用語としてはよい訳語が見あたらないが、いくつかの変数がある特定の相互依存関係により結ばれている状態のもとで変化する様子が、さまざまな角度から考察されている。

関口の教授法はいつもこんなふうで、和算家が学生を導く方法そのものであった。和算では、一理を諒解させようとする場合、その理に関する数個の実例をあげてそれらを理解させ、その後に類推して理論全体の理解へと導いていこうとするのが通例である。洋算はそうではなく、どこまでも諄々として理論を展開し、その後に実例を提示して理論と応用の理解を定着させようとする。関口は和算の達人で、しかも洋算のすぐれていることを承知していたが、和算には和算の長所があるのでそれを捨てず、洋算の指導に生かそうとしたのである。日本に移された洋算が和算と融合し、何かしらまったく新しい数学が生まれる可能性が、ここに芽生えている。

金沢の小学校

関口開の独特の教授法のことは、上原直松のエッセイ「関口先生を追慕して」（『関口開先生小伝』所収）にも語られている。上原は石川県専門学校で関口に教わったが、関口は生徒に原書の教科書を読ませ、理解したか否かを問うてきたという。難解の質問の箇所にはまず応用の例題を解かせ、そうすることにより理論の暗示を与えるというふうで、理論に関する文言の説明などは反復熟考をうながすのみにとどめられた。このあたりの消息は森外三郎や河合十太郎の場合と同じで、何事かを本人がみずから悟ってほしいと願っていたのであろう。

同じく門人の加藤和平のエッセイ「懐旧談」（『関口開先生小伝』所収）には明治初期の金沢の洋算事情が語られている。加藤和平は明治三年十二月、維新直後の藩政大改革のころ、関口のもとに入門した。話が細かくなるが、現在の金沢市の近辺は江戸期には前田家の領地で、一般に加賀藩と呼ばれているが、明治二年六月十七日（一八六九年七月二十五日）付で施行された版籍奉還を受けて金沢藩と名乗ることになった。次いで明治四年七月十四日（一八七一年八月二十九日）、廃藩置県が実行されて、金沢藩は金沢県になった（翌明治五年二月、石川県と改称された）。金沢藩が存在したのは版籍奉還と廃藩置県の間のほんの二年ほどのことになるが、加藤和平が関口のもとに入門したのはちょうどこの一時期のことであった。

藩政大改革の流れを受けて、金沢藩ではところどころに小学校を設置し、学科を読書、習字、洋算の三部に分け、部門ごとに専門の教師が教える体勢を整えたが喫緊の大問題になったのは洋算の教師を確保することであった。「学制」が公布されて、学校教育の現場で全面的に洋算が採用されることが決まったのが明治五年八月。それに先立って金沢藩ではすでに洋算の採用に踏み切っていたが、洋算を教えることのできる教師が乏しいのが悩みの種であった。

おりから材木町小学校が新設の運びとなった。加藤和平ははじめ和算を学んだ人で、旧師は三好善蔵。関口の師匠でもある人物であるから、加藤にとって関口は同門の兄弟子であった。その三好の推薦を受けて、明治四年三月、材木町小学校の教員に任命された。

加藤は当時の洋算の教師たちの名前を十一名まであげている。ほかに名前を忘れた人が二名。さらに加藤と関口を加えると全部で十五名になる。そのうち二名は関口門下ではないというが、差し引き十三名の関口門下の教師が金沢の小学校で洋算を教えたのである。

関口の門下の人も門下ではない人も、毎月一回持ち回りで各々の家に一同集結し、教授方法などをめぐって打ち合わせを行った。洋算の翻訳書はどこにもないため、関口がぽつぽつ翻訳して教授用の本を作成した。これが一冊出るとみな引っ張り合いで謄写したもので、中には明日入用だなどという人もいるくらいであった。関口もまた小学校で教えていたが、帰宅すると門弟たちが続々と押し寄せてきて、翻訳を急がないと教科書にさしつかえるというありさまであった。そうこうするうちに『数学問題集』が出版され、ようやく教科書謄写の手数が省けるようになった。明治三年から明治五、六年までの洋算教育はこのような状況であった。

「学制」が公布されて小学校の教育の大綱が定められたのは明治五年八月二日（一八七二年九月四日）。それから実際に日本の各地に小学校が建てられて、数学の教育もまた開始された。問題はその数学の中味だが、加藤和平の回想に明らかなように、和算ではなく洋算が教えられた。洋算を教えることは正式な決定事項だが、教科書は存在せず、関口の著作の数々が、明治初期の小学校での数学教育の現場において事実上の教科書の役割を果たしたのであった。

衍象舎の人びと

関口開が開いた私塾を衍象舎と命名したのは井口無加之《いのくちむかし》である。井口は金沢藩の儒者井口嘉一郎《いのくちかいちろう》の長男で、漢文に長じ、石川新聞の主筆記者となって漢文で論陣を張ったという人物である。

衍象舎は関口家の邸内にあり、舎員はみな寄宿生であった。関口が舎長である。田中鉄吉の『郷土数学』には二十一人の舎員の名が列挙されているが、そのうち当初から関口と起居をともにしたのは鈴木《すずき》交茂《かたしげ》、堀義太郎、上山小三郎、水嶋辰男で、この四人が高弟である。後年、田中もまた舎員に加わった。北條時敬と森外三郎は舎員ではなかったようである。

堀義太郎は師範学校、県庁および地方に奉職したが、明治十九年、県知事の推薦により東京高等師範学校特別科に入学し、同二十二年、数物化学科を卒業した。卒業後、はじめ石川県師範学校に奉職し、後、校長に昇任した。それから山形県師範学校校長に転じ、宮城県師範学校、岡山県師範学校、小樽高等女学校等の校長を歴任した。大正十五年、退職。教職にあること五十年余という人生であった。

鈴木交茂は師範学校、専門学校に勤めた後、明治十九年、堀とともに県知事の推薦により東京高等師した。

それから高知県海南学校に移り、愛媛県私立北予中学校長に就任したが、明治三十四年病気のため退職範学校特別科に進んだが、翌年退学した。後、三重県中学校に勤め、次いで福井県中学校に転任した。

上山小三郎は田中鉄吉とともに『関口開先生小伝』を編纂した人だが、啓明学校と石川県師範学校に勤務した後、明治二十六年、石川県尋常中学校（現在の金沢泉丘高等学校）の設立にあたり転任し、明治四十五年まで勤続二十年に及んだ。

もうひとりの高弟の水嶋辰男は陸軍に入り、少将で退役した。

衍象舎の舎員以外にも関口の教えを受けた者は非常に多い。田中鉄吉の『郷土数学』を見ると、北條時敬（宮中顧問官）、河合十太郎（京都帝国大学名誉教授）、森外三郎（第三高等学校名誉教授）、河合義文（松江高等学校名誉教授。河合十太郎の親戚）、早川千吉郎（三井家理事）、山川勇木（横浜正金銀行支配人）、河村善益（東京控訴院長）、斯波淳六郎（内務省社寺局長）、前田孝階（宮城控訴院長）、鈴木馬左也（住友家総務）、金子治郎（医学博士）、伊東治三郎（管船局長）、中橋徳五郎（文部大臣）、三宅勇次郎（文学博士）、河合辰太郎（東京凸版会社長）、堀啓次郎（大阪商船会社長）、河北栄太郎（陸軍少将）、抜山庄次郎（特許弁護士）、上原直松（前田侯爵家理事）、土谷鉄次郎（海軍主計正）など、三十五名の名が列挙されている。北條時敬や河合十太郎、森外三郎など、教育者の姿も目立ち、四人の高弟たちも三名までが教育者であった。『新撰数学』の売れ行きも好調で、直接間接に関口の影響は郷土金沢の枠を越えて大きく広がり、全国各地に及んだのである。

上京と帰郷

明治五年夏の学制公布の前後、関口ははじめ小学校の教師になり、それから巽中学校の教師になった。明治八年七月、石川県師範学校教諭。明治九年二月、啓明学校の設立に際して同校教諭兼監事に就任した。翌明治十年は東京数学会社が発足した年で、関口も社員になった。加賀の関口の名は東京の数学者たちにも知られるようになったのである。同年七月、啓明学校が廃止され、新たに中学師範学校が創設されたのを受けて、同校教諭に就任。中学師範学校は石川県第一師範学校とは別の学校である。明治十四年七月、石川県専門学校と改称した。第四高等中学校の前身である。明治十四年十二月、関口は石川県専門学校の教諭になったが、同時に石川県金沢師範学校（石川県第一師範学校の後身）教諭も兼務した。

郷里で教育に打ち込む日々がすぎていったが、明治十三年の年末十二月、上京する機会があった。在京の川北朝鄰が西洋の数学書の翻訳出版の企図を抱き、そのために東京数理書院という出版社の立ち上げを計画したのである。川北がこの企画を四方に広告し、広く同学の士の同意を求めたところ、東京では神田孝平、赤松則良、近藤真琴、荒井郁之助、岡本則録《おかもとのりぶみ》が賛成し、地方では西京の藤井最証《ふじいさいしよう》、安井章八が賛意を表明した。関口開もこの企画に共鳴し、全国の同志の集結をめざした川北の招聘に応じて上京したのである。生涯でただ一度の上京であった。

この上京にあたって関口には心に期するところがあった。西欧近代の数学の修得を志してからの関口の努力は着実に実り、訳業は順調に進展したが、刊行にいたったのは『数学問題集』『新撰数学』『算法窮理問答』『幾何初学』『幾何初学例題』、それに『點竄問題集』の続編の『代数学　第二編』上下二冊のうちの上巻のみにとどまっていた。関口がもっとも力を入れて取り組んだのはトドハンターの著作の翻訳であった。『答氏　静力学解』の稿が成ったのは上京後のことになるが、上京の時点ですでに『平三角』『弧三角』『答氏　弧三角術抄訳』『答氏　微分術』『積分術』『答氏　平三角術抄訳』『答氏　円錐形截断術』と、彫心鏤骨の成稿が揃っていた。そこで、新しく創設される出版社からこれらの原稿を刊行したいというのが関口の願いであり、川北の企画に同意したのもそのためであった。

東京数理書院の社長には神田孝平が就任し、関口も知遇を得た。だが、関口の願いは届かなかった。関口がトドハンターの著作の訳読に肝胆を注いだのと同様に、川北もまた数ある西洋数学書の中でもっとも重視したのはトドハンターの著作であった。だが、川北には川北の意図があったようで、関口の翻訳は採用されなかったのである。関口と川北の間でどのような言葉が交わされたのか、このあたりの消息はよくわからないが、やがて東京数理書院の名のもとに翻訳書が次々と刊行され始めた。次にあげるのはいくつかの事例だが、原書はすべてトドハンターの著作である。川北自身は洋書を翻訳する力が乏しかったようで、実際の翻訳作業は門下の上野清や長澤亀之助が担当した。

上野清（訳）、川北朝鄰（校閲）

『軸式円錐曲線法』（明治十四年七月出版）

長澤亀之助（訳）、川北朝鄰（校閲）

『微分学』（明治十四年十一月出版）

『積分学』（明治十五年四月出版）

『代数学』（明治十六年一月出版）

『平面三角法』（明治十六年六月出版）

尾山神社。（上）境内。（左下）関口先生記念標。（右下）関口開記念碑撰文

『球面三角法』（明治十六年八月出版）
『宥克立』（「ユークリッド」明治十七年一月出版）
『論理方程式』（明治十七年七月出版）

『軸式円錐曲線法』が出版されたのは明治十四年七月だが、関口開の上京に先立って前年十一月に早くも翻訳に着手され、明治十四年二月には印刷が始まっている。トドハンターの著作の翻訳書の出版にあたり、全国の有志を東京に集めて会合をもつ前に、著作と訳者の選定がすでになされていたことを示唆する出来事である。落胆し、失意の裡に帰郷した関口は再び教育と研究の日々に立ち返ったが、この明治十三年末の上京は関口の晩年の日々に暗い影を落とす原因になった。

明治十七年三月末、関口は病気が重くなり、二十六日から療養生活に入ったが、四月十二日午前一時五十五分、石川県金沢区竪町《たてまち》九十三番地の自宅で亡くなった。病名は腸チフスである。没後、野田山に埋葬されたが、大正十四年、蛤坂の妙慶寺墓域に移葬された。戒名は「開校院勤学指道居士」である。

没翌年、門人たちと有志が相談し、尾山神社境内の池畔に紀念碑を建てることになった。円柱に円錐形を載せた巨石で、円柱表面に「関口先生記念標」という文字が刻まれている。揮毫は神田孝平。明治十三年暮れの上京のおりに知り合ったのである。紀念碑の隣に石版があり、そこには関口の業績を語る四百五十三個の文字が敷き詰められている。紀念碑発起者謹撰。起筆は高弟のひとりの鈴木交茂。日付は明治十八年十二月である。

第四章

西田幾多郎の青春

学統の泉

四十年の昔、日本評論社の数学誌『数学セミナー』に掲載された下村寅太郎の二篇のエッセイ「〝高木貞治の生涯〟落穂拾い、その他」(一九七六年二月号)、「〝高木貞治伝〟落穂拾い(Ⅱ)」(同、七月号)を読んで、意表をつく指摘を目の当たりにして強い印象を心に刻んだことがある。下村は西田幾多郎門下の数理哲学者である。

明治維新の成立を受けて東京に大学が創設され、ヨーロッパ近代の諸科学を全面的に移植しようとする大掛かりな作業が開始された。数学科も設置され、初代と二代目の数学教授である菊池大麓と藤澤利喜太郎の手で土台が整備されて、その基盤の上に高木貞治の類体論が出現した。これによって日本近代の数学はヨーロッパの水準に達したと見るのが通説である。高木は東京大学の三人目の数学教授である。ところが下村の師匠の西田幾多郎の見方は通説とはまったく異なっていた。西田は石川県加賀の出身だが、同郷の大先輩の関口開と高木を結ぶ糸の存在に早くから着目し、「高木貞治において確立した近代日本の数学の学統は金沢から始まる」と、日ごろの談話のおりに門下生たちに語っていたという。下村はこのエピソードを、数学史に関心を寄せながら数学の勉強を続けていた学生時代のぼくに伝えてくれたのである。耳にした覚えのない珍しい所見だが、不思議な魅力があり、いつまでも心に残った。これが関口の名を心にとどめたはじめである。ただし、紹介者の下村自身も実際には本気にしていなかったようで、金沢出身の西田先生のいささかお国自慢めいたほほえましい意見であるなどと語っているくらいである。

金沢の数学者たち

高木の生地は岐阜県大野郡数屋村であり、金沢とは関係がないが、岐阜県尋常中学から京都の第三高等中学校に進んで河合十太郎に出会い、数学を学び、巨大な影響を受けて数学を専攻する決意を固めた。ところが、その河合は加賀藩士の家に生まれた人であり、関口開の門下生であった。下村は学問への目覚めということを重く見たようで、「高木先生の数学的天才を触発して数学専攻を志す動機となった」のは河合であると指摘した。大学の数学科に入ってくるのは、その時点ですでに数学専攻を決意した人で、彼らを数学者に仕上げるのは大学教授である。だが、数学に目覚め、数学者たらんと志を立てしめるのは高等学校の教授であり、高木の裡に潜在する数学的天分を見いだしてこれを自覚せしめたのは河合の重要な功績であるというのが、下村の所見である。

高木の志を数学に誘ったというだけのことであれば、高木と金沢の関係についてこれ以上のことを語る余地はないが、日本近代の数学のはじまりと金沢の間にはおおかたの想像を超えて緊密な関係が認められる。それは、東大数学科の初期の卒業生たちの中に、金沢の出身者が異常に多いという事実である。東大理学部で数学科が独立して単独の学科になったのは明治十四年のことで、三年後の明治十七年に最初の卒業生一名が現れた。これ以降の卒業生を数えると、高木が卒業する前年の明治二十九年までの十五年間に卒業生は十二名を数えたが、出自を見ていくと、北條時敬（第二回）、河合十太郎（第六回）、森外三郎（第八回）、松井喜三郎（第九回）、三田村孝吉（第十二回）、吉田好九郎、渡辺庸（第十三回）と、実に七名までが石川県士族である。驚くべき高率と言わざるをえないが、そのうえ彼らはみな関口開の影響下にあった人物である。

明治初期の大学は入学もむずかしいが卒業もまたむずかしく、入学しても卒業にいたらなかった学生も非常に多かった。試みに帝国大学理科大学数学科の第一学年の在籍者のうち、石川県出身者を数えると、次の通りである。

帝国大学理科大学数学科　第一学年

明治十九年　入学者二名。ともに石川県出身。河合十太郎、元田傳。

明治二十年　入学者三名のうち、石川県出身は森外三郎。

明治二十一年　入学者一名。石川県出身者なし。

明治二十二年　入学者二名。ともに石川県出身。内田雄太郎、松井喜三郎。

明治二十三年　入学者なし。

明治二十四年　入学者なし。

明治二十五年　入学者一名。石川県出身。三田村孝吉。

明治二十六年　入学者五名。石川県者は三名。渡邊庸、吉田好九郎、中栄徹郎。

明治二十七年　入学者七名。石川県出身者二名。藤田外次郎、八田三喜。

明治十九年から明治二十七年までの九年間に入学者が二十一名あり、そのうち石川県出身者は十一名であるから、五割をこえる高率である。そのうえ明治二十六年の入学者五名のうちひとりは林鶴一であり、翌明治二十七年の入学者七名の中には高木貞治と吉江琢兒がいる。三名とも石川県とは関係がないが、みな三高の卒業生であり、関口開の系譜に連なる河合十太郎の影響を受けて数学を志したのである。明治二十八年には五人の入学者がいるが、そのうち中川銓吉は四高の出身であり、関口の影は依然として尾を引いている。高木の心に数学の灯をともしたのは関口門下の河合だが、その背後には関口開という金沢の数学の泉が控えていたのである。

高木は関口の直接の門下ではないが、藤澤に続いて東大の三人目の数学教授となり、やがて高木の門下生たちが各地の大学や高等学校に枢要の地位を占めるようになった。さながら和算出身の洋算家である関口の系統と、蘭学の家から出た純粋の洋算家の菊池、藤澤の系統が高木たちの世代において融合したかのような光景であった。この事実を知ったのはつい最近のことだが、衝撃は大きかった。下村のエッセイが伝える西田の言葉が急速に真実味を増して、四十年の昔の記憶がまざまざと回想されたものであった。

北條時敬の上京と帰郷

関口開の門下の河合十太郎は三高で高木貞治の数学の師匠になったが、河合の先輩で同じ関口門下の北條時敬は西田幾多郎の師匠であった。北條は安政五年三月二十三日（一八五八年五月六日）、金沢の観音町（現在の金沢市池田町）に生まれた。菊池大麓とほとんど同年で、年齢差はわずか三年にすぎない。明治六年二月、英仏学校に入学して英学と数学を学び、明治九年二月、啓明学校に入学し、漢学、英学、数学を学んだ。啓明学校における数学の師匠は関口開であった。

西田幾多郎の師、北條時敬（安政5年3月23日（1858年5月6日）―昭和24（1929）年4月27日）

明治十一年五月、在学中に東京留学を申し付けられた北條は東京に向かい、本所蠣殻町《かきがらちょう》で洋学者の箕作秋坪が開いていた三叉学舎という塾に通った。箕作秋坪は菊池大麓の父で、三叉学舎にはイギリス留学から帰朝したばかりの菊池大麓がいた。北條は三歳年長の菊池に数学を学んだ。翌明治十二年九月、東京大学予備門に入学。この時点で満二十一歳である。二年後の明治十四年七月、予備門卒業。同年九月、東京大学理学部数学科に入学し、ここでもまた菊池の講義を聴講した。おりしも東京大学理学部において数学科が独立した年でもあった。明治十八年七月、満二十七歳の北條は東大を卒業した。

東大の修業年限は四箇年（帝国大学の修業年限は三箇年）。予備門の修業年限は当初は四箇年で、明治十四年七月の時点で変更されて三箇年になった。北條の在籍期間は二年短いことになり、多少の不審があるが、明治十二年七月の予備門卒業生の中に熊澤鏡之助と高橋豊夫の名が見える。高橋の大学卒業年次は明治十七年七月で、予備門卒業後五年目である。熊澤は北條と同じ明治十八年七月の卒業生であり、予備門を終えてから六年目のことになる。このような事例に鑑みると、予備門と大学の修業年限は必ずしも厳格に守られなかったのではないかと想定される。ひとりひとりみなそれぞれに諸事情があったのであろう。北條の場合は郷里金沢の啓明学校に二年間在籍したことにより、予備門の第三学年に編入されたのではないかと思う。

藤澤利喜太郎は北條より三つだけ年下だが、北條より早く明治十年九月に東大に入学した。五年間在学し、卒業は明治十五年。明治十四年九月から翌年七月まで、藤澤と北條はともに東大に在学中だったことになるが、交流があったのかどうか、くわしい消息は不明である。藤澤は卒業後洋行し、明治二十年五月に帰朝したときには北條はすでに卒業して帰郷した後であるから、藤澤がドイツから持ち帰った数学を教わる機会はなかった。もっとも北條は明治二十一年四月に再び上京し、東大の大学院に入学した。藤澤とも再会したと思われるが、消息はやはり不明である。

北條時敬は東京大学理学部数学科の第二回目の卒業生二名のうちのひとりであった。前年の明治十七年に第一回目の卒業生が出ているが、わずかに一名である。翌明治十九年には卒業生はなく、明治二十年もやはり卒業生は出なかった。明治二十一年は一名のみで、狩野亨吉である。明治二十二年は二名で、そのひとりは河合十太郎であった。明治二十三、二十四、二十五年は毎年ひとりずつ。明治二十六、二十七年はまたも卒業生なし。明治二十八年はひとり。明治二十九年は二人。そうして明治三十年には高木貞治と吉江琢兒、林鶴一の三名の卒業生が出た。ここまでのところで十年余の歳月が流れたが、すべての卒業生を合わせてもわずかに十五人である。大学という教育組織の中で西欧近代の数学を学んだ人はあまりにも少なく、今日の目には奇異に映じるほどである。

東大を卒業した北條はその足で帰郷して、七月十一日付で石川県専門学校の教師になった。前年四月に亡くなった関口開の後任としての役割も担っていたであろう。北條は石川県の給費生だったため、郷里の母校に奉職したのである。担当科目は第一外国語と数学で、第一外国語というのは英語のことである。数学はトドハンターの代数やライトの幾何などを英語の教科書で教授した。英語はサミュエル・スマイルズの『自助論』などを教えた。アーヴィングの短編集『スケッチ・ブック』を教えたこともある。この当時、大学出の学士は金沢のような地方にはきわめて珍しく、生徒たちはみなさながら神仙でもあるかのように仰ぎ見たが、着任時の年齢は満年齢なら二十七歳、数え年なら二十八歳。若い教師であった。

河北郡森村に生まれる

西田の生誕日は明治三年五月十九日（一八七〇年六月十七日）だが、戸籍には明治元（一八六八）年八月十日と記載されているという。二年ほど早めて届け出られたことになるが、これは就学の便宜をはかるための措置であり、岡潔の場合と同じである。西田と岡の場合は生誕日を実際よりも早めたのだが、高木の場合は反対で、九箇月遅くして「明治九年一月二十一日」として届けられた（第一章四節）。このようなことはこの時期には普通に行われたようで、届け出の日付をどうするか、そのつど配慮がなされたのであろう。

西田が誕生した時期の生地の地名表記は石川県加賀国河北郡森村である。それから今日にいたるまで町村合併が繰り返し行われ、現在の地名表記では石川県かほく市森というところが西田の生地である。簡単に経緯を回想すると、明治二十二年四月の町村合併で河北郡金津《かなづ》村が成立し、森村は金津村の大字になった。明治四十年八月、再び町村合併により宇ノ気《うのけ》村が成立し、今度は森は宇ノ気村の大字になった。町制が施行されて宇ノ気町が成立したのは昭和二十三年。さらに合併が進行してかほく市が成立したのは平成十六年三月のことであった。このあたりの消息は高木貞治の郷里の岐阜県大野郡数屋村が岐阜県本巣市の一区域になるまでの経緯とよく似ている。西田の父は得登《やすのり》、母は寅三《とさ》という人である。西田は長男で、長姉、次姉、妹がいた。明治六年生まれの憑次郎《ひょうじろう》という弟がいたが、日露戦争で戦死した。西田家は代々加賀藩の十村《とむら》（他の地区でいう大庄屋に相当する）をつとめた家で、たいへんな資産家であった。

明治六年、生家が隣家の火事の類焼により焼失したため、向野《むかいの》に転居した。松林の一軒家であった。明治五年の学制発布を受けて、森村に森小学校が開設された。西田家の菩提寺の長楽寺の一部を借用したのである。西田は向野の家から通学した。森小学校は現在のかほく市立宇ノ気小学校の一番はじめの姿だが、注目に値するのは創立の時期で、実に明治八年四月十日の創立というのであるから、西田は開校したばかりの小学校に入学したのである。校名は幾度も変わり、開校の翌年の明治九年九月には宇《う》野気新《のけしん》小学校、明治十二年九月には新化小学校と改称された。名称とともに校舎の位置も変遷した。宇野気新小学校は宇野気新村の森七郎右衛門の家屋の一部を借用して校舎にし、新化小学校は西田の父得登の志を受けて、森村の西田家の持家の二階を借用した。

西田幾多郎（大正5（1916）年ころ）（明治3年5月19日（1870年6月17日）― 昭和20（1945）年6月7日）

明治十五年四月、西田は新化小学校を卒業した。

『西田幾多郎全集』第十九巻（新版、岩波書店、昭和四十一年九月）所収の年譜によると、小学校時代の西田は山下精一、小倉又吉、山下忠本、梯田《かきた》信行、黒田某などについて読書、数学、物理学を学び、父について習字を学んだという。成績は優良で、郡役所などからしばしば褒状賞品を受けたということである。

新化小学校を卒業した西田は、石川県女子金沢師範学校に通う次姉、尚に連れられて金沢に向かい、藤田維正《これまさ》、長尾含などについて読書、文学などを修めた。また、石田古周《かねひさ》について数学を学んだ。石田は関口開に師事した数学者で、村田則重、加藤和平とともに『新撰数学』の編纂と改補に携わった人物である。石田の所在地は金沢で、啓明学校や石川県中学師範学校に勤務する余暇を見て自宅で数学を教えた。三十人から四十人ほどの門弟が絶えなかったというが、西田少年もそのひとりで、郷里から通って勉強を続けたのであろう。

数学を学ぶ

明治十六年、西田家は一家をあげて金沢市に移った。西田が金沢の石川県師範学校に入学するため、便宜をはかったのである。入学したのは七月だが、正確には西田が入学した師範学校の名称は明治十六年七月の時点ではまだ「石川県師範学校」ではなく、「石川県金沢師範学校」である。師範学校にも歴史があり、さまざまな変遷を経る中で、あるとき「石川県師範学校」という名称になったが、その改称の日時は明治十六年十一月十三日であるから、西田が入学してまもないころの出来事である（明治十六年に成立した石川県師範学校の前身は石川県金沢師範学校。その前身は石川県第一師範学校。そのまた前身は石川県師範学校で、明治十六年の呼称と同じである。一番はじめの石川県師範学校が成立したのは明治七年十一月二十二日で、関口開が教えたのもこの学校である）。

石川県師範学校（正確には石川県金沢師範学校）に入学したのと同じころ、西田は井口済《いのくちさい》（字は孟篤。犀《さい》川《せん》または孜孜堂と号した。通称は嘉一郎）について漢文を学んだ。井口は関口開の私塾を衍象舎と命名した井口無加之《いのくちむかし》の父である。

明治十七年二月、西田は石川県師範学校予備科を卒業し、同年八月には本科第六級を卒業したが、同十月、チフスに罹患したため退校した。翌明治十八年は学校に通わずに日々をすごした模様だが、『西田幾多郎全集』の年譜は、藤田維正について文学を修め、上山小三郎に数学を学び、佐久間義三郎に英語を学んだという消息を伝えている。上山は関口開門下の数学者で、四人の高弟のひとりである。教科書はすべて関口開が編纂した問題集であった。上山の塾では「Z項」の発見で知られる天文学の木村栄と同門で、授業が始まる前に二階で二人して関口開の『幾何初学例題』所収の問題に頭をひねることもあった。

北條時敬を訪問する

明治十九年の年初の西田幾多郎は満十六歳で、石川県師範学校を退校したままの状態が続いていたが、この年の二月から北條時敬のもとで数学を学び始めた（岩波文庫の『西田幾多郎歌集』の末尾に附された略年譜には、北條のもとに通い始めたのは三月からと記されている）。『善の研究』の著者の西田には、数学を憧憬する若い日々があったのである。石田古周や上山小三郎に続いて、北條は三人目の数学の師匠であり、しかも三人の師匠はみな関口開の系統の数学者であった。西田は関口に直接会ったことはないが、この点は高木貞治の場合と同じで、西田の三人の師匠も高木の師匠の河合十太郎もみな関口の門下である。西田と高木は関口を源泉とする金沢の数学の系譜に連なっているのである。

西田少年は東大の数学科を出て帰郷したという北条時敬のうわさを聞いて、得田耕《とくだたがへす》の紹介を得て北条を自宅に訪問した。得田は石川県専門学校の書と画を担当する助教諭で、西田の縁戚である（徳田の奥さんは貞という人で、西田の叔母）。出身地は石川郡吉田漆島村《よしだうるしじま》。安政四（一八五七）年五月の生まれであるから、北条とひとつ違いになる。最終学歴は石川県師範学校小学師範学科卒で、卒業年次は明治九年。明治十六年一月二十三日付で石川県専門学校に着任した。

西田の訪問を受けて北条が玄関先に出てきたが、今は忙しいと言って、蒟蒻《こんにゃく》版に刷った数学の問題をわたした。これを解いてもってくるように、というのであった。唐突な入門試験のような印象があるが、実際には前もって得田の紹介を受けていて、はじめから西田を受け入れるつもりだったのである。北条は頭が禿げていて、喉仏《のどぼとけ》が突出した人であった。

数日後、課された問題を解いて解答を持参すると、今度は北条も待っていて、会って話をしてくれたが、どうも沈黙がちで、話しにくい人であった。西田が「外国には数学の雑誌というものがあるそうですが」と尋ねると、本当に数学をやるものはそれを読まなければならないものだが、今読んでもわかるものではないと返された。そのころ北条は数学の教師たちを自宅に集めて週に一、二回、数学の講義をしていたが、西田も誘われて微積分とデテルミナントの講義を聴講した。大半はわからなかったが、それでもデテルミナントを使うと代数の方程式がいかにも手軽に解けてしまうありさまに驚きあきれ、実に巧妙なものだとおおいに感心した。デテルミナントはドイツ語の Determinante のカタカナ表記で、今日では「行列式」という訳語があてられているが、この訳語を提案したのは高木貞治である。

北條時敬の講義を聴く

明治十九年九月、西田は石川県専門学校附属初等中学科第二級（第三学年）に補欠で中途から入学し、ここで鈴木大拙《だいせつ》（宗教学者）、藤岡作太郎（国文学者）、山本晁水《ちょうすい》こと山本良吉（教育者。私立七年制武蔵高等学校の創成者）に出会い、親しい友になった。鈴木大拙の「大拙」は居士号であり、本名は貞太郎である。大拙と西田幾多郎、藤岡作太郎の三人はそろって明治三年の生まれで、三人とも「太郎」であるからというので「加賀の三太郎」と称された。山本はひとつ下で明治四年の生まれである。

西田が入学したとき、山本と大拙はすでに在籍していて、一、二級上の組にいたが、専門学校が四高になったとき、二、三の級を合併してひとつの級がつくられるということがあった。そのおり西田は山本良吉や藤岡作太郎と同じ組になり、しかも左に藤岡、右に山本と、三人で机を並べていた。

初等中学科の修業年限は四年で、三年の課程の法文理の専門科と合わせて、この時期の石川県専門学校は七年制の学校であった。

石川県専門学校では北條時敬に数学を教わった。北條の講義の様子は山本良吉のエッセイ「北條先生感恩記」によく描かれている。山本は数学に関心がなかったようで、北條が赴任してくるまで代数にも幾何にも少しも興味を感じなかった。数学の知識は皆無といってもよいほどのありさまだったが、そこに突然、東大の数学科を卒業したばかりの北條が赴任して、代数のかなりレベルの高いほうを受け持つことになった。

北條は日々重い口調で熱心に講義をした。そのありさまを見ると、まるで口と手と身体がひとつになって働くかのようであった。生徒にわからせようとするのでもなく、説明して聞かせようとするのでもなく、渾身ただひとつの講義になってしまっていて、聴こうと思わなくても自然に講義に引き込まれてしまうのであった。だが、引き込まれることは引き込まれても、完全に基礎が欠落している悲しさで、どんなに聴いてもまったくわからなかった。

西田の回想記「四高の思出」によると、立体幾何の時間に、北條はしばしば"one and only one plane can be drawn between ……（……ひとつ、しかもただひとつの平面だけを……の間に描くことができる）"と言った。この言葉はなぜかいつまでも西田の耳から離れなかった。

数学の時間は小さくすくみあがっていた山本だが、英語の時間は得意であった。北條は英語の教師として赴任してきたわけではなかったようだが、そのころの英語の教師は英語のできない者が多かった。もともと英語や英文学の専門家などはひとりもなく、みな何かほかの学問を修めながら英語の教師になったのである。そのため北條はしばしば英語教師に代わって英語を受け持った。山本は英語が好きで、もっとも力を入れて勉強を重ねていたので、数学の時間とは打って変わって元気に教室に出た。北條のほかの英語教師の場合には、わざと質問などして困らせたりすることがあったが、北條が相手ではこれはできなかった。あるときマコーレの論文購読の時間にどうしてもわからないことがあったので、隣の西田と二人で、これだけは先生もわかるまいと語り合った。ところが北條は事もなげにすらすらと読過したので、山本も感服し、どうも偉いものだと思ったことであった。マコーレというのはイギリスの歴史家トーマス・マコーリーのことであろう。英語は、読本がひと通り終わったあとはマコーリーの論文を読むことになっていたのである。

高木亥三郎《いさぶろう》のエッセイ「北條廓堂《かくどう》先生を憶ふ」によると、この当時の石川県専門学校は一学級の生徒数はきわめて少なかった。高木の所属する学級などはわずかに十名内外にすぎず、さながら家族団欒のような和気に満ちていた。生徒が白山比咩《しらやまひめ》神社に参拝するといえば北條も同行し、神社の畔《ほとり》の高崖《こうがい》から手取川に飛び込んで泳いだこともあった。兵式体操（軍隊式体操。明治十八年ころ学校教育に取り入れられた。後の教練）がはじめて輸入されたころのことで、生徒たちが珍しそうに体操をやれば、北條も飛び入りで生徒とともに兵式体操を学んだ。

生徒がベースボールをやれば交っていっしょに遊んだ。学校が終わってから夕方まで、北條は毎日グラウンドに立っていた。いつもキャッチャーだったが、あるときバッターがバットを振ったとき、急に飛び出したため左側の頭を打たれ、痙攣を起こして昏倒したことがあった。まったく言葉が出ず、ほとんど人事不省となって病院に担ぎ込まれたが、医者は、今夜のうちに熱が出ればもうだめだと言った。みな心配したが、幸いに熱も出ず回復した。九死に一生を得たが、すぐに講義はできず、一学期以上もの間、学校を休むことになった。翌日西田が病院に見舞いに行くと、北條は小さな声でただひとこと、（バッターの）M君に気にしないように言ってくれと言った。

人物といい、学力といい、北條は全校生徒の景仰《けいこう》の的であった。

石川県専門学校から第四高等中学校へ

明治二十年二月、西田は石川県専門学校の初等中学科第二級を卒業し、同年七月、初等中学科を卒業したが、この間、明治二十年四月十八日付で第四《し》高等中学校（略称は四高《しこう》）の設立という出来事があった。明治十九年四月十日に公布された「中学校令」を受けて、石川県専門学校を母体として設立されたのである。

全国を五つの区域に分け、各地域にひとつずつ、五つの高等中学校が設立された。東京の第一高等中学校の前身は東京大学予備門である。高等中学校は本科、専門科、予科および予科補充科で構成された。予科補充科は予科に進む者のための課程、予科は本科に進む者のための課程で、修業年限はそれぞれ二年と三年である。予科を卒業すると本科に進む。本科は東京の帝国大学に進学する者のための予備教育を目的として設置された課程で、修業年限は二年。九月に入学し、七月に卒業する。本科は第一部（法、文）、第二部（工、理、農）、第三部（医）という三部構成になっていた。ただし本科第三部が設置されたのは東京の第一高等中学校のみであった。専門科は学部もしくは学科と呼ばれることもあり、医学部医学科、医学部薬学科、法学部、工学部など、各々の地域に生きる専門家の養成を目的とした。医学部は四高をはじめすべての高等中学校に設置された。

中学校令に基づいて設置された高等中学校は五つだが、ほかに山口と鹿児島にも設置された。それぞれ旧藩、すなわち長州藩と薩摩藩の主家から財政上の支援を受けたのである（第二章一節参照）。

明治二十年十月、西田は第四高等中学校の予科第一級に編入された。四高は専門学校の事実上の継承校ではあるが、あくまでも別の学校であり、専門学校の生徒がそのまま四高の生徒になったのではなく、四高独自の入学試験が行われた。専門学校の生徒の目には編入試験に見えたとしても、受験生は専門学校の生徒に限定されたわけではなく、専門学校の生徒がみな入学試験を受けたわけでもない。実際には百四十二名の入学志願者があり、予科第三、二、一級と本科第一年の四段階にわたって入試が実施された。前もって九月七日の時点で各段階の試験科目とレベルが告示され、受験生は受験する段階を自由に選択したのである。入学を許可された者は、本科第一年に六名、予科第一級十七名、第二級二十四名、第三級に四十二名で、総計八十九名だが、予科第一級の合格者の中に入学しなかった者がひとりいて、実際に入学したのは八十八名になった。本科第一年の六名全員と予科の八十名の合格者は専門学校の生徒であった。本科第一年六名のなかに木村栄がいた。「加賀の三太郎」こと、西田と藤岡と鈴木は予科第一級に所属した。山本良吉も同じ予科第一級であった。

四高の生徒はこうして集められたが、教員はどうしたかといえば、専門学校の教員のうち若干名が四高の教授を託された。四高の教室もまた専門学校の一部があてられることになった。明治二十一年三月三十一日、石川県専門学校の閉校式が挙行され、卒業証書が授与された。卒業証書を受けない生徒もいたが、その多くは前年十月の第四高等中学校の入学試験に合格して四高の生徒になっていた。専門学校の地所、校舎、図書、器械など、ことごとく四高に引き継がれた。幕末の壮猶館の創設に始まり、啓明学校、石川県中学師範学校、石川県専門学校と続いた石川県加賀の独自の学制はこうして終焉し、文部省直轄の教育行政が行われる時代に移行した。

北條家に寄宿する

将来の専門をどうするか、西田は数学と哲学の選択に迷いがあり、おおいに煩悶した。容易に決しがたい問題だったが、北條は数学をすすめた。哲学には論理的能力ばかりではなく詩人的想像力が必要だが、西田にそのような能力があるか否かわからないというのであった。理においてはいかにも当然で、これを否定するだけの自信ももてなかったが、無味乾燥な感じのする数学に一生を託するという気持ちにもなれず、自分の能力に疑いを抱きながらついに哲学と定めたのである。

西田は北條先生の家に寄宿して暮らした一時期がある。「自分の家に来い」と北條に誘われたのである。正確な時期は不確実だが、西田の回想記「北條先生に始めて教を受けた頃」によると、北條が四高から一高に移る一年ほど前のことという。北條は明治二十一年十月に上京して東大の大学院に入学し、明治二十四年四月、一高教諭に任ぜられた。西田は明治二十一年十月の上京を指して、北條が一高に移ったと書いたのであろう。その一年ほど前というと明治二十年九月ころになり、ちょうど西田が第四高等中学校の予科第一級に編入学した時期である。

北條が学校からもどるのはいつも夕方であった。夜になると座敷に集い、テーブルを真ん中にして、左右に北條先生の奥さんといっしょに机を並べて勉強した。数学はもとより英語の訳読も教わった。遅くなると、北條が西田に向かって「もう寝よ」と言い、それでおしまいになった。西田はときどき眠れなくなる癖があった。自分の部屋にもどって床についても寝つけないとき、真夜中の十二時をすぎたころから北條の奏でる琴の音が聞こえてきた。夜の更けるにしたがって琴の音はますます冴えてくる。耳を傾けているうちにいつのまにか寝てしまうというふうで、いつまで琴の音が続いたのか知らなかった。

四高中退

石川県専門学校から四高に移籍した西田は中退を余儀なくされ、卒業にいたらなかった。その理由としていろいろなうわさが流布しているが、西田自身によると、自主的に退学したのだという。

西田の見るところ、四高の発足にともなって石川県専門学校という「一地方の家族的な学校」の校風が一変し、たちまち「天下の学校」に変貌した。「師弟の間に親しみのあった暖な学校」から「忽ち規則づくめな武断的な学校」に変わったという。明治二十年十月二十六日に開校式が挙行され、文部大臣の森有礼が臨席したが、そのありさまはさながら大名行列のようで、山中温泉から堂々とやってくる大臣を迎えるために、西田たち生徒は金沢近郊の野々市《ののいち》のあたりに半日ほど立たされた。森は薩摩人だが、四高に薩摩隼人の教育を注入するという方針に出て、初代校長として鹿児島の県会議長をしていた柏田盛文を派遣した。柏田校長についてきた幹事や舎監もみな薩摩人で、警察官などをしていた人たちであった。

西田たち生徒は学問文芸にあこがれ、非常に進歩的な思想を抱いていたが、新制四高ではそういう方向は喜ばれなかった。これに加えて当時の西田たちの目にも学力の不十分な先生もいて、しばしば衝突し、学校を不満に思うようになった。それで学校がおもしろくなくなり、まず鈴木がやめ、山本もやめ、それから西田もやめた。西田たちは青年の気を負い、意気も盛んで、こんな不満な学校をやめても独学でやっていける、何事も独立独行で道を開いていくのだという考えであった。憲法発布式の日に仲間数人が集まり、「頂天立地自由人」という文字を掲げて写真をとったこともあった。

西田は、体操の教師による軍事教練があまりにも激しすぎるというので、友人と語らってストライキを決行して排斥運動を展開し、そのため行状点が悪く、落第したという説も流布しているが、これはこれでまちがいではない。本科第一年の終了の時点、すなわち明治二十二年七月の四高の評点表を参照すると、西田の学科成績は十三科目のうち国語及漢文は五十点、数学が五十八点、地質及鉱物が五十四点で、他の科目はすべて六十点以上である。全科目の平均点は六十七、八点で六十点以上であり、「六十点未満」で不合格になった科目は三科目だけで、しかも三科目とも「五十点以上六十点未満」なのであるから、『第四高等中学校一覧　明治二十一年—明治二十二年』の「第八章　進級規定」によれば学科成績は「及第」である。ところが行状点はわずかに八点であった。「進級規定」の第十一条を見ると「行状点ハ之ヲ甲乙丙丁ノ四段ニ分チ丁以下は学年評点ニ拘ラス総テ落第トス」と明記されている。甲乙丙丁の区分けは定かではないが、八点では「丁」と見てまちがいなく、及落判定は「落」で進級は不可になった。退学処分になったわけではないからしばらく留まったが、在学の意欲が失われたのであろう、翌年三月、自発的に退学した。西田の言葉もまた正しいのである。

『廓堂片影』には、明治二十三年と推定される年の五月十八日の日付で書かれた北條時敬の西田宛書簡が収録されている。北條は東大の大学院に在学中で、所在地は東京である。参照すると、「先学年ニハ貴君甚タ欠席多ク其為不覚ノ落第被遊候段不得止次第ニ有之候其後飜然御悔悟御励精之由伝承大慶之至ニ奉存候（前の学年では貴君ははなはだ欠席が多く、そのために不覚の落第を喫したが、まことにやむをえないことである。その後はおおいに反省し、勉学に打ち込んでいると伝え聞いているが、たいへんけっこうなことである）」と書かれている。続いて、自分勝手な考えを物差しにして学校の規則にそむくようなことはよろしくないと苦言が呈されて、「順良寛温法ニ循《したが》ヒ学ニ勤ム学生ノ徳之ヨリ大ナルハ莫シ（純粋で素直な心で規則に従い、勉学に励むのが学生の本分である）」と諭し、「貴君宜シク猛省ス可シ」と諄々と言葉を重ねた。この手紙の日付を見ると、五月半ばの時点で北條はなお西田の退校を知らなかったのではないかと思う。

評点表

評点表というのは成績表のことだが、西田個人の成績表ではなく、全学年を通じて在校生全員の全学科の素点が記入されているという恐るべきものであり、はじめて目にしたときは唖然とするばかりであった。ぼくはこれを藤田外次郎を祖父にもつ人に提供していただいた。藤田は明治二十七年九月、東大数学科に高木とともに入学した七人の同期生のひとりである。

藤田外次郎の評点表を閲覧して四高における西田の足跡を追いたいと思う。四高の本科は修業年限二年で、学年が上から順に第二年、第一年と数字を割り当てる。本科第二年が四高の最高学年である。予科は修業年限三年で、上から下に向かって第三年、第二年、第一年と数えていく。「級」を用いて数えると順序が入れ替わり、上から下に第一級、第二級、第三級となる。予科補充科は修業年限二年である。西田は明治二十年十月、予科第一級、すなわち予科の最高学年に編入されたが、翌明治二十一年七月、予科を卒業し、九月、藤岡作太郎、山本良吉とともに本科一年生になった。かつて上山小三郎の塾でともに数学を学んだ木村栄は、この時点で本科二年生である。この時期の生徒姓名表に鈴木貞太郎（大拙）の名はない。大拙の四高時代は予科第一級までで終わり、本科には進まずに退学したのであろう。

以下にあげるのは藤田外次郎所蔵の評点表からの摘記である。

第四高等中学校　第二学年　評点表

明治二十二年七月

本科　一部　第一年　西田幾多郎

本科　一部　第一年　藤岡作太郎
予科補充生　第一級　藤田外次郎

明治二十二年七月、四高が開校して二年が経過した。評点表に「第二学年」と明記されているのは、その事実を反映しているのであろう。この年の評点表に金田良吉（山本良吉。後年、他家の姓を受けて山本と名乗った）の名は見えないが、ここにいたるまでに中退したのである。藤岡は及第し、本科第二年に進んだ。西田は行状点が悪く及第にいたらなかった。四高が開校した初年度の本科には一部（文科）と二部（理科）の区分けはなされていなかったが、二年目に入り、本科生は一部と二部に分かれて編成された。木村栄は本科一部所属の二年生、藤岡作太郎は本科一部の二年生である。第一年に留め置かれた西田は、本科二部に所属して、理科の生徒になった。何かしら心に期すところがあり、数学に心が傾いたのであろう。

予科補充生第一級に藤田外次郎の名が見える。記録が欠けているが、藤田は西田が四高の予科第一級に編入したのと同じ明治二十年秋に四高に入学し、予科補充生第二級に所属したのであろう。藤田も及第し、予科第一年に進んだ。

第四高等中学校　第三学年　評点表
明治二十三年七月
本科　一部　第二年　藤岡作太郎

予科　　　第一年　藤田外次郎

西田は明治二十三年三月の時点で退学したため、第三学年の評点表に西田の名前はない。「加賀の三太郎」のひとり藤岡作太郎はこの年度も及第して卒業し、帝国大学文科大学国文科に進んだ。藤田も及第し、予科第二年に進んだ。

第四高等中学校　第四学年　評点表
明治二十四年七月
予科　第二年　藤田外次郎

藤田はこの年度も及第し、予科第三年に進んだ。岐阜の高木貞治は明治二十四年三月、岐阜県尋常中学校を卒業し、同年九月、三高の予科第一級に入学した。

第四高等中学校　第五学年　評点表
明治二十五年七月
予科　第三年　藤田外次郎

藤田は予科第三年も及第し、四高の予科のすべての課程が修了した。これで高等中学校が設置されていない県の尋常中学校を卒業したのと同じことになり、九月、四高の本科第一年に進んだ。高木は三高で本科第一年に進み、藤田と同学年になった。

第四高等中学校　本部　第六学年　評点表
明治二十六年七月
本科　二部　第一年　(理)藤田外次郎

四高の藤田も三高の高木も本科第一年を及第し、第二年に進んだ。藤田の名の上に「理」と記されているのは、帝国大学に進む際の志望先が理科大学であることを示している。翌明治二十七年七月、藤田と高木はそれぞれ四高と三高を卒業し、九月、帝国大学理科大学数学科に進み、同級生になった。

哲学科と数学科

四高を離れた後、明治二十四年九月、西田は東京に出て東京帝大の文科大学哲学科の選科に入学した。ちょうど高木が故郷を発って京都の三高に入学したときであった。選科というのは課程中の一課または数課を選んで専修する制度のことで、帝大の学生は学生でも高等学校を卒業して入学した正規の学生、すなわち本科生とは違い、一段と格の低い扱いを受ける帝大生であった。後年、岩波書店を創始した岩波茂雄は一高を中退して東京帝大の文科大学哲学科の選科に入り、西田の後輩になった。岡潔の親友の考古学の中谷治宇二郎は石川県小松中学を卒業した後、家庭の事情で高校に進めなかったため、やはり東京帝大の選科生になった。

上京して選科に入ったのは一大決意の表れであった。北條先生に伝えると反対され、叱られた。とうとう方向を誤ってしまった、選科などは学業の遅れたものの入るところだ、今からでも遅くないから大学の入学試験を受けよというのであった。

西田のエッセイ「明治二十四五年頃の東京文科大学選科」によると、当時の選科生というのはまことにみじめなもので、非常な差別待遇を受けていたという。図書室の中央に大きな閲覧室があったが、選科生はその閲覧室で読書することは許されず、廊下に並べてあった机で読書することになっていた。三年生になると本科生、すなわち正規の道を経て大学に進んだ学生は書庫に入って書物を検索することができたが、選科生には許されなかった。課程を終えても「卒業」と名乗ることはできなかった。「帝大卒業」と名乗れるのは本科生だけで、選科生の場合は単に「修了」というばかりであった。

先生を訪問してもどことなく差別されているようでもあり、少し前まで四高で同窓だった生徒ともかけ離れた待遇を受けるようになって、感傷的な心が傷つけられた。なんだか人生の落伍者になったような気がしたが、反面、何事にもとらわれずに自由に好きな勉強に打ち込むことができた。みずから矜持するところをもち、学問を楽しんで三年間をすごした。

明治二十六年、西田が三年生のときケーベル（ラファエル・フォン・ケーベル）が哲学科に赴任してきた。ケーベルはこの年の六月に来日したばかりであった。日本の学生が古典語、すなわちギリシア語とラテン語を知らないで哲学を学ぶというのがいかにも浅薄に感じたようで、あるとき西田がケーベルを訪問して、アウグスチヌスの近代語訳がないかと尋ねたところ、おまえはなぜ古典語を学ばないのかと問うてきた。アウグスチヌスの作品はラテン語で書かれているからである。日本人が古典語を学ぶのはなかなかむずかしいと西田が言うと、お前のクラスの岩元禎《いわもとてい》はギリシア語を読むではないかと返し、“You must read Latin at least”（少なくともラテン語は読まなければ）と言い添えた。こういうところはなかなかきびしかったが、ときには手ずから煙草をすすめることもあった。西田が、煙草は吸わないと言うと、“Philosoph muss rauchen”（哲学者は煙草を吸わないとね）とからかわれた。

哲学科の上のクラスには米山保三郎という秀才がいて、二年下のクラスには桑木厳翼《げんよく》や姉崎正治《あねさきまさはる》、高《たか》山樗牛《やまちょぎゅう》など、いわゆる「二十九年の天才組」がいた。一年上の英文科には夏目漱石がいた。フローレンツのドイツ語の時間にゲーテの『ヘルマンとドロテーア』をいっしょに読んだことがあった。漢学科の一年上のクラスには狩野《かの》直喜《なおき》がいた。漢学科といっても文科大学の学課はどの科でもみな同じで、ただ漢学科には漢学に関する講義が多いというだけであった。選科生のほうでは誰の講義を聴いてもよかったから、科が違っても出会う機会はあり、懇意になる人とは懇意になったのである。狩野と西田は同じ教室で会うことはなかったが、二人とも始終図書館に通う学生で、同じ机で向かい合うこともあり、話をするようになったのである。狩野は後に京都帝大文科大学の教授になり、内藤湖南《ないとうこなん》、桑原隲蔵《くわばらじつぞう》とともに京都支那学の創始者のひとりになった。後年、西田も京都帝大にて狩野と再会し、旧交を暖めた。

明治二十七年七月、満二十四歳の西田が帝国大学の選科を修了すると、同年九月、高木貞治が帝国大学理科大学数学科に入学した。完全にすれ違ってしまい、この時期には出会う機会はなかった。

選科修了後、西田は帰郷して能登尋常中学校七尾分校の教師になった。それから四高講師、山口高等学校教務嘱託、同校教授、四高教授、学習院教授、日本大学講師と、あちこちの学校の教師を転々としながら思索を深め、明治四十四年一月、『善の研究』（弘道館）を刊行した。西田は前年八月に京都帝大文科大学の助教授（倫理学担当）に就任したばかりで、すでに満四十歳になっていた。その後、京都帝大教授に昇進し、当初は宗教学講座、後に哲学哲学史第一講座を担任した。『自覚に於ける直観と反省』『意識の問題・芸術と道徳』『働くものから見るものへ』『一般者の自覚的体系』『無の自覚的限定』『哲学の根本問題』と、強靭な思索を続ける西田のもとに多くの俊秀が集い、京都学派と呼ばれる一群の思想家が出現した。

京都学派の面々は相次いで洋行し、ヨーロッパの有力な哲学者のもとで学んで帰国したが、ここであらためて想起されるのは西田自身には洋行の経験はないという一事である。西田は日本の学校制度の中では恵まれたとはいえない処遇を受け、長期にわたって無名の時代をすごした。ヨーロッパの学問は書物を通じて学ぶだけだったが、思索に独創があり、著作には人生の影が射して魅力があり、三木清や西《にし》谷啓治《たにけいじ》のように、一高を出た後、東京帝大に進まずに、西田に師事するためにわざわざ京都帝大に進んだ人もいた。人生と学問に人の心を惹きつける力が備わっていたのであり、このようなところは関口開とそっくりである。

高木貞治との出会い

昭和十五年秋十一月、西田と高木は同時に文化勲章を授与された。昭和十五年は西暦でいうと一九四〇年に相当するが、日本固有の紀元である皇紀で数えるとちょうど二千六百年にあたるというので、国をあげて奉祝の行事が行われた。十一月十日は宮中外苑において紀元二千六百年式典、翌十一日には同じく宮中外苑において奉祝会が挙行された。お祝いに合わせていろいろな記念行賞があり、そのひとつが文化勲章賜授であった。文化勲章が授与されるのはこれで二回目である。西田と高木のほか二名、佐々木隆興（生化学、病理学）と川合芳三郎（玉堂、日本画）も同時に授与された。十一月十日、賞勲局総裁室において授与式が行われたが、西田は病気のため欠席を余儀なくされ、この日は高木に会うことはできなかった。

西田は金沢で幼少年期をすごしたころから数学が好きで、関口開の門下生たちの塾で数学を学んだ。石川県専門学校にブリタニカの百科事典の第九版が届いたとき、西田は休み時間にひとりで書庫に入り、ラプラスやラグランジュなど、数学者の伝記を読みふけったことがあった。その西田は高木の著作『近世数学史談』（共立社、昭和十年）の愛読者だったようで、「高木博士の〝近世数学史談〟」（昭和十六年七月）というエッセイを書いている。三高の数学者、秋月康夫の著作『輓近代数学の展望』（弘文堂書房、昭和十六年）を読んで『近世数学史談』を知り、下村寅太郎に借りて、この本を読んだのである。下村寅太郎は科学哲学の人で、高木の弟子の末綱恕一《すえつなじょいち》と親しかった人である。後日、西田は学士院の会合ではじめて高木に会う機会があった。そのおり談たまたま『近世数学史談』に及ぶという成り行きになり、これを機に高木は西田に一本を謹呈した。

加賀の河北郡森村に生まれた西田幾多郎や、美濃の大野郡数屋村に生まれた高木貞治が体験したような青春期は、明治初期の日本のあちこちに見られた風景であった。ひとりひとりの「人の力」が大きな働きを示しうる時代であった。日本の国も普請中であり、学校の諸制度もまた普請中であった。さまざまな学校がつくられて、制度はくるくると変更されたが、漫然とそうなったのではなく、国には国の考えがあり、方針が立てられた。構想は絶え間なく変遷し、そのつど制度の変更が行われたが、固有の目的を掲げて広く人を集め、育てようとしたところは一貫して変わらなかった。高等中学校の本科では外国語教育が非常に重視されたが、その外国語というのはアジアや中東の言葉ではなく欧米の言葉であった。欧米の学問を学び取る力を備えた人物を育てたかったのである。

西田は京都学派の哲学者たちの泉になり、高木は高木以降の一群の数学者たちの泉になったが、二つの泉には関口開という共通の源泉が存在する。西田と高木の出会いは源泉の存在への回想と回帰を誘い、日本の近代史の再考をうながす機縁になりうるであろう。

第五章

青春の夢を追って

一　クロネッカーの青春の夢

ハインリッヒ・ウェーバー

ハインリッヒ・ウェーバーのことは藤澤利喜太郎の洋行を語る際に話題にのぼったが、ドイツのハイデルベルクに生まれた数学者である。生誕日は一八四二年五月五日。はじめハイデルベルク大学に入学したが、ドイツの学生の習慣にならい、各地の大学に移動した。在学中にライプチヒ大学に移り、それからハイデルベルクにもどって卒業。ハビリタツィオーン（大学教授資格）はケーニヒスベルク大学で取得したが、そのときの指導者はフランツ・ノイマンとフリードリッヒ・リケローであった。リケローはヤコビの学生だったことのある人物である。

ハビリタツィオーンを取得した後、いろいろな学校で教えたが、最後にストラスブルク大学に移り、ここで藤澤と出会った。一九一三年五月十七日、ストラスブルクにおいて没。満七十一歳であった。

オイラーの全集の第一シリーズは数学著作集にあてられているが、一番はじめに刊行された第一巻にはオイラーの著作『代数学完全入門』が収録された。この巻を編纂したのはウェーバーである。また、デデキントの協力を得てリーマンの全集を編纂したのも同じウェーバーであった。

ウェーバーは“Lehrbuch der Algebra”という代数の教科書の著者として広く知られている。Lehrbuch（レーアブーフ）は教科書という意味の言葉であるから、書名をそのまま訳出すると『代数学教科書』となるところだが、通常「ウェーバーの代数学」と呼ばれて親しまれている。全三巻で編成され、巻一は一八九五年、巻二は一八九六年に刊行されたが、巻三の出版はなぜか先行する二巻よりも早く、一八九一年である。どうしてそのようなことになったのかといえば、巻三はもともと代数の教科書の一冊として執筆されたのではなく、単独の著作だったからである。一八九一年に出版されたときの書名は“Elliptische Funktionen und algebraische Zahlen”（『楕円関数と代数的数』）であった。

それからしばらくして『代数学教科書』が出版されたが、それは二巻本である。巻一が出版された一八九五年は日本の元号でいうと明治二十八年で、高木が三高を卒業して帝大に入学した年の翌年であるから、高木は一年目もしくは二年目の大学生である。大学三年に進んだころにはすでに巻一は大学に届いていて、高木は図書室で見つけて目を通した。ほどなくして巻二も到着した。『日本の数学一〇〇年史』に、明治三十（一八九七）年の時点での図書目録の一部分が掲載されているが、そこには「ウェーバーの代数学」の巻一と巻二がともに記録されている。高木が大学院に進むころまでには巻二も到着していたと推定される。ただし、藤澤セミナリーの勉強のために参照することができたのかどうか、そのあたりの消息は不明瞭だが、たぶん間に合わなかったであろう。

「ウェーバーの代数学」の巻一の内容は代数の一般的な基礎理論である。巻二では群論とその応用が詳細に展開されるとともに、「代数的数」の考察が繰り広げられている。これを要するに、巻二は代数的整数論の概説書にほかならない。先行する著作『楕円関数と代数的数』では、書名を見れば即座に諒解される通り、すでに楕円関数論と代数的整数論の関わりが論じられた。これを換言すると「虚数乗法の理論」であり、後年の高木の類体論研究につながっている。

単独の著作『楕円関数と代数的数』と二巻本の「ウェーバーの代数学」が新たに編成されて、第二版が刊行された。第二版から全三巻の編成となり、『楕円関数と代数的数』は巻三の位置を占めることになった。第二版の巻一は一八九八年、巻二は一八九九年、巻三は一九〇八年刊行。これで「三巻本のウェーバーの代数学」が成立した。

セレの著作『高等代数学教程』

セレの著作『高等代数学教程』は巻一と巻二の二巻で構成されているが、高木は藤澤セミナリーの参考文献としてなぜか巻二のみを指定した。まるで巻一の内容には関心がないと言わんばかりの印象を受けるが、ともあれセレの本を概観してみたいと思う。

巻一の巻頭に序文が配置されているが、その書き出しは、「代数学というのは、適切に言うと、『方程式の解析学』のことである」というのである。一点の曇りもないほどの、実に明快な宣言である。セレの見るところ、代数学という名前のもとに包括される理論はいろいろあることはあるものの、どれもみな多かれ少なかれ方程式の解析という主題に関連があるという。この視点に立脚すると、代数学は大きく三部門に区分けされる。

三部門のひとつは「方程式の一般理論」である。これを言い換えると、「あらゆる方程式に共通の諸性質」の究明ということになる。

第二の部門は「数値方程式の解法」である。係数の数値が具体的に与えられている方程式の根の精密な値を求めたり、近似値を求めたりするのがこの部門のねらいである。

第三番目の部門は「方程式の代数的解法」で、提示された方程式の係数を用いて式を組み立てて、その式を提示された方程式に代入すると恒等的に満たされるようにすることである。一般的にいうとこれは不可能で、それを主張するのがアーベルの「不可能の証明」である。ガウスの円周等分方程式論やガロアが提案した代数的可解条件などは、どれもみなこの第三部門に所属する。

全体は五つのセクションに分かれていて、巻一には第一セクションと第二セクション、巻二には第三、四、五セクションが収録されている。

第一セクションのタイトルは「一般的諸性質と方程式の数値解法」というもので、七個の章で構成されている。冒頭の二つの章のテーマは連分数だが、ここで取り上げられているのは一次と二次の不定方程式を連分数を用いて解くことで、オイラーとラグランジュ、主としてラグランジュが創始した理論である。

第二セクションのタイトルは「対称関数」である。ニュートンの公式、ラグランジュの公式、シルヴェスターの定理、ベズーの定理、スツルムの定理、ヤコビの公式等々、おもしろい話題が紹介されているが、とくに語るほどのことはない。高木もあまり関心をもたなかったのであろう。

巻二に移るとだいぶ様相を異にする数学的景色が目に映る。第三セクションには「整数の諸性質」というタイトルが附され、第一章ではガウスが数学に導入した合同式の概念の説明から説き起こされ、フェルマの定理、ウィルソンの定理などが次々と紹介されていく。第二章では原始根の概念が導入され、さらに平方剰余相互法則が提示される。証明も与えられている。総じて第一章と第二章は今日のいわゆる初等整数論に相当する。高木はここではじめて整数論に出会ったのではないかと思う。観念的に考えると初等整数論は方程式の理論とは結びつかないように思われるが、ガウスの探索により、円周等分方程式の理論を基礎にして相互法則を証明することができることが知られていることでもあり、セレはこの段階で相互法則を語ることに数学的意義をみいだしたのであろう。

第四セクションは「置換」と題されているが、これは方程式の代数的解法の理論を組み立てるための準備である。実際、引き続く第五セクションのタイトルは「方程式の代数的解法」というのであり、ここがセレの著作の最終的な到達点である。

第五セクションの第一章では三次と四次の代数方程式の根の公式が提示され、そのうえで代数的解法ということに関する考察が述べられていくが、その内実はラグランジュの論文「方程式の代数的解法の省察」（一七七〇—七一年）の紹介にほかならない。第二章のテーマはアーベルの「不可能の証明」。続く第三章においてようやくアーベル方程式に出会う。第三章は表題そのものが「アーベル方程式」である。巡回方程式とアーベル方程式の概念が導入され、それらは代数的に可解であることの証明が叙述される。素次数の円周等分方程式は代数的に可解であるという、ガウスの定理も示される。証明の根拠は円周等分方程式が巡回方程式であるという事実だが、ガウスはこれを原始根の概念を基礎にして示した。セレはガウスが開いた道をそのままたどっている。第三セクションで初等整数論を展開して原始根の概念を導入した理由は、この段階でようやく明らかになるが、それもまたガウスのアイデアの再現である。

第五セクションの最後に平方剰余相互法則の別証明が紹介されている。それは円周等分方程式論に基づく証明で、セレはこれを語ろうとして平方剰余相互法則に言及したのであろう。

「クロネッカーの青春の夢」との出会い

セレの『高等代数学教程』の第五セクションの最終章の第五章「代数的可解方程式について」はことのほか興味が深く、著作全体の掉尾を飾るのに相応しい。全体は四つの部分に区分けされている。まずはじめに語られるのはガロアの研究で、ガロアが一八三一年に書き、一八四六年になって公表された論文「方程式の冪根による可解条件について」に沿って、今日のいわゆる「ガロア理論」が回想されていく。続いて素次数既約方程式へのガロア理論の応用に移り、ガロアが発見した代数的可解条件が表明される。それは、「根のすべてが、どれかしら二つの根の関数として有理的に表示されること」という条件である。エルミートはこのガロアの定理の別証明を考案し、セレに伝えた。続く一節ではその道筋が紹介されている。

最後に語られるのはクロネッカーの研究で、巻二の六八四頁から最終頁の六九四頁まで十一頁を占めるが、不思議なことにこの部分はセレ自身の手になるものではなく、クロネッカーのドイツ語の論文がフランス語に翻訳されてそのまま掲載されている。ここにいたるまでの叙述との連繋を明らかにする解説が附されているわけでもなく、印象はやや異様である。クロネッカーの論文というのは「代数的可解方程式について」という論文で、一八五三年六月三日にベルリンの科学アカデミーでディリクレによって報告された。全五巻のクロネッカーの全集の巻四の巻頭に収録されているが、クロネッカーにはもうひとつ、一八五六年に公表された同じタイトルの論文がある。全集では前者を「論文Ⅰ」、後者を「論文Ⅱ」と呼

レオポルト・クロネッカー
(1823年12月7日—1891年12月29日)

ニールス・ヘンリック・アーベル（1802年8月5日—1829年4月6日）

んで区別しているが、ここでもその流儀にならいたいと思う。

論文Ⅱは一八五六年四月十四日にクンマーが科学アカデミーで報告した。

セレが全文を（フランス語に翻訳して）引用したクロネッカーの論文Ⅰの本文を見ると、末尾のあたりで「クロネッカーの定理」と呼ばれる有名な定理が表明されている。セレの訳文には誤訳が散見し、あいまいで意味の通りにくいところがあるので、クロネッカー自身が書いたオリジナルのドイツ文から直接訳出すると、「クロネッカーの定理」というのは、「整係数をもつどのようなアーベル方程式の根も、1の冪根の有理関数として表示される」という命題である。これを言い換えると、これもまたクロネッカーの言葉だが、「このような一般アーベル方程式は本質的に円周等分方程式にほかならない」ということであり、係数が有理整数に限定されるときのアーベル方程式というものの姿形が、これで具体的に把握されたのである。

アーベル方程式の概念とその代数的可解性はアーベルによる発見だが、たとえ代数的可解条件が指定されたとしても、はたしてそのような条件を満たす方程式が実際に存在するのかどうか、存在するとしてもそれはどのような方程式なのかと問うと、どちらもけっして明らかではない。内容の空疎な、無意味な条件もありうるからであり、そこにクロネッカーの不満があった。ガロアが与えた代数的可解条件についても事情は同様である。可解条件それ自体は抽象的な枠にすぎず、枠が提示されただけでは何事でもありえない。肝心なのは枠の中味である。アーベル方程式の概念は抽象の枠だが、円周等分方程式は具象性を備えた個物であり、アーベル方程式の枠内に整係数アーベル方程式という一区域を占めることを、クロネッカーの定理は教えている。抽象の枠はその内側に具象性が充満してはじめて生きて働くのであり、個物の具象性はそれを包み込む抽象の枠が明示されたときにはじめて、数学的自然における所在地を獲得するのである。

クロネッカーはアーベル方程式を構成したかったのであり、そのような思索を支えているのは数学という学問に寄せるクロネッカー独自の感受性である。

クロネッカーの論文には「クロネッカーの定理」の証明は記されていないが、後にウェーバーにより証明された（一八八六年）。ヒルベルトも別証明を与えた（一八九六年）。ウェーバーもヒルベルトも「構成されること」を重く見たクロネッカーの数学観を継承したのである。

クロネッカーの言葉が続く。

係数に $a+b\sqrt{-1}$ という形の複素整数のみが含まれるアーベル方程式の根と、レムニスケートの分割にあたって現れる方程式の間にも、類似の関係が存在する。

この命題にもクロネッカー自身の証明は添えられていないが、後に高木が証明を与えることに成功し、その証明を叙述した論文は高木の学位取得論文になった。高木の学位論文が公表されたのは一九〇三（明治三十六）年のことで、掲載誌は『東京帝国大学理科大学紀要』。この年、高木は二十八歳だが、実際にこの問題を解決して論文を書き上げたのは洋行中の一九〇一（明治三十四）年の年初であり、高木の所在地はゲッチンゲンであった。

上記のクロネッカーの言葉を少々言い直すと、「ガウス数体上のアーベル方程式の根はレムニスケート関数の周期等分方程式の根を用いて有理的に表示される」となるが、これをさらに相対アーベル数体の言葉に言い換えると、「ガウス数体上の相対アーベル数体はレムニスケート関数の周期等分値により生成される」というふうになる。レムニスケート関数は虚数乗法をもつ楕円関数の一例であるから、「クロネッカーの青春の夢」の特殊な一部分とみなされる。

クロネッカーの言葉にはまだ続きがある。

最後に、上記の結果はさらに、その係数にある定まった代数的無理数が含まれるすべてのアーベル方程式に対しても一般化される。

ここまで来ると状勢はいかにも茫漠とした感じがするが、ぼんやりと幻影を追っていたわけではなく、クロネッカーの目には後年の「ヒルベルトの第十二問題」がありありと映じていたのであろう。セレが紹介した一八五三年のクロネッカーの論文には「クロネッカーの青春の夢」そのものが明記されていたわけではないが、その方向へと心を誘う強い力が備わっている。高木は大学三年生のとき、セレの著作を通じてはじめて「クロネッカーの青春の夢」に出会ったと見てよいのではないかと思う。

クロネッカーの方程式論に向かう

吉江琢兒の講義ノート「吉江先生ノート」に具体的に示されているように、高木は大学に入学してはじめの二年間は吉江とともにあれこれの講義を熱心に聴講してすごしたことと思われるが、大学三年生のときの藤澤セミナリーの体験の影響はことのほか大きく、高木の数学研究の道筋をくっきりと照らすことになった。もっとも藤澤はアーベル方程式という課題を与えただけで、高木としては気持ちのおもむくままに数学書の乱読を続けたにすぎなかったのかもしれず、アーベル方程式の勉強のみに専念したわけではなかった。それでもなお藤澤セミナリーのテーマがアーベル方程式であったという事実は重く、そのまま具体的な研究テーマに結びつくという成り行きになった。

高木の数学研究のテーマというのは「クロネッカーの青春の夢」を解くことで、後年、高木は類体論の建設を経由することにより実際にこれを解決することができた。では高木はどのような状勢のもとで「クロネッカーの青春の夢」に出会ったのであろうか。

高木の数学的生涯を考えていくうえで最も基本的な問いだが、これまでの観察によると、最初の出会いの場所はセレの代数学のテキストの巻二の最後の一節であろうと推定される。そこには「青春の夢」の原型を語るクロネッカーの論文が（間違いの散見するフランス語に翻訳されて）そのまま掲載されていたのである。

セレの所見によれば代数学というのは代数方程式論のことにほかならないが、代数方程式論ということであれば、カルダノの時代の十六世紀のイタリア学派による三次と四次の方程式の根の公式の発見の物語から説き起こし、ラグランジュの「省察」を語り、ガウスの「代数学の基本定理」と円周等分方程式論、アーベルの「不可能の証明」とアーベル方程式論、それにガロアが創始した「ガロア理論」へと歴史形成の流れをたどっていくことになる。帝大の数学科に代数学を導入しようと企図した藤澤セミナリーもそのように進展し、高木にいたってアーベル方程式に到達した。では、アーベル方程式の次の代数方程式論はどのように展開するのであろうか。

この問いに対し、セレはクロネッカーの論文の提示をもって何事かを示唆しようとしたように思われるが、どこかしら途方に暮れて立ちすくんでいるかのような印象もある。純粋に代数方程式論を追い求めるというのであれば、アーベルとガロアの理論が出たところで決着がついたのであり、実際にセレの著作はそこまでのところで終わっている。ところがさらにその先にクロネッカーの方程式論が出現した。セレの目にはいかにも謎めいていて、真意を汲みがたかったのではあるまいか。実際のところ、クロネッカーの方程式論は代数方程式論の範疇におさまる理論ではなく、ガウスの数論の世界に配置されてしかるべき理論である。

ガウスの数論というのは「相互法則の理論」のことにほかならないが、ガウスが追い求めた相互法則の世界には円周等分方程式論もあれば楕円関数論もあり、相互法則そのものは合同式の世界を舞台として繰り広げられていく。高木はどのようにしてその世界に参入したのであろうか。いかにも素朴な問いかけだが、少なくともセレの著作をもって答えるのは無理であろう。セレはただクロネッカーの方程式論の世界を示唆してくれただけであった。

高木貞治の青春の夢

藤澤利喜太郎が高木に課したのは、セレの著作を読んでアーベル方程式を学ぶようにということであった。高木以前の『演習録』ではカルダノの時代の方程式論とラグランジュの省察が取り上げられ、高木以後の『演習録』では三輪田輪三の置換論（第三冊）、村松定次郎のガロア理論（第五冊）が取り上げられたのであるから、高木のアーベル方程式論を途中に配置して全体を概観すると、セレのいう代数学、すなわち「方程式の解析学」のほぼ全体が覆われる。藤澤の意図もそのあたりにあったのであろう。ところが高木が実際に遂行したことははるかに視野が広く、ウェーバーの代数学やジョルダンの置換論なども援用してアーベル方程式を論じるというものであった。三輪田輪三の置換論も村松定次郎のガロア理論もすべてを包み込んでしまうかのようで、高木の論文の段階ですでに藤澤の企図は完全に実現されてしまったのである。そこで藤澤は異例とも思えるほどの言葉をもって高木の論文をほめたたえた。ウェーバーやジョルダンの著作を参照することまでは、さしもの藤澤といえども想定していなかったであろう。

みごとな論文を書き上げた高木だったが、それはそれとして、セレの本の末尾でクロネッカーの方程式論に出会ったことは、高木にとっても思いがけない出来事であり、強い印象を受けたのではないかと思う。そこには方程式論の歩むべき新しい道筋が開かれていたが、しかも図書館でたまたま見つけた「ウェーバーの代数学」は高木をクロネッカーの世界へと案内してくれたのである。ウェーバー自身、「クロネッカーの青春の夢」を解決しようとする試みを重ねた人であり、「ウェーバーの代数学」の巻二にはその方向に向けたウェーバーの足跡が記録されている。この道をまっすぐに歩いていくとたちまち大きな困難に遭遇し、行く手をはばまれてしまうが、その後の成り行きを観察すると、高木は壁を乗り越えることに成功し、「クロネッカーの青春の夢」の解決に成功した。

セレとウェーバーの著作との出会いは、「クロネッカーの青春の夢」との出会いを誘い、高木自身の青春の夢を育むことになった。大学卒業の明治三十年七月の時点で、高木は満二十二歳であった。

さまざまな青春の夢

高木が数学の領域で青春の夢を抱いたのは満二十二歳のころと推定されるが、数学史の流れを観察すると、若い日に描いた夢を生涯を通じて追い求めるというタイプの数学者にときおり出会う。ガウスが平方剰余相互法則の第一補充法則を発見し、相互法則究明の思索の端緒をつかんだのは満十七歳のときだったが、最後に四次剰余の論文二篇を公表したのは五十歳をすぎてからのことであった。アーベルが五次方程式の根の公式を発見したと信じ、論文を書いたのは十九歳のときであった。このアーベルの発見は間違っていたが、まもなく修正して「不可能の証明」に成功した。それからの短い生涯を通じ、アーベルの数学的思索はけっして代数方程式を離れなかった。

クロネッカーは一八二三年十二月七日に生まれた人だが、一八四五年の夏、まだ満二十二歳のとき、クンマーの指導のもとで「複素単数について」という学位論文を執筆した。それからしばらく数学の世界から離れた日々を送った後、一八五三年、方程式論の第一論文「代数的可解方程式について」を執筆して数学に復帰した。この論文で表明されたのが「クロネッカーの青春の夢」であった。学位論文からこのかた、クロネッカーは数学そのものから離れていたわけではなく、この八年ほどの間に青春期の夢を育み続け、何かしら具体的な形を取り始めたのを受けて一篇の論文を書いて歩むべき道を明示した。それからのクロネッカーは生涯にわたって「青春の夢」から離れなかった。

岡潔の場合には、「ハルトークスの逆問題」が岡の青春の夢であった。岡がこの問題を自覚したのは少々遅く、満三十四歳になってからのことだが、この場合、実際の年齢は問うところではなく、夢の把握とともに生涯の歩みが決定されるという思索の姿に着目したいと思う。高木の場合には「クロネッカーの青春の夢」がそのまま高木の青春の夢になり、大正九（一九二〇）年、類体論の主論文「相対アーベル数体の理論」をもって解決されるまで、優に二十年をこえる思索が継続されたのである。ガウス、アーベル、クロネッカー、岡、高木。そのほかにも何人かの例をあげることができそうである。

「ウェーバーの代数学」

「クロネッカーの青春の夢」をめぐってくわしい諸事情を語る前に、「ウェーバーの代数学」を概観しておきたいと思う。

巻一は大きく三つの部分に区分けされる。第一部門に集められているのは基礎理論である。

第一章　有理関数
第二章　デテルミナント（行列式のこと。これを定義するために「置換」の考察が行われる。）
第三章　代数方程式の根（カルダノの公式や代数学の基本定理の証明など。）
第四章　対称関数（ベズーの定理。チルンハウス変換とその三次、四次方程式への応用など。）
第五章　線型変換。インヴァリアント（線型変換、二次形式など。この章は全体として線型代数のような感じがある。）

第六章　チルンハウス変換（五次方程式の解法が語られている印象がある。）

巻一の第二部門には、「根」という簡潔なタイトルが附されている。方程式の根が実根であるかどうかの判定、スツルムの定理、根の個数を数えること（指定された限界の間に位置する根の個数を数えたり、正の根と負の根の個数を数えたり、虚根の個数を数えたりする）等々、おもしろそうな話題が並ぶ。連分数の理論にはとくに一章（第十一章）が割り当てられ、応用として一次と二次の不定方程式の解法が示される。最後の章（第十二章）では円周等分方程式の根の性質が論じられ、応用として平方剰余相互法則の証明が遂行される。平方剰余相互法則はガウスの数論のテーマだが、「ウェーバーの代数学」が標榜するのは代数であるから、あくまでも円周等分方程式の入り口から入ることになるのであろう。ただし、この段階ではまだ円周等分方程式の代数的可解性は論じられない。

第三部門は「代数的量」と題されていて、一見すると代数的整数論のように見えるが、実際に論じられるのは代数方程式の解法理論である。そこに「代数的量」というタイトルをつけるのはなぜかといえば、代数方程式を代数的に解こうとすると係数域の代数的拡大という現象に直面するからにほかならない。ウェーバーはまずガロア理論を概説し、方程式のガロア群を語り、巡回方程式とアーベル方程式の代数的解法へと歩を進めていく。ガウスの円周等分方程式論もここで紹介される。

「ウェーバーの代数学」の巻一の内容は以上の通りである。ラグランジュ、ガウス、アーベル、ガロアによる代数方程式論が網羅されているのであるから、高木も「演習録」の論文の執筆にあたっておおいに参考にしたことであろう。

ここまでのところはいわば代数方程式の古典理論である。「ウェーバーの代数学」の巻二に移ると様相が一変する。

巻二は大きく五つの部門に区分けされる。第一部門は「群」と題されて、群の一般理論に始まり、アーベル群、円分体の群、三次と四次のアーベル体へと進んでいく。群論の「シローの定理」もここに登場し、「フロベニウスの定理」もある。フロベニウスはベルリン大学の数学者で、高木は洋行してベルリンに滞在したおり、フロベニウスのガロア理論や整数論の講義を聴講したことがある。

巻二の第二部門は「線型群」の理論。第三部門では群論の応用がさまざまに語られる。三次曲線や四次曲線への応用も見られ、五次方程式や七次方程式の考察もある。

ここまでのところはやや散漫な印象もともなうが、次の最終部門の第五部門ではまたもや様子が変わり、代数的整数論が語られる。第五部門のタイトルそのものが「代数的数」というのである。セレが著作の末尾で引用した「クロネッカーの定理」の証明にもここで出会う。

代数学と代数的整数論

「ウェーバーの代数学」の巻二の第五部門は「代数的数」と題されているが、巻一のはじめから読み進めてきて、この段階で代数的数に出会うことになろうとはいかにも不思議な成り行きである。代数的数というのは有理整数を係数にもつ代数方程式の根として認識される数のことで、代数的数のつくる集まりを考えると代数的数体の概念が手に入る。この概念は代数方程式の考察の中から生まれてきたのであり、ガロア理論の説明の際にすでに出会ったことでもあるから、代数的数や代数的数体の考察が代数学の書物の一角を占めるのもあながち不自然ではない。観念的に考えるとなるほどそのようにも思えるが、ガウス、アーベル、ガロアの理論が出現した後に、なお一歩を進めて代数的数を考察するのはどうしてなのか、この間の諸事情を即座に呑み込むことができるわけではない。

巻一のテーマの代数方程式の理論は巻二にいたって大きく変容し、方程式は背景に退いて、代数的数体が前面に押し出されてきた。

セレなどの立場から見れば、代数学とは代数方程式論そのもののことなのであるから、ガウス、アーベル、ガロアまでで完結したと見てよさそうなところであり、それ以降の展開がありうるとは思いもよらないことだったであろう。だが、セレはクロネッカーの論文を知っていた。セレの心情を忖度すると、代数方程式論、すなわち代数学はけっして完結せず、どこかしら未知の領域が今しも開かれつつあるかのような感慨に襲われたのではあるまいか。

「ウェーバーの代数学」の巻二の第五部門を概観すると、代数的数体に関する一般的な事柄の紹介から始まって、ディリクレの単数定理や類数公式が語られていく。円分体についてはとくに詳細な考察が行われ、類数公式なども精密に決定されているが、読む者の目をひときわ引きつけてやまないのは、「有理数体上のアーベル体は本質的に円分体である」という、あのクロネッカーの定理である。全二巻の「ウェーバーの代数学」は巻一が約七百頁、巻二が約八百五十頁。合わせて千五百頁を大きく越えるほどの長大な著作だが、いよいよ最後の場面に登場するのはクロネッカーの定理なのであるから、感慨もひとしおである。

巻二の七六二頁にクロネッカーの定理が出ているが、それをそのまま写すと「絶対有理数域におけるあらゆるアーベル数体は円分体である」となる。

クロネッカー自身はあくまでも代数方程式の世界にとどまって、アーベルやガロアによる代数的可解条件の表明に満足せず、それだけではまだ代数的可解方程式の本性が明らかになったとはいえないという考えであった。そこで、そのような条件をみたす方程式の姿形を具体的に知りたいと望み、係数域を限定してアーベル方程式を構成するというアイデアを提示したが、その際、クロネッカーが手がかりを求めたのはアーベルが書き残した本当にささやかなメモの断片であった。整係数アーベル方程式の構成といえば代数方程式論の範疇におさまるが、有理数体上のアーベル数体の構成といえば、これは代数的数体の理論の一区域である。論理的に見ればどちらでも同じことになるが、表明の仕方が変遷したのはなぜだろうかという疑問は残されている。ところがここにもうひとつ、どうしても代数的数体を前面に押し出さなければならない事情が存在する。代数方程式に留まるのではだめで、数体の世界への移行を要請する数学的理由。それはガウスの数論の根幹に位置する相互法則の理論である。

数体と整数

有理数の中に有理整数があるように、代数的数の世界にも整数の名に相応しい特殊な数が存在し、代数的整数という名前で呼ばれている。ここでは代数的数と代数的整数の一般的な定義を書き下すのは避けて、ガウスに由来する「ガウス整数」に範例を求めて消息を示唆したいと思う。

ガウス整数というのは、a、bは有理整数として、$a+b\sqrt{-1}$という形の複素数のことで、ガウスがはじめて考察したことにちなみ、今日ではガウス整数と呼ばれるようになった。ガウス自身による呼称は複素整数だが、ガウス以降、さまざまなタイプの複素整数が考察されるようになったので、一番はじめにガウスが提示した複素整数にはガウスの名を冠する特別の呼称が提案されたのである。

もう少し註釈を言い添えると、単に「整数」といえば、……, −3, −2, −1, 0, 1, 2, 3, ……という数のことで、いわば「正負の自然数」を指すが、今日ではこれを「有理整数」と呼ぶ習慣が定着している。これも整数論の対象となる整数の範囲が大きく拡大したために起こった現象である。整数という概念は「どのような数域において考えるのか」ということに依存して定まる概念だが、ここで数域というのは単に数の範囲というのではなく、「そこにおいて加減乗除の計算が自由自在に行える」という性質を備えた特別の数域が考えられている。では、どうしてそのような性質を要請するのかといえば、その背景に控えているのは方程式の代数的解法に寄せる省察である。

代数的解法で探求されるのは根の代数的表示式だが、それはどのような表示式なのかといえば、提示された方程式の係数に対して代数的演算、すなわち加減乗除の四演算に「冪根をつくる」という演算を加えた五演算を施して構成される式のことである。係数に加減乗除の四演算を自由に施せば、ある一定の数域が形成される。それを「(提示された方程式の) 係数域」と呼ぶことにすると、その係数域は加減乗除の演算で閉じている。すなわち、その中で加減乗除の演算を行っていろいろな数をつくっても、それらはみなその係数域内に留まって、けっしてはみださない。

係数域に所属する数の冪根をつくると係数域をはみでる数が発生することがあるが、その場合には係数域にそのような新たな数を付け加え、そのうえでさらに加減乗除の演算を施すと、新たな数域が生成される。しかもその数域もまた加減乗除の演算で閉じている。このような操作を繰り返していくと、ある段階で、提示された方程式の根のすべてを含む数域に到達するということが起こりうる。その場合、出発点の係数域に立ち返ってみれば、諸係数に五つの代数的演算を施して組み立てられる式により、方程式の根が表示されるという現象が起こっていることになる。これは、方程式が代数的に解ける場合にほかならない。

方程式が代数的に解ける場合の数学的状勢はこんなふうだが、ここから「加減乗除の演算で閉じている数域」の概念が抽出される。デデキントはこれを「数体」と呼び、クロネッカーは「有理域」と呼んだ。その後の成り行きを見るとデデキントのいう「数体」のほうが優勢で、クロネッカーが提案した「有理域」という言葉が使われる場面はほとんど見られなくなった。

思わず一般論に踏み込んでしまったが、ここで「有理整数」に立ち返ると、有理数、すなわち分数の全体は数体を構成する。これは「有理数体」と呼ばれる数体だが、「正負の自然数」という意味における通常の整数は有理数体内の整数である。単に整数と呼ぶのではなく、わざわざ「有理整数」と呼ぶのは、この事実を強調するためである。有理整数の全体は「加減乗の三演算で閉じている」という性質を備えている。これを言い換えると、有理整数同士を加えても引いても乗じても、そこから生じる数はやはり有理整数になる。他方、有理整数同士の割り算の結果は有理整数とは限らないから、有理整数の全体は割り算で閉じているとはいいえない。

ガウス整数の概念をもう少し拡大して、a、bは有理数、すなわち通常の意味での分数として$a+b\sqrt{-1}$という形の複素数を考えて、これを仮に「ガウス分数」と呼ぶことにすると、それらの全体は数体を構成する。これが「ガウス数体」であり、ガウス整数はガウス数体の中での整数のことにほかならない。ガウス整数の全体は加減乗の三演算で閉じているが、この点は有理整数の場合と同じである。分数の中に整数があるように、ガウス分数の中にガウス整数があり、代数的な数のつくる数体の中に代数的な整数がある。

ガウスの数論のはじまり

高木貞治の類体論の主論文の表題は「相対アーベル数体の理論」だが、ここまでのところで「数体」の一語の意味が判明した。数体にもいろいろな種類がある中で、高木の論文の主題は「アーベル的な数体」である。この意味はまだ明らかにされていないが、「アーベル的」という以上、アーベルが提案したアーベル方程式と関係がありそうなことは容易に推定されるところである。しかも、そのアーベル数体はさらに「相対的な数体」であるというのであるから、数体には「相対的な数体」と「絶対的な数体」があることになる。

a、bを有理数、すなわち通常の意味での分数としてガウスの複素数 $c=a+b\sqrt{-1}$ をつくると、これは二次方程式

$$x^2-2ax+a^2+b^2=0$$

の根として把握される。この方程式の係数 $-2a$ と a^2+b^2 は有理数だが、とくに c がガウス整数の場合には a と b は有理整数であるから、二つの係数 $-2a$ と a^2+b^2 もまた有理整数である。この状勢を一般化すると「代数的な数」の概念が手に入る。すなわち、代数的な数というのは、

$$x^n+ax^{n-1}+bx^{n-2}+\cdots+c=0 \quad (a、b、\cdots、c\text{は有理数})$$

という、有理数を係数にもつ方程式の根でありうる数のことをいうが、すべての係数が有理整数になるという場合にはとくに「代数的な整数」と呼ばれることになる。このような定義を一般的に書き下したのはデデキントである。

ほかにもデデキントは集合論の言葉を借りてクンマーのイデアルの概念を表現したり、実数の概念を定義したりした。このようなことに独特の感受性をもっていたのであろう。

歴史的に見て数体の概念が方程式論に由来するのはまちがいないが、数体という容器の中でとくに整数というものを考える発想は方程式論とは無縁である。整数という以上、整数論の対象が考えられているのであろうと推察されるが、通常の有理整数を越えてわざわざ複素数の世界に参入し、代数的整数を考察しようとするのはどうしてなのであろうか。観念的に考えると、ガウス整数は有理整数の概念の延長線上に自然に配置されるように見えるが、複素数の世界において整数を考えるというアイデアそのものが自然に発生するとも思えない。だれかしらの独自の数学的アイデアに根ざしていると思われるところだが、ガウス整数という名の通り、ガウス整数を提案したのはガウスである。

ヨハン・カール・フリードリヒ・ガウス（1777年4月30日—1855年2月23日）

ガウスがガウス整数の考察を提案した理由を考えていくと、ガウスの数論に遭遇する。簡単に回想すると、ガウスが数論に関心を寄せ始めたのは一七九五年のはじめのころで、そのころガウスはまだ十七歳の少年だったが、「あるすばらしい数論の真理」を発見したことがきっかけになって数論の世界へと分け入る決意を固めたのである。これはガウスが著作『アリトメチカ研究』の序文に書き留めているエピソードである。

高次の冪剰余相互法則

ガウスの数論について何事かを語ろうとすると大掛かりな作業を強いられるが、高木の類体論はガウスに始まる数論の延長線上に出現するのであるから避けて通るわけにはいかない。前述の通り、高木は大学の三年生に進学して藤澤利喜太郎のセミナリーでアーベル方程式という課題を与えられ、これをきっかけにして代数学の方面に向かうようになった。岐阜中学や三高でもトドハンターの小代数や大代数などを通じて代数に親しんでいたが、円周等分方程式、アーベル方程式、ガロア理論、群論、置換論など、西欧近代の数学における代数学の中核をつくるテーマに触れるにはいたらなかった。ここまで高いレベルの代数は帝大の講義にもなかったが、藤澤の念頭には帝大の数学科に代数を導入しなければならないという構想が芽生えていた。当時のヨーロッパの数学の状勢に広く通じていた藤澤は、独力で代数の講義をすることもできたであろうと思われるが、講義はせず、セミナリーの課題として学生に課すという方策を採用した。若い世代を鍛え、育てたいという考えもあったのであろう。代数の分野では高木はよく期待に応え、洋行を経て、帰朝後、新設の代数学第三講座を担当した。ほかに吉江琢兒は解析学、中川銓吉は幾何学の講座を担当することになったが、この二人も藤澤セミナリーの洗礼を受けたのである。

高木と代数学との出会いはこれで了解されるとして、もうひとつ、整数論とはどのようにして出会ったのかという点に理解を深めなければならない。方程式論の方面から入るとアーベル方程式に出会うが、肝心の類体論は方程式論とは無関係だからであり、この論点を解明するためにはガウスの数論の概観が不可欠である。

ガウスの著作『アリトメチカ研究』(一八〇一年)の緒言によれば、一七九五年のはじめ、アリトメチカの一真理を発見したガウスはそのすばらしさに心を打たれたばかりではなく、背景に控えている大きな山塊の存在を感知したという。ガウスが発見したのは今日の用語では「平方剰余相互法則の第一補充則」を指し、その名の通り「平方剰余相互法則」の一角を占める命題である。第一補充法則を発見したガウスは平方剰余相互法則の本体をもすぐに発見し、第二補充法則と呼ばれるもうひとつの補充法則も見つけた。それから多少の時間を要したが、証明にも成功した。ガウスは平方剰余相互法則の存在を確信し、その確信のみを道案内にして探索したところ、まもなく見つかった。そのうえ証明にも成功したのであるから、平方剰余相互法則は一個の命題として数学の世界に地歩を占めたのである。ガウスの探求はその後も続き、平方剰余相互法則のいろいろなタイプの証明を追い求め、全部で八通りの証明を発見した。

第一補充法則のような簡素な一事実を目にしただけで、ガウスはどうして平方剰余相互法則そのものの存在を感知することができたのであろうか。数学という学問の不思議さはこのあたりに潜んでいるが、この不思議さは同時に数学の魅力の泉でもある。

平方剰余相互法則は有理整数の領域において成立する命題であるから、複素数の出る余地はここにはない。ところがガウスの探求は平方剰余相互法則にとどまらず、「三次剰余相互法則」と「四次剰余相互法則」、さらに一般に「n次剰余の相互法則」を長い歳月にわたって追い求めていった。ガウスは平方剰余相互法則の第一補充法則の発見と同時に、単に平方剰余相互法則ばかりではなく、一般に高次の冪剰余相互法則の存在をも感知したのである。印象はきわめて神秘的で、呆然とするばかりである。

二　ドイツ留学

洋行まで

高木貞治の大学時代に立ち返りたいと思う。高木の大学卒業は明治三十年七月十日と記録されているが、この日、東京帝国大学において各分科大学卒業証書授与式が挙行された。分科大学は法医工文理農の六つ。総長は浜尾新。理科大学の学長は山川健次郎。数学の菊池、藤澤両教授、力学の長岡半太郎教授、力学と物理学実験の鶴田賢次助教授、星学と最小二乗法の寺尾壽教授、物理の山川健次郎教授の自筆書名と捺印のある卒業証書が授与された。卒業生総数二百七十五人。講堂がなかったため、図書館の閲覧室が臨時の式場にあてられた。床の上にチョークで方眼が描かれていて、そのひとつひとつに制服を着用した卒業生がぎっしりと立ち並んだ。制服というのは金ボタンの冬服のことである。先生たちは燕尾服であった。内閣総理大臣の松方正義をはじめ、内外の貴賓多数の来会があった。明治天皇は黒の軍服姿だが、梅雨明けの蒸し暑いころのことで、革の白手袋で額の汗をぬぐっていた。海軍大臣も軍服だが、こちらは白なので涼しそうに見えた。

明治三十年七月三十日付の官報に卒業生の一覧表が掲載されているが、一瞥すると、法科大学政治学科に美濃部達吉、医科大学医学科に志賀潔、文科大学英文学科に上田敏などの名前が見える。高木は吉江琢兒、林鶴一とともに理科大学数学科を卒業し、それから大学院に進んだ。

菊池大麓は毎年、数学科の卒業生を自宅に呼ぶ習慣があった。洋食のエチケットを教えるためである。「アーチショーク（アーチチョーク。朝鮮あざみ）というものは大きな松笠のような恰好をしていて、どこをどうして食べるのかわからないが、あれは花でね、その花弁を一片ずつはがすと、つけねのところにちょっぴりやわらかいところがあって、それを嘗めるようにして食べるのだ」などと説明した。説明が終わったころ、給仕がアーチチョークを運んでくる。そこで菊池が「そうら、これが今話したアーチショークさ」と言い添えるといった具合であった。

大学院には一年ほど在籍し、明治三十一年六月二十二日付で退学した。数日後、同年六月二十八日付で文部省から「数学研究ノ為メ満三年間独国留学ヲ命ス」という辞令が出て、洋行することになった。後年の高木の回想録「回顧と展望」によると、明治三十一年に日本で最初の政党内閣ができることになって内閣総辞職があり、そのおり文部大臣の外山正一が辞職の際の置土産として一年分の留学生十余人を一時に発表した。その中に高木も加わっていたのだが、この決定は高木としては予想外だったようである。もう少し後になると思っていたのであろう。このとき高木は満二十三歳。何分にも一年分の留学生がまとめて発表されたために出発の時期はまちまちで、だれは十月、だれは翌年二月というような調子になったが、高木の出発は早く、八月末

ドイツ留学時の高木貞治（高木貞治博士記念室（岐阜県本巣市）蔵）

日と決定した。

明治三十一年六月三十日付の官報に上記の辞令が掲載されたが、そこには高木とともに同時に十一人の名前が並んでいる。行き先はさまざまで、辞令の文言はみな「留学ヲ命ス」というのである。

外山正一は第三次伊藤内閣（首相は伊藤博文）の文部大臣であった。伊藤内閣はドイツ留学の辞令を出して二日後の六月三十日に総辞職し、同日、大隈重信を首相、板垣退助を内務大臣とする隈板内閣《わいはんないかく》が成立した。高木は洋行が決定したことを受けて、急遽大学院を退学したのであろう。

八月三十一日、横浜を出港した。見送りの藤澤利喜太郎と長岡半太郎といっしょに新橋から汽車で横浜に向かった。菊池大麓はこの時点で東大の総長であり、総長は新橋駅まで留学生を見送るという習慣があったが、日本郵船の土佐丸の進水式に招かれているので見送りができないという伝言があった。ちょうど日本郵船が欧州航路を始めることになった時期のことで、一番はじめの欧州航海に使われたのが土佐丸であった。

マケローと赤ゲット

上海までは日本郵船の船であった。上海から先は、このころはほとんどすべてフランスのメサジュリー・マリチーム会社の船で、高木が乗ったのはアルマン・ベイック号という船であった。新橋から横浜に向かう車中、藤澤が、今から行けばマルセーユに着くころはちょうど地中海の鯖の季節になるが、マケローという料理があるからぜひ食べてみるといいという話をした。マケローというのは鯖のことだが、マ独特のタレを使って鯖を炭火焼にして食べる料理である。せっかくの藤澤先生のおすすめではあったが、

「赤毛布《あかゲット》がマルセーユに着いたときには、マケローなど、思い出しもしないで、ベルリンへ直行した」と、高木は後年のエッセイ「明治の先生がた」の中で回想した。

「赤ゲット」は「赤いブランケット」で、「赤毛布」のことである。明治の初期には外套の代わりに赤い毛布を羽織って都会見物に出かける風俗があったようで、漱石の『我が輩は猫である』にも、田舎の青年は赤毛布を買って東京に出てくるという箇所がある。だれそれは赤毛布といえば、田舎者という意味になるが、ここから転じて、今度は洋行者、すなわち日本からヨーロッパに向かう人も赤毛布と呼ばれるようになった。中にはまれに赤毛布ではない人もいたかもしれないが、二度も三度も洋行する人は少なかったから、たいていの洋行者は赤毛布であった。

高木といっしょにヨーロッパに向かった赤毛布がもうひとりいた。それは東京帝大農科大学の助教授で、時重初熊《ときしげはつくま》という獣医学者である。安政六（一八五九）年、山口県徳山に生まれ、ドイツに留学した。帰国後、東大教授。日本で最初の獣医学博士になり、日本獣医学教育の祖と言われた人物である。

マルセーユからベルリンに直行した高木は十月十三日にベルリンに到着した。八月三十一日に新橋を発ってからベルリンまで、四十四日ほどを要したことになる。高木の洋行から三十一年後の昭和四年、岡潔がフランス留学に出かけたが、岡は四月十一日に神戸を出航し、五月二十一日にマルセーユに着いたから、この間、四十一日で、高木のときとほぼ同じである。インド洋回りのヨーロッパ行は当初からスケジュールが確立していたのであろう。

マルセーユではマケローのことなど思い出しもしなかった高木だが、後日、パリに出かける機会があった。パリに滞在中のある日、大衆食堂でランチを取ろうとしたところ、大きな紙に細かい活字で印刷されたメニューがあり、スープの部一番から十番まで、魚の部一番から十二番まで等々と並べられていたが、メニューの真ん中にゴム版で大きく「今日のスペシアリティ何々」と刷られていた。「本日のおすすめ品」というほどの意味になるが、高木はこれが無難と思い、見ると、それは「マケローの何とか」であった。それでにわかに藤澤の話を思い出し、食べてみたところ、「やっぱり、ちょっとうまかった」という。これも「明治の先生がた」に紹介されているエピソードである。

このエッセイが書かれたのは昭和三十年三月三十一日である。高木は満年齢で七十九歳。まもなく八十歳になろうとするころの回想である。

パリで「マケローの何とか」を食べたのは秋のはじめのことであったと、高木は書いているが、いつのことだったのであろうか。高木は生涯に三度、ヨーロッパに出かけたが、最初のドイツ行のおりにパリに足をのばした様子は見られない。二度目のヨーロッパ行は大正九（一九二〇）年で、ストラスブルクの国際数学者会議に出席して類体論を発表した。この年の八月二十日にマルセーユに到着し、それからパリに向かった。パリの大衆食堂でマケローを食べたというのは、この時期のことと見てよいであろう。

ベルリン大学聴講生

マルセーユからベルリンに移動してからの高木の生活ぶりについては、高木自身に語ってもらうのが一番よいであろう。基本文献は後年の講演記録「回顧と展望」である。高木がベルリンに到着した一八九八年というのはヴァイエルシュトラス、クロネッカー、クンマーが揃っていた隆盛時代の直後の時期で、フックス、シュヴァルツ、フロベニウスの時代に移っていた。ヴァイエルシュトラスの没年は一八九七年であるから、ちょうど高木のベルリン到着の前年である。クロネッカーは一八九一年、クンマーは一八九三年に、それぞれ亡くなった。フックスは藤澤利喜太郎が吉江琢兒に翻訳するようにとすすめた「クレルレの六十六の論文」を書いた人物だが、ベルリン大学では当の本人のフックスが自分の論文の講義をした。特異点まで届くはずの微分方程式の解の収束円が、黒板の上ではそこまでいかないで立往生などという場面もあった。

フックスは一八三三年、当時プロイセン領であったポーゼン（現在のポーランドのポズナニ）で生まれ、ベルリン大学でヴァイエルシュトラスの指導を受けて学位を取得した。高木が講義に出席した一八九八年にはすでに六十五歳である。

シュヴァルツはベルリン大学でヴァイエルシュトラスの指導を受けて学位を取得した人だが、ヴァイエルシュトラスをよほど尊敬していたようで、ほとんど講義のたびにヴァイエルシュトラス先生がこう言った、ああ言ったというせりふが出た。ヴァイエルシュトラス直伝の数学をそのまま講じるという建前で、関数論はヴァイエルシュトラスの流儀の無理数論から始めるというやり方だったが、『新撰算術』を著してこの方面に通じていた高木の目には少々旧式に映じた。一八四三年にプロイセンのシュレジエン（プロイセンの州名。現在は大半がポーランド領）に生まれたシュヴァルツは、一八九八年には五十五歳になっていた。

シュヴァルツのことなら中川銓吉の回想もおもしろい。『高数研究』第四巻、第八号（昭和十五年五月一日発行）に掲載された中川のエッセイ「射影幾何雑談」を見ると、余談としてドイツ留学の思い出が語られている。中川がベルリン大学でシュヴァルツの講義を聴いていたときのことだが、シュヴァルツはヴァイエルシュトラスを崇拝する人で、一もヴァイエルシュトラス、二もヴァイエルシュトラスというふうで、講義のときしばしばヴァイエルシュトラスの名前を聞いた。何かヴァイエルシュトラスの言ったことを引用するときは、両手の親指をチョッキの両脇に突込んで両臂を張り、"Professor Weierstrass pflegte zu sagen ……"（ヴァイエルシュトラス先生はいつも……と言われたものでした）というのが口癖だったということである。

フックスもシュヴァルツも、高木の言葉をそのまま引くと「日本ならば停年といわれる年頃」に達していたが、フロベニウスのほうはまだ若く、生年は一八四九年であるから一八九八年の時点で四十九歳である。ベルリンのシャルロッテンブルクに生まれ、ベルリン大学でフックス、シュヴァルツと同じくヴァイエルシュトラスの指導を受けて学位を取得した。フロベニウスはノートなどもたずに講義をした。実にきびきびとした講義ぶりで、高木は「本当に活きた講義というものを生れてはじめて聴かされた」と書いているほどであるから、よほど感激したのであろう。

この当時のフロベニウスは群指標の理論に取り組んでいたが、講義で取り上げるのはガロア理論や整数論ばかりであり、セミナリーでもコロキウムでもまったく語らなかった。群指標の理論は秘蔵にして、学生など相手にしないかのような印象があった。

フロベニウスは少しこわかったと高木は言う。そのわけはというと、高木がドイツに出かける少し前に理学部の少壮教授が数人帰朝したので、洋行にあたって注意事項をうかがいに出向いたところ、フロベニウスのところに行くならよほど注意しなければならないとの忠告があった。なんでもフロベニウスが学部長か何かに就任したときのこと、演説をして、ドイツの科学の進歩をおおいに自慢した。外国人が科学の勉強をしようというのでしきりにドイツに来る。アメリカからも来ればどこそこからも来る。近ごろは日本からも来る。そのうち猿も来るだろうと言ったというのである。この話には誇張があるかもしれないが、ともかくフロベニウスが日本人を軽蔑して、猿と同じに考えているのは間違いないようであるから、十分に覚悟しておくようにというのが、理学部の先輩の少壮教授の忠告なのであった。

フロベニウスがどうしてそんな考えになったのかといえば、息子に日本人の友だちがいて、その友だちが猿に似ていたのかどうか、日本人はみんなその男みたいなようなものだと思っていたためらしいということであった。こんなわけで、日本でおおいにおどされてからドイツに向かったのである。

ベルリンからゲッチンゲンへ

いくらフロベニウスが日本人を軽蔑しているとはいえ、学部長就任演説で本当に「そのうち猿も来るだろう」などと言ったとは思えないが、フロベニウスの周辺にはそのくらい強烈な印象を誘う空気がただよっていたのであろう。高木にしても、何分にも二十三歳という若年で異国にわたったのであり、それに当時は数学といえばドイツ、ドイツといえばベルリンと言われていた時代でもあった。そんなところへ「素養もなく、自信もない、東洋の田舎者」(これは高木自身の言葉である)が飛び込んでいくのであるから、出かける前は非常にこわかったのである。

さんざんおどされていたため、フロベニウスのことは少々恐ろしく思っていたが、実際にはそれほどのこともなかった。あるとき高木がある問題をもってフロベニウスのもとを訪ねたところ、フロベニウスは「それはおもしろい」と応じ、「自分でよく考えなさい」(Denken Sie nach!)と言って、いろいろな論文の別刷りなどを貸してくれた。それまでは講義を聴くにしても、本を読むにしても、何事かを自分で考えるというよりもむしろ何かを学ぼうとする姿勢に終始していたため、「自分で考えなさい」というのは生まれてはじめての教訓で、印象は鮮烈であった。

ベルリン大学での日々はこんなふうで、フロベニウスの言葉に感銘を受ける場面があったとはいうものの、ベルリン大学での勉強はたいしてこれということもなく、東京で手当たり次第に読書にふけったころと変わり映えがしなかった。もっとも何しろはじめての土地で文化の食い違いもはなはだしかったことであり、ヨーロッパの都会生活に慣れることとか、語学の練習とかに時間を費やさざるをえないという事情もあった。

ともあれこんなふうにしてこのままベルリンにいても仕方がないという考えになり、一九〇〇年の春、ゲッチンゲンに移動した。吉江琢兒の回想によると、本当はウェーバーのいるストラスブルクに行こうとしたらしく、高木の数学上の関心事に照らしてもそれが当然と思われるところだが、ストラスブルクに向かう途中でゲッチンゲンに立ち寄ってヒルベルトに会い、計画が変更された。ここにヒルベルトがいるならもうストラスブルクに行く必要はないという心情に傾いて、ゲッチンゲンに留まることにしたのである。

一八六二年一月二十三日にプロイセンのケーニヒスベルク(現在はロシアの一区域で、カリニングラードと呼ばれている)に生まれたヒルベルトは一九〇〇年当時、三十八歳。一八四二年にハイデルベルクに生まれたウェーバーはヒルベルトより二十歳年長で、五十八歳である。ヒルベルトの名高い「数論報告」（Zahlbericht、ツァールベリヒト）は一八九七年の『ドイツ数学者協会年報』の別冊の形で刊行されたが、この年の秋十一月には東大の数学科に届いていた。七月に卒業して大学院に進んだ高木の目に触れたことは間違いなく、ヒルベルトの名前は日本を発つ前から承知していたことであろう。

ヒルベルトの「数論報告」

時系列に沿って諸事実の変遷を追って、高木がヒルベルトの名を認識した時期を再確認したいと思う。まず「クロネッカーの青春の夢」の初出に着目すると、クロネッカーが「私の一番好きな青春の夢」という言葉を実際に語ったのは一八八〇年三月十五日付のデデキント宛の書簡においてである。その書簡が公表されたのは一八九五年のことで、この年の『王立プロイセン科学アカデミー議事報告』（一一五―一一七頁）に掲載された。クロネッカーの言葉をそのまま引くと次の通りである。

この数箇月の間、私はある研究に立ち返って鋭意心を傾けてきました。この研究が終結するまでにはなお多くの困難が行く手に立ちはだかっていたのですが、私は今日では最後の困難を克服したと信じます。そのことをあなたにお知らせするよい機会と思います。それは私の最愛の青春の夢のことです。くわしく申し上げますと、整係数アーベル方程式は円周等分方程式で汲み尽くされるのですが、まさしくそのように、有理数の平方根をともなうアーベル方程式は特異モジュールをもつ楕円関数の変換方程式で汲み尽くされるという事実の証明のことなのです。

一八九五年の時点で高木は満二十歳。大学に入学して二年目である。高木が大学を卒業したのは一八九七年七月。三年生のとき藤澤セミナリーに参加して、セレ、ウェーバー、ジョルダンの著作を読んで「アーベル方程式につきて」という論文を書き上げた。クロネッカーの名前を深く認識したのはこの時期のことと推定される。「青春の夢」の一語が出ている一八九五年の王立プロイセン科学アカデミー議事報告を見る機会があったのかどうか、はっきりしたことはわからないが、「有理数体上のアーベル拡大は円分体である」という「クロネッカーの定理」は承知していた。なぜなら、セレの著作『高等代数学』の巻二の末尾には、この定理がはじめて表明されたクロネッカーの論文のフランス語訳が掲載されていたし、「ウェーバーの代数学」の巻二にはウェーバーによる証明が記されていたからである。「ウェーバーの代数学」の巻二の該当箇所を参照すると、近年、若いヒルベルトが別証明を与えたことが明記されているが、この註記は高木がヒルベルトの名前を認識するための最初のきっかけになったのではないかと思う。

ウェーバーが「クロネッカーの定理」の証明を公表したのは一八八六年、ヒルベルトの別証明が公表されたのは十年後の一八九六年。一八九六年は「ウェーバーの代数学」の巻二が出版された年でもある。ウェーバーによる「クロネッカーの定理」の証明は「アーベル数体の理論」という論文に出ているが、この論文は「I」と「II」の二篇からなる連作で、スウェーデンの数学誌『アクタ・マテマティカ（数学報告）』巻八（一八八六年）、巻九（一八八七年）に掲載された。『日本の数学一〇〇年史』によると、明治二十（一八八七）年当時にはすでに『アクタ・マテマティカ』は大学に備わっていたということであるから、高木はウェーバーの論文に目を通していたと思われる。

ウェーバーは「クロネッカーの定理」に続いて「クロネッカーの青春の夢」の解決に取り組み、一八九七年から一八九八年にかけて「代数体における数群について」というタイトルの論文を書いた。三篇の連作で、第一論文はドイツの数学誌『数学年鑑』の第四十八巻、第二論文は第四十九巻、第三論文は第五十巻に掲載された。第三論文には「楕円関数の虚数乗法と分割への応用」というタイトルも添えられている。『数学年鑑』も大学に届いていたから、高木はこのウェーバーの連作も見ることができた。ウェーバーの究明は「クロネッカーの青春の夢」の解決には届かなかったが、解決をめざす姿勢はめざましく、高木の心情に多大な影響を及ぼしたにちがいない。

【附記】ウェーバーの論文「代数体における数群について」はドイツの数学誌『数学年鑑』に掲載されたが、執筆時期や掲載時期について、もう少し精密に観察しておきたいと思う。『数学年鑑』は「年鑑」という名の通り一年ごとに一巻が刊行されるのが原則だが、いつも原則通りというわけにもいかず、ときどき年数が重複する。また、一巻がまとまった形で刊行されるのではなく、四回に分けて分冊が出るが、これもまた毎年きちんと四冊というのはむずかしく、しばしば合併される。『数学年鑑』の原語は"Mathematische Annalen"（マテマティシュ・アナーレン）である。

ウェーバーの論文は三回に分けて公表された。第一論文の掲載誌は『数学年鑑』第四十八巻で、「一八九七年」の年報だが、分冊の刊行状況は次の通りである。

第一分冊と第二分冊は合併　一八九六年九月十一日刊行
第三分冊　一八九六年十二月二十二日刊行
第四分冊　一八九七年一月十九日刊行

第四分冊の刊行が一八九七年に食い込んだため、第四十八巻は「一八九七年の年報」とされた。ウェーバーの論文は第四分冊に掲載され、論文の末尾に「一八九六年八月三十一日」という日付が記入されている。第一論文は全四十一頁の論文である。

ウェーバーの第二論文は『数学年鑑』第四十九巻の第一分冊に掲載された。第四十九巻は正真正銘の「一八九七年の年報」で、四冊の分冊はすべて一八九七年内に刊行された。第一分冊の発行日は一八九七年三月五日である。第二論文は十八頁。日付の記入はない。

第三論文は第五十巻の第一分冊に掲載された。第一分冊の発行日は一八九七年十二月二十一日だが、第五十巻は「一八九八年の年報」である。第二、三分冊は合併号になって一八九八年四月一日に発行され、第四分冊は一八九八年七月二十二日に発行された。第三論文は二十六頁。末尾の日付は「一八九七年三月」。連作三篇を合わせると八十五頁になる。

このような状況を観察すると、ウェーバーの論文「代数体における数群について」は一八九六年八月から翌年三月まで、八箇月ほどの間に執筆され、一八九七年の年初から年末までの間に世に出たことがわかる。『数学年鑑』の巻数だけを見ると一八九六年から一八九八年まで、二年の歳月をかけて執筆されたような印象を受けるが、それはささやかな錯覚であることをここで指摘しておきたいと思う。

ヒルベルトの名前の認識という点では、「数論報告」との出会いが大きな意味をもつことになった。「数論報告」というのは“Zahlbericht”の邦訳名だが、これは通称で、正式な表記は「代数的数体の理論」である。「数論報告」という呼称は、この著作の成立の事情に由来する。話は一八九三年にさかのぼる。ヒルベルトはその当時はまだゲッチンゲンではなくケーニヒスベルクにいたが、ドイツ数学者協会が「十九世紀のドイツの数論を総括するように」と要請するという出来事があった。はじめはミンコフスキーが依頼されたが、ミンコフスキーに代わってヒルベルトがこれを引き受けて作成したのが、この「数論報告」である。

ヒルベルトはガウス、クンマー、ディリクレ、クロネッカー、デデキントと続くドイツの数論史をたどったが、単なる報告ではなく、ヒルベルト自身の創意も書き添えられた。ガウスに始まるドイツの数論は大きく成長し、クンマーの高次冪剰余相互法則研究やクロネッカーのアーベル方程式論など、繁茂する大樹の森の様相を帯びていたが、相互法則の究明は壁にぶつかり、「クロネッカーの青春の夢」も未解決であり、完成の域に達したとはいえなかった。ヒルベルトはこの状況を俯瞰することにより、行く手をはばむ壁の所在を明らかにした。そのうえでその壁を乗り越えるためにヒルベルトが提案したのが「類体論」のアイデアであった。

「数論報告」が刊行されたのは一八九七年。それからヒルベルトは二篇の論文「相対二次数体の理論について」、「相対アーベル数体の理論について」を執筆し、類体論の構想を表明した。前者の論文が掲載されたのは『数学年鑑』第五十一巻の第一分冊で、刊行は一八九八年三月。後者の論文の公表はその後である（『ゲッチンゲン王立科学協会報告』、一八九八年）。高木は二冊の著作の完成を急いでいたころであり、洋行に向けて準備を進めている時期でもあったから、はたして日本を発つ前に読むことができたのかどうか、このあたりの消息は不明朗である。

ダフィット・ヒルベルト
(1862年1月23日—1943年2月14日)

ゲッチンゲンの日々

一八九八年の秋十月にベルリンに到着した高木は、二年後の一九〇〇年の春、ゲッチンゲンに移動した。高木の自筆の科学技術者経歴調査書（高木貞治博士記念室（岐阜県本巣市）蔵）によると、ベルリン大学在籍は三月までで、四月からゲッチンゲン大学に移っている。ベルリンでの生活は一年と半年ほどで終わったのである。ゲッチンゲンでの生活の様子を伝える最良の資料はやはり高木自身の回顧録である。以下しばらく、適宜情報を補いながら、「回顧と展望」から引きたいと思う。

ゲッチンゲン大学ではクラインとヒルベルトが講座をもっていた。クラインはプロイセンのデュッセルドルフに生まれた人で、生年は一八四九年であるから一九〇〇年の時点で五十一歳である。デュッセルドルフのギムナジウムを卒業してボン大学に学び、プリュッカーの指導のもとで学位を取得した。それからエルランゲンやライプチヒの大学を経て、一八八六年、ゲッチンゲン大学に赴任した。ゲッチンゲン大学には、高木がベルリンで講義を聴講したシュヴァルツがいたが、シュヴァルツはヴァイエルシュトラスの後継者の形で一八九二年にベルリン大学に移った。そこでクラインがヒルベルトを招聘しようとしたところ、同僚の賛意を得られなかったためこれは失敗に終わり、代わって赴任してきたのはウェーバーである。

三年後の一八九五年、ウェーバーがストラスブルクに移ったため、再び空席が生じたが、今度はクラインの意向が通り、ヒルベルトがケーニヒスベルク大学からゲッチンゲンに移動した。高木のゲッチンゲン行の五年前のことであった。

ゲッチンゲンの様子はベルリンとはまるで違っていて、高木はすっかり驚いてしまった。週に一度、談話会があったが、その談話会というのは、ドイツはもちろん世界の数学の中心地であった。一九〇〇年春の高木は満二十五歳だが、二十五歳にもなって「数学の現状に後るること正に五十年」というようなことを痛感した。五十年の遅れを取り返すには一年や二年ではなかなかむずかしいと思われたが、それでもそれから三学期、すなわち一年半にわたってゲッチンゲンの雰囲気の中に棲息しているうちに、なんとなく五十年の乗り遅れが解消したような気分になった。高木はこんなふうに回想し、それから「雰囲気というものは大切なものであります」と言い添えた。

高木がゲッチンゲンに向かった年の前年のことになるが、一八九九（明治三十二）年の夏、三高以来の同期生の吉江琢児が洋行し、ドイツにやってきた。吉江は大学卒業後、一年志願兵に応じるなどしたため、洋行が一年遅れたのである。ドイツではじめベルリンに行って高木に会い、それからすぐにゲッチンゲンに移った。専攻は微分方程式論である。

吉江の回想記「数学懐旧談」（『高数研究』第七巻、第十二号、昭和十八年九月一日発行）には、当時のゲッチンゲン大学の数学研究の模様が生き生きと描かれている。クラインとかヒルベルトという大家の先生は初等の講義を受け持つが、若い先生たちはむずかしい講義を担当する。ただし、偉い先生たちもひとつだけむずかしい講義をする。それは、自分で研究していることを講義するのである。

吉江がヒルベルトの自宅にうかがったときのことだが、この夏は曲面論の講義をするから聴くようにというので、その講義に出席したところ、曲面論というのはほんのつけたりで、すぐに変分法の話になり、やがてもっぱら変分法ばかりになった。ヒルベルトはちょうど変分法の研究をしていたのであるからおもしろくないはずはないが、内容は表題と合っていなかった。

偏微分方程式という題目の講義では、はじめのうちは偏微分方程式だったが、それはほんのはじめだけのことで、すぐに積分方程式に変わった。積分方程式の問題は以前から存在したが、ちょうどフレドホルムの研究が出現してにわかに注目を集め、パリではグルサ、ゲッチンゲンではヒルベルトがフレドホルムの研究を継承する格好になった。ヒルベルトは講義がおもしろくて仕方がなかったというふうで、もう一日、もう一日といって積分方程式の講義を続けた。ところが講義の表題は偏微分方程式なのであるから、聴講生の中には物理の学生たちもまじっていた。彼らは不満があるようでぶつぶつ言っていた。本当に自分が研究しているところを講義するのであるから実に新鮮でよい講義だが、試験を受けようという学生にとっては迷惑だったろうと吉江は思った。

この時期のヒルベルトの講義は四種類あり、それらを順に繰り返してやっていた。一番有名な幾何学基礎論の講義もあり、代数の講義もあった。はじめ数の理論をやり、それから代数に入ったが、代数それ自体は二次形式論だけであった。

ヒルベルトの講義がおもしろいのは、ヒルベルトのこれから先の見通しが入っていることで、随所に自分はこう思うという発言があった。ヒルベルトは講義の中で新しい問題をとらえて研究するのであり、そこが偉いところであった。今までの人が二、三の場合をやったら、自分は四の場合をやろうというのでは問題にならない。三でやったのを n に移そうとする人もいる。二から三に移るとか n に移るとかいうのは、特別の困難がある場合は別にして、たいていはただそれだけのことであり、拡張というのは意味がない。問題は方法にある。この問題をやるのにどういう方法を使ったらよいか、その方法が一番問題である。数学の問題を選ぶなら、第一に簡素でなければいけない。たとえば往来で行き会う人のだれが聞いてもわかる問題でなければならない。いちいちめんどうな式を書いて説明しなければならないのでは問題とはいえない。しかも特殊なむずかしさがなければならない。すぐできるのではだめで、特殊な困難があってはじめて問題になる。その困難を突破するのにどういう方法を使ったかということが問題になる。そこでヒルベルトの意見では、たとえごくかんたんな問題であっても、特殊な困難があって、特殊な方法が使ってあれば、それはよい問題だというのであった。

変分法は、自分の考えでは将来よほど利用価値のあるものと思うと、ヒルベルトはつねづね語っていた。今日では積分の極大極小だが、変分法が発展していく方向はその方向ではなく、変形法のひとつとして使う。力学に事例がある。ああいうトランスフォーメーションのひとつの方法としてやるのだ。変分法はその方向に発達すると思うと、ヒルベルトは言っていた。今のところまだあまり発展していないが、ともあれそんなふうに講義でときどき将来の見通しを語った。やはり偉い先生の講義は違うと、吉江は思ったことであった。

ゲッチンゲンの日々（続）

吉江琢兒の回想が続く。ドイツの大学にはゼミナールというものがあって、ドイツの学問の偉いのはゼミナールのためだといわれていた。吉江がゲッチンゲンに着いてまもないころ、クラインは新しく講師になったアブラハムという若い人といっしょにゼミナールを始めた。クラインは十題くらい問題をもってきて、一問に二、三人ずつ希望者を募って問題を割り振り、第一番目の問題は何月何日に報告せよ、第二の問題は何月何日に報告せよと指示を出した。吉江はドイツ人の学生と二人で「液体の中の個体の運動」という問題を押しつけられた。期日の一週間ほど前になると、クラインは担当する組を自宅に呼び、何をやってきたかと尋ねる。そこで調べたことを提出すると、クラインはそれを見て、ここはいけないと注意し、このようにせよと改定案を示すのである。

吉江の場合、書いてきたものをクラインに見せたところ、ここをこうやるようにと指示された。ところが相棒のドイツ人の学生は何ももってきていなかった。するとクラインはけしからんと怒り、何のためのゼミナールか、何もしないではしょうがないから、おまえは発表のとき図だけ描けと言った。こういうところはなかなかきびしかった。クラインの助手のドクター（学位をもっている人）が問題をもらって一時間しゃべったあとで、クラインが、今のは全然だめだと言ったこともあった。

こんな調子できびしく指導することについて、クラインが弁明みたいなことを口にしたこともある。ここではかなりひどい批評をするが、諸君をいじめるためではない。学問のためにやっているのだから悪く思うなというのであった。ゼミナールがドイツの学問の進歩の基礎といわれるのは、このようなところに根ざしているのであろうと吉江は思った。

ゲッチンゲンの談話会のことは高木も触れていたが、吉江の回想によると参加できるのはドクトル（吉江の言葉。ドクターと同じ）だけで、クラインが主宰した。毎週火曜日の午後五時から小さい部屋で開催された。参加者はみな新しい自分の研究を発表するのだが、クラインは例外だったようで、新刊書の紹介をした。

談話会の参加者の中にツェルメロという講師がいた。一八七一年にベルリンで生まれた人で、後年の著名な数理論理学者だが、一九〇〇年当時は二十九歳で、専攻は変分法であった。そのころクネーザーという人の著作が出たので、一週間でこれを読んで、来週報告するようにとクラインがツェルメロに指示を出した。一九〇〇年に刊行されたアドルフ・クネーザーの『変分法教科書』という著作を指すのであろう。ツェルメロは一週間では読めませんと断ったが、いくら拒絶してもどうしてもやれと言い張られるばかりというありさまであった。

そのツェルメロがあるとき「集合は順序づけられる」ということ（ツェルメロの整列可能定理）の証明を得たと報告したところ、聴いているみなが批評して、あそこはいかん、ここはいかんと言い合った。これを受けてツェルメロが考え直して次回また発表すると、それでもまだいけないと言われた。どこがいけないかというと、何となくいけないところがあるとのこと。そうしてみなで話し合った結果、今日「ツェルメロの選択公理」といわれている事柄を黙って使っていることが明らかになり、そこではじめて選択公理の必要性が判明した。今日、ツェルメロの名を冠して「ツェルメロの選択公理」といってはいるものの、結局のところ、みなが苦労したあげく、そこに落ち着いたということになる。

ここまでは「数学懐旧談」に取材した回想だが、吉江のもうひとつの回想記録「思い出づるままに――ことの由来を知る面白さ」（『高数研究』巻一、二号、昭和十一年十一月一日発行）にも興味の深いエピソードが紹介されている。「連続関数は必ずしも微分可能ではない」という事実はよく知られているが、そのような連続関数の具体例としてはヴァイエルシュトラスが示した例が有名である。それで吉江もこの事実はヴァイエルシュトラスの発見と考えていたが、ゲッチンゲンでクラインの講義を聴いたとき、クラインは「これはゲッチンゲン大学のリーマンがはじめて提唱したことである」という話をした。クラインがいうには、リーマンは真に頭脳明晰の人であったから、連続関数が必ずしも微分可能ではないことはリーマンにとっては明々白々な事実であった。ところが同じゲッチンゲン大学の物理学教授のヴィルヘルム・ウェーバー（ガウスとともに電信機を発明した人。「ウェーバーの代数学」のウェーバーとは別人）はこれを承認せず、「連続関数を図に描いてみるがよい。いたるところ明らかに接線があるではないか」と主張した。数学の専門家でないとはいえ、電信機を発明するほどの人にしてなおしかり。普通の凡人にはとうてい承認できなかったことであろう。ここにおいてヴァイエルシュトラス自身の名を冠する有名な実例を考案するという成り行きになり、この事実はだれにもうなずけるようになった。これが、吉江が聴いたクラインの話である。

第二回国際数学者会議

高木がゲッチンゲンに移った年、すなわち一九〇〇（明治三十三）年の夏八月のことになるが、八月六日から十二日まで、一週間の日程でパリで第二回目の国際数学者会議が開催された。名誉会長はエルミート、会長はポアンカレである。日本からは代表として藤澤利喜太郎が出席した。帰国後、藤澤は「第二回万国数理学会議景況」というレポートを書き、文部省に提出した。このレポートは官報に掲載されたが、『東洋学芸雑誌』第二百三十八号、明治三十四（一九〇一）年に転載され、『藤澤博士遺文集』上巻にも収録された。以下しばらく藤澤の報告を参照しつつ、会議の模様を一瞥したいと思う。

参加者総数は二百五十余名。正式の開催当日の前日の八月五日、午後八時半からヴォルテール珈琲館において談話会が催され、百名ほどの出席者があった。翌六日午前九時、万国博覧会会場内の会議室において総集会が開かれて、エルミートを名誉会長に、ポアンカレを会長に選んだ。おりしもパリで万国博覧会が開催中であり、実際にはパリの万博開催を機として、第二回目の国際数学者会議をパリで開会しようということになったのである。第一回目の国際数学者会議は三年前にチューリッヒで開催された。

まずポアンカレが会長席につき、簡単に就任の辞と歓迎の辞を述べた。続いてカントールが数学の歴史的研究という演題で講演を行った。このカントールは集合論で有名なゲオルク・カントールではなく、数学史家のモーリッツ・カントールである。カントールの次にイタリアの数学者ヴォルテラが講演し、イタリアの三人の著名な解析学者ベッチ、ブリオスキ、カゾラチの功績をたたえた。

会議は第一部から第六部まで、六部門に区分けされ、それぞれの部門で報告が行われた。六部門のテーマと部会長は下記の通りである。

第一部　算術及代数学　部会長ヒルベルト
第二部　解析学　部会長パンルベ
第三部　幾何学　部会長ダルブー
第四部　力学　部会長ラルモル
第五部　批評及歴史　部会長ローランボナパルト公爵
第六部　教育及教授法　部会長カントール

三日目の八月八日には、第五部門「批評及歴史」で藤澤利喜太郎、第六部門「教育及教授法」でヒルベルトの講演が予定されたが、多数の会員の希望により両部門を合わせて開会することになった。議長はカントールである。ヒルベルトは第一席で「将来の数学問題に就て」と題して講演を行い、今日「ヒルベルトの問題」として知られる二十三個の問題を提示した。代数的整数論に関係のあるものを拾うと、第九問題「任意の数体における一般相互法則の証明」と第十二問題「アーベル体に関するクロネッカーの定理の、任意の代数的有理域への拡張」がある。ともにガウス以来のドイツの数論の流れを汲む神秘的な難問で、高木の数学研究との関係も緊密である。藤澤は第二席で、和算に関する講演「旧和算流の数学に就て」を行った。

藤澤はこんなふうに会議の全容を描写した後に、「ヒルベルト氏の論文は特に会員多数の注意を喚起せるものなるが故に、今其大要を記さんに」と前置きして、ヒルベルトの講演の紹介にレポートの大半を費やした。数学史における重要さが感知されて、よほど感銘が深かったのであろう。

ヒルベルトが提示した二十三個の問題のうち、第一番目の問題は「連続体の濃度に関するカントールの問題」である。ここに登場するカントールは集合論を創始したゲオルク・カントールで、この第一問題は「連続体仮説の問題」と呼ばれている。ゲッチンゲン大学のツェルメロがこの問題に取り組んだことはよく知られている。究明の途次、整列可能定理の証明を試みて、そこから選択公理の認識にいたった経緯は、吉江の回想を通じて垣間見た通りだが、事の発端はヒルベルトの第一問題にあったのである。

ヒルベルトの第十二問題

ヒルベルトの第十二問題「アーベル体に関するクロネッカーの定理の、任意の代数的有理域への拡張」は、「解析関数の特殊値による相対アーベル数体の構成問題」と呼ばれることもある。この間の消息にもう少し立ち入ってみたいと思う。

次にあげるのは第十二問題を語るヒルベルトの言葉の一節である。

> 有理数域におけるどのアーベル数体もいくつかの1の冪根のつくる体をいくつか合成することにより生成されるという定理は、クロネッカーに由来する。この整係数方程式論の基本定理には二つの言明が含まれている。すなわち、
>
> 第一に、この定理により、有理数域に関して指定された次数、指定されたアリトメチカ群、それに指定された判別式をもつ方程式の個数と存在を問う問いに対し、解答が与えられている。
>
> 第二に、そのような方程式の根が形成する代数的数域は、指数関数 $e^{i\pi z}$ において偏角 z のところにあらゆる有理数値を次々と書き入れていくときに得られる領域とぴったり一致すると主張されている。
>
> 第一の言明は、ある種の代数的数を、その群と分岐を通じて決定するという問題に関わっている。したがってこの問題は、与えられたリーマン面に対する代数関数の決定という、あの周知の問題に対応する。第二の言明では、求められている数を超越的手段により、すなわち指数関数 $e^{i\pi z}$ を通じて供給されている。

ここでは円周等分方程式の根を複素指数関数 $f(z)=e^{i\pi z}$ の特殊値と見る視点が打ち出されているが、

この関数は解析的な関数である。この点に着目して敷衍すると、クロネッカーの定理は「有理数体上のアーベル数体は指数関数という特定の解析関数の特殊値により生成される」という形に表明される。一番はじめにクロネッカーがこの定理を語ったときの言葉は、「整係数をもつアーベル方程式は円周等分方程式で汲み尽くされる」というのであった。数体の概念が確定すると、「有理数体上のアーベル拡大は円分体である」という形に言い表される。この場合、円分体というのは円周等分方程式の根により有理数体上で生成される数体のことであり、ここからなおもう一歩を進めると、円周等分方程式の根が複素指数関数の特殊値として認識されることになる。この認識が可能になるためには、ヴァイエルシュトラスとリーマンにより複素変数関数論が確立されるのを待たなければならなかった。

第十二問題を語るヒルベルトの言葉を続けると「クロネッカーの青春の夢」に出会う。

有理数域に次いで最も簡単なのは虚二次数体域であるから、クロネッカーの定理をこの場合にまで拡張するという問題が生じる。クロネッカー自身、二次体域におけるアーベル方程式は特異モジュールをもつ楕円関数の変換方程式で与えられ、したがって先ほどの場合における指数関数の役割は楕円関数が引き受けているという主張を表明した。クロネッカーの予想の証明は今のところまだもたらされていない。だが、この証明はウェーバーの手で展開された虚数乗法の理論に基づいて、類体に関して私が提起した純然たるアリトメチカの諸定理の支援をも受けることにより、それほどの困難もなしに成功するにちがいないと私は思う。

複素変数関数論が成立すると、楕円関数もまた解析関数として認識される。「クロネッカーの定理」では指数関数が特定の役割を演じたが、ヒルベルトのいう「クロネッカーの予想」、すなわち「クロネッカーの青春の夢」では、指数関数に代わる役割を果たすのは楕円関数である。第十二問題が「解析関数の特殊値による相対アーベル数体の構成問題」と呼ばれるのは、このような認識の変遷が背景に控えているからであり、「クロネッカーの定理」と「クロネッカーの青春の夢」を結ぶ線を遠く延長した先に予想されたのである。

ヒルベルトは「この証明はウェーバーの手で展開された虚数乗法の理論に基づいて、類体に関して私が提起した純然たるアリトメチカの諸定理の支援をも受けることにより、それほどの困難もなしに成功するにちがいないと私は思う」と語っているが、ここに「類体」の一語が登場する。楕円関数の虚数乗法の理論と類体論を基礎にすると「クロネッカーの青春の夢」の証明ができるであろうとヒルベルトはいうのであり、これを実際に遂行したのが高木であった。

ヒルベルトの数論のはじまり

ヒルベルトの第十二問題の背景を理解するために、ヒルベルトの数論のはじまりのころに立ち返りたいと思う。真っ先に目に留るのは一八九六年の論文

「アーベル数体に関するクロネッカーの基本定理の新しい証明」（ゲッチンゲン科学協会、数学物理学部門報告、一八九六年）

である。表題に見られる「クロネッカーの基本定理」というのはこれまで単に「クロネッカーの定理」

と呼んできた定理、すなわち「有理数体上のアーベル方程式は円周等分方程式である」という定理のことで、ヒルベルトはこれを「有理数域におけるあらゆるアーベル数体は円体である」と言い表した。ヒルベルトに先立ってすでにウェーバーが証明したから、別証明を与えたことになるが、ヒルベルトの数論がクロネッカーの定理から始まっているという事実は、それ自体がすでに示唆に富む出来事である。一八六二年の生まれのヒルベルトは一八九六年の時点で三十四歳である。

クロネッカーの定理の証明を公表した年の翌年、「数論報告」すなわち「代数的数体の理論」が『ドイツ数学者協会年報』第四巻（一八九七年）に掲載された。一七五頁から五四六頁まで、三百七十二頁に及ぶ大部な総合報告で、序文の末尾に「ゲッチンゲン、一八九七年四月十日」と記入されている。この報告では数論の二本の柱が打ち立てられた。ひとつはクンマーによる高次冪剰余相互法則研究であり、もうひとつはクロネッカーによる楕円関数の虚数乗法の理論である。どちらも理論としては未完成だが、ヒルベルトはこれらが完成された状態を心に描いたのであろう。「パリの講演」を参照すると、前者には第九問題が対応し、後者には第十二問題が対応する。

「数論報告」に続いて

「相対二次数体の理論について」

という表題の論文が出現した。同じ表題の論文が二篇あるが、ひとつは短篇で、『ドイツ数学者協会年報』第六巻（一八九九年、八八―九四頁）に掲載された。掲載誌の刊行年は一八九九年だが、この論文は一八九七年にブラウンシュバイクの科学者協会で行われた講演の記録である。「数論報告」の執筆に追随して、その後の数論の姿を思索していたのであろう。このスケッチを大きく拡大した長篇が『数学年鑑』第五十一巻（一八九九年、一―一二七頁）に掲載された。ブラウンシュバイクでの講演の内容を全面的に展開した論文である。掲載誌の刊行年が一八九九年となっているが、これは『数学年鑑』第五十一巻の第四分冊の刊行が一八九九年に食い込んだためである。ヒルベルトの論文は第一分冊に掲載された。その発行日は一八九八年九月二十日である。「数論報告」の序文が書かれたのが一八九七年四月十日。それから丸一年程度の歳月をかけて相対二次数体論を書き上げたのであろう。ヒルベルトはガウス以降のドイツ数論史の回想を踏まえて、その先に開かれていくべき数論の姿形を考えていたのである。

以下に引くのは「相対二次数体の理論について」の序文の末尾の言葉である。

私が以下の叙述の中で相対二次数体の研究のために用いた方法は、適切に一般化すると、任意の相対次数をもつ相対アーベル体の理論の場でも役立って同様の成果をおさめるが、わけても任意の代数的数域内で任意の高次冪剰余に対する一般相互法則へと導いていく。

ここに明記されたのは、相対アーベル数体の理論から摘むことのできる大きな果実である。それは「任意の代数的数域内で任意の高次冪剰余に対する一般相互法則」であり、ヒルベルトの数論のねらいが相互法則にあることがはっきりと示されている。数論におけるガウスの思索は十九世紀の全体を通じて連綿と継承されたが、世紀の終わりかけになってこのようなヒルベルトの言葉に出会うと、歴史というものの実在感が肌身に感知されるような思いがする。

ヒルベルトのもうひとつの論文は、

「相対アーベル数体の理論について」

という作品である。前作「相対二次数体の理論について」はいわば試論であり、相対アーベル数体の理論こそ、数論におけるヒルベルトの思索の中核である。高木の一九二〇年の論文と同じ表題の論文でもある。はじめ『ゲッチンゲン科学協会報告』（一八九八年、三七〇―三九九頁）に掲載されたが、その後、若干の変更を加えたうえでスウェーデンの数学誌『アクタ・マテマチカ』第二十六巻（一九〇二年、九九―一三二頁）に再録された。二篇の論文の主旨は同じだが、まったく同文というわけではなく、序文などは相当に書き直された。ヒルベルトの全集の巻一には『アクタ・マテマチカ』に掲載された改訂版が収録されている。

以下に引くのは第一節の末尾の言葉である。

最後に私はこの論文の最終節（第十六節）において、相対判別式1をもつ任意の相対次数の相対アーベル数体に対して、一系の一般定理を予想して列挙した。それらの定理は名状しがたいほどに簡明であり、水晶のような美しさを備えている。それらを完全に証明して、任意の相対判別式の場合に適切に一般化することは、相対アーベル数体の純粋にアリトメチカ的な理論の最終目標のように私には思われる。

ヒルベルトはこの論文で「類体」の概念を提案したが、それは「相対判別式1をもつ」相対アーベル数体の仲間である。「相対判別式1をもつ」というのは「分岐しない」という意味であるから、ヒルベルトの類体は「不分岐な類体」である。ところが、同時に「任意の相対判別式の場合に適切に一般化すること」が最終目標と思うというのであるから、ヒルベルトの視圏には「分岐する類体」もまたこの時点ですでに把握されていたことが感知されるのである。

ヒルベルトは「数論報告」のための調査と執筆を通じて類体論のアイデアをつかみ、「数論報告」の完成から時を置かずに「相対二次数体論」と「相対アーベル数体論」の二篇の論文を書き上げた。「相対二次数体論」は「相対アーベル数体論」のための瀬踏みのような作品であり、本来のねらいは「相対アーベル数体論」にあったが、構想を表明し、主立った諸命題を配列するだけに留まった。「相対アーベル数体論」の最終節には不分岐な類体に関連して一系の定理が配列されているが、それらの美しさはさながら水晶のようだとヒルベルトは形容した。「クロネッカーの青春の夢」と同様、あまりにもロマンチックな言葉であり、しかもこのロマンチシズムを継承したのが高木であった。

『数学年鑑』第五十一巻の刊行年が一八九九年となっていたり、「相対アーベル数体論」が一九〇二年の『アクタ・マテマチカ』第二十六巻に掲載されたため、「数論報告」とその後の二論文の間に相当の隔たりがあるように見えるが、それは錯覚にすぎないことを、ここで強調しておきたいと思う。

ヒルベルトに会うまで

ヒルベルトの全集は全三巻で構成されているが、劈頭の巻一には数論に関する諸論文が集められた。巻頭に配置されているのは

「数 e と π の超越性について」

という論文で、掲載誌は一八九三年の『数学年鑑』第四十三巻である。末尾に記入された日付は「一八九三年一月五日」。この論文は代数的整数論とは関係がない。続く第二論文は

「体の数の素イデアルへの分解可能性に対する二つの新しい証明」

という論文である。ここにはイデアルの素イデアル分解の可能性に関する所見が書き留められている。わずかに一頁のメモにすぎないが、代数的整数論に取材しているのはまちがいない。日付は記されていない。掲載誌は一八九四年の『ドイツ数学者協会年報』である。このメモを敷衍したのが、第三番目の論文

「数体のイデアルの素イデアルへの分解について」

である。メモと同年の一八九四年の『数学年鑑』第四十四巻に掲載された。末尾の日付は「一八九三年九月二十六日」。次の第四論文も同じ一八九四年の論文で、表題は

「ガロア数体の理論の基礎」

である。一八九四年の『ゲッチンゲン科学協会年報』に掲載された。末尾の日付は「一八九四年六月二十五日」。第五番目は

「ディリクレの四次数体について」

という論文で、掲載誌は一八九四年の『数学年鑑』第四十五巻。末尾の日付は「一八九四年四月十四日」。さて、この次に来るのが、あの「クロネッカーの定理」の別証明を与えた論文「アーベル数体に関するクロネッカーの基本定理の新しい証明」である。公表されたのは一八九六年、末尾の日付は「一八九六年一月二十五日」である。ここから先は既述の通りであり、一八九七年の「数論報告」、一八九

八年の「相対二次数体の理論について」と「相対アーベル数体の理論について」(一九〇二年の『アクタ・マテマチカ』に再掲)と続いていく。一八九三年から一八九八年まで、この間、六年ほどの歳月が経過した。一八九三年のヒルベルトは三十一歳、一八九八年のヒルベルトは三十六歳。三十代の前半はヒルベルトが数論研究に心血を注いだ一時期であった。

高木の人生と対比すると、一八九三年の高木はまだ三高に在学中だったが、一八九八年にはドイツ留学に出発した。この年、満二十三歳である。日本を離れる前に「ウェーバーの代数学」の巻一と巻二を読み、それからヒルベルトの『数論報告』に目を通したと思われるが、「相対二次数体の理論について」と「相対アーベル数体の理論について」を読んだのはドイツに着いてからであろう。一八九六年の秋から一八九七年にかけてウェーバーの三連作「代数体における数群について」が公表され、第三作目の論文は『数学年鑑』第五十巻の第一分冊に掲載されたが、この分冊が刊行されたのは一八九七年十二月である。ちょうど高木が二冊の著作『新撰算術』と『新撰代数学』の執筆を構想しつつあった時期にあたり、「クロネッカーの定理」や「クロネッカーの青春の夢」の存在を認識し、強く心を惹かれ始めたころであろう。

このあたりの消息を想像すると、ベルリンではシュヴァルツやフックスやフロベニウスの講義の聴講を続けながらウェーバーの「代数体における数群について」を読み、ヒルベルトの「相対二次数体の理論について」と「相対アーベル数体の理論について」に親しみを深めていくうちに、ウェーバーとヒルベルトの面影が日増しに大きくなり、高木の心を一杯に占めるようになっていったのではあるまいか。ウェーバーとヒルベルトの数論研究にはそれだけの魅力があったのであり、その魅力の根源は何かと追い求めていくと、「青春の夢」を語ったクロネッカーに行き当たり、そのクロネッカーの数論的世界にはアーベルとガウスの影がくっきりと射している。アーベルやクロネッカーと同じく、高木もまたガウスの数論の魅力にすっかり心を奪われてしまったのであろう。

一八九七年のことになるが、ヒルベルトは論文「相対二次数体の理論について」の執筆に先立って、ブラウンシュヴァイクの数学者協会において論文と同じ題目を立てて講演を行った。その記録は『ドイツ数学者協会年報』第六巻に掲載され、『ヒルベルト全集』の第一巻にも収録された。『数学年鑑』第五十一巻に掲載された同名の論文のスケッチだが、ここにはすでに「類体」の概念の萌芽が登場し、「クロネッカーの青春の夢」のこともまた話題にのぼっている。

相対アーベル数体の理論の特別な例として、楕円関数の虚数乗法により供給される数体の理論があり、ヒルベルトに先立ってウェーバーが研究し、そのような数体のもつ著しい諸性質を明らかにしたが、ウェーバーの発見はヒルベルトの類体の概念に反映されている。楕円関数の虚数乗法の理論から類体の概念を抽出して類体論を建設すれば、「クロネッカーの青春の夢」は難なく解決されるだろうとヒルベルトはいうのである。「相対アーベル数体の理論」からも同じ言葉が読み取れる。

ヒルベルトは高木が実際に歩んだ道の所在を明快に指し示し、高木はヒルベルトが存在を確信した道筋が本当に存在することを確認したのである。ウェーバーに会うのも悪くはないが、事態がここまで進んでいた以上、高木としてはゲッチンゲンを通り越してストラスブルクに直行するわけにはいかなかったであろう。

三　類体の理論

ヒルベルトとの会話

一九〇〇年の春、ゲッチンゲンでヒルベルトに会った高木はそのままゲッチンゲンに逗留し、ゲッチンゲン大学に通ってクラインとヒルベルトの講義を聴講した。ゲッチンゲンにおける高木の所在地は大学の北端のクロイツベルクリンク（Kreuzbergring）十五番地の家で、後年、ゲッチンゲン大学に留学した金属工学の本多光太郎もまた同じ家に逗留した。

あるときヒルベルトに会いにいくと、ヒルベルトは「おまえは代数体の整数論をやるというが、本当にやるつもりか」と、懐疑の眼を向けてきた。これは「回顧と展望」で紹介されている有名なエピソードである。高木が思うに、何分にもあのころ代数的整数論をやっているところは世界中でゲッチンゲン大学くらいのものであり、そこに東洋人がやって来てそれをやろうというのであるから、期待されないのも不思議はなかったのである。

ヒルベルトの疑惑に対し、高木は「やるつもりです」と応じた。するとヒルベルトは「それでは代数関数は何で定まるか」と質問を重ねてきた。即席の口頭試問だが、即答することができずにぐずぐずしていると、「それはリーマン面で定まる」とヒルベルトが自分で答えてしまった。高木はヒルベルトの質問の真意がにわかにつかめなかったのであろう。

リーマン面というのは（一変数の）複素変数の解析関数論の基盤としてリーマンが提案した概念であ

る。解析関数にはその自然存在域、すなわち「それがそこで存在するべき天然自然の場所が存在する」というのがリーマンの考えで、リーマンはそれを簡潔に「面」と呼んだ。後に提案者の名を冠して「リーマン面」と呼ばれるようになったが、解析関数の存在領域を指してリーマン面と呼んだのであるから、解析関数は何で定まるかと問われたならば、「リーマン面で定まる」と応じるのは当然である。ヒルベルトはリーマンの思想に立脚して質問し、リーマンの思想をもってみずから答えたことになる。

代数関数というのは特別の種類の解析関数であるから、リーマンの思想に依拠する以上、これもまた「リーマン面で定まる」のは当然である。それならヒルベルトが代数関数に限定して質問したのはなぜかといえば、代数関数論と代数的整数論の間に認められる著しい類似性に深い意味を見いだしたからで、まさしくその点にヒルベルトの数論の本質が認められるのである。リーマンはガウス、ディリクレに続くゲッチンゲン大学の数学者であり、このあたりの消息にはゲッチンゲンの伝統が生き生きと息づいている。

「代数関数はリーマン面で定まる」というヒルベルトの自問自答を聞いた高木は、それはそうにちがいないのであるから「ヤアヤア」（ドイツ語のヤア（ja）は英語の yes である）と応じたが、ヒルベルトは、こいつはどうもあぶないものだというような顔をしたということである。

口頭試問

代数関数は何で定まるかとヒルベルトに質問されて困惑した日の当日のことだが、自宅にもどろうとするヒルベルトに誘われて、いっしょについていった。話をしながら歩いたのである。高木が数学研究の抱負を語り、「クロネッカーの青春の夢」のうち、基礎体がガウスの数体の場合、すなわちレムニスケート関数の虚数乗法をやるつもりであることを伝えたところ、ヒルベルトは「それはいいだろう」と応じた。それからヴィルヘルム・ウェーバー通りへ曲がるところの路上に立ち止まり、ステッキで正方形と円を描いた。レムニスケート関数をもって正方形を円に等角に写像する図式を示そうとしたのであり、シュヴァルツの全集に出ている図式である。そうしてヒルベルトは「おまえはシュヴァルツのところから来たのだから、よく知っているだろう」と言い添えた。このあたりは口頭試問の続きみたいであった。

ヒルベルトの研究の仕方というのは非常に独特で、数論に心が向く時期には数論に専念するが、行く所まで行き着くと数論から離れ、全然別の領域に移っていくというふうであった。数論の時代は一八九三年ころから始まり、一八九八年の論文「相対アーベル数体の理論について」までで終わった。高木がゲッチンゲンでヒルベルトに会ったのは一九〇〇年であり、そのころはもうヒルベルトの関心は数論を離れ、幾何学基礎論の時代もすでに通過した後であった。高木の帰国後のことになるが、一九〇四年になると積分方程式に向かい、今日のいわゆるヒルベルト空間の理論の前身が始まるが、一九〇〇年の当時は変分法や理論物理の微分方程式の時代であった。そのため、わざわざベルリンからゲッチンゲンに移ってヒルベルトの側にいたとはいうものの、数論を直接教わることはなかったのである。

一九〇〇年当時のヒルベルトの関心が数論から離れていたというのはその通りだが、前述のように、この年の八月、パリで開催された国際数学者会議の場での講演についてはまた格別で、ヒルベルトが提示した二十三個の問題の中には第九問題や第十二問題のような数論の問題も見られたのである。日本代表として会議に出席した藤澤利喜太郎は、会議の終了後、ドイツに向かい、ゲッチンゲンで高木と吉江琢兒の出迎えを受けた。ヒルベルトの「パリの講演」の様子が藤澤の口から伝えられた。直接の指導こそ受けなかったとはいうものの、一般相互法則や「クロネッカーの青春の夢」を絶えず心にかけている高木にとって、ヒルベルトのいるゲッチンゲンは世界で唯一の場所であった。

類体論と多変数関数論

数論の時代がすぎたあとのヒルベルトが、どれほど数論から離れていたかということを示すおもしろいエピソードがある。一九三二年ころのことだが、ヒルベルトの全集の第一巻（数論の論文集）の編集を手伝っていたオルガ・タウスキーという女性の数学者が、「数論報告」の中にわからない箇所があったのでヒルベルトに尋ねたところ、ヒルベルトにもわからない。それでタウスキーは、自分で書いたことをすっかり忘れてしまうのは不思議だと驚いていたというのである。この話を紹介したのは高木だが、高木が思うに、そんなことは不思議でもなんでもない。それほどまでに数論から離れていたというだけのことにすぎないというのが、高木の所見である。

高木はこの話をタウスキーから直接聞いたのだが、それは一九三二年の秋九月のある日のことである。この年の九月五日から十二日まで、一週間の日程でスイスのチューリッヒにおいて第九回目の国際数学者会議が開催された。高木は日本学術研究会議の代表として洋行し、会議に出席した。議長はチューリッヒ大学のルドルフ・フエター。高木は副議長のひとりであった。高木はホテル・エーデンに宿泊していたが、一夕、出席者たちを招待して語り合った。招待されたのはシュヴァレー、ハッセ、ネーター、ファン・デア・ヴェルデンなど、全部で十一人で、その中にタウスキーもいた。タウスキーが上記のようなおもしろいエピソードを披露したのは、このときの宴の席でのことだったであろう

ヒルベルトの全集の第一巻の編纂に携わったのは、タウスキーとヴィルヘルム・マグヌス、それにヘルムート・ウルムの三人である。また、第一次世界大戦でのドイツの敗戦を受けて、一九一九年にストラスブルクはフランス領となった。地域の呼称もフランス風になり、一九三二年の時点での表記はストラスブールである。

高木がはじめて会ったころのヒルベルトの関心はすでに数論から離れていたようであり、タウスキーのエピソードは当時のヒルベルトの心情をおもしろく伝えているが、類体論のアイデアを表明したヒルベルトが、数論への興味をまったく失ったということもまたありえないのではないかと思う。

吉江琢兒の回想に語られているように、ヒルベルトの数学者としての持ち味は数学の将来を開こうとするところにあった。特殊な困難のある問題を提示して、その困難を突破するにはどういう方法を使ったらよいのかということを考えていくのであり、数論の場合、ヒルベルトが直面した特殊な困難は一般相互法則と虚数乗法論であった。一般相互法則ではクンマーが直面した「特殊な困難」があり、虚数乗法論では「クロネッカーの青春の夢」という「特殊な困難」があった。「数論報告」を執筆してガウス以来のドイツの数論の歩みを詳細に回想したヒルベルトの目には、この二つの「特殊な困難」がありありと映じていたのであろう。その状況を浮き彫りにするところに「数論報告」の眼目があったが、ヒルベルトはなお一歩を進め、類体論の建設という、「特殊な困難」を突破する方法を提示した。

ヒルベルトは類体論という建築物を完成させるにはいたらなかったが、相対二次数体における次数二

の相互法則を記述することに成功し、一般の相対アーベル数体において類体に備わっている基本的な諸性質を書き並べ、高木の歩むべき道筋を照らし出した。ヒルベルト自身にとってはここまでで十分だったのであろう。

一九〇〇年に高木がヒルベルトに会ったときの「口頭試問」も、数論に寄せるヒルベルトの関心の姿形をよく示しているが、何よりもこの年の夏の「パリの講演」で表明された第九問題と第十二問題こそ、ヒルベルトの心情が数論を離れていないことの最良のあかしである。第十二問題を語るヒルベルトの言葉から、もっとも本質的な部分を拾いたいと思う。ヒルベルトはこう言っている。

最後に、有理数域もしくは虚二次数域の代わりに任意の代数的数体を有理域として根底に配置する場合にクロネッカーの定理を拡張することは、私にはきわめて重要なことと思われる。私はこの問題を数論と関数論の最も深く最も広範な諸問題のひとつと考えている。

ここで語られているのは数論と関数論との関わりである。ヒルベルトの言葉が続く。

われわれの目に映じるように、たったいま明示された問題では、数学の三つの基本分野、すなわち数論、代数学、それに関数論がきわめて親密な関係で相互に結ばれている。そうして私は確信している。もし任意の代数的数体に対して、有理数体に対する指数関数、また虚二次数体に対する楕円モジュラー関数と同様の役割を演じる関数を見つけて究明するという状態に到達するならば、わけても多変数解析関数の理論は本質的な利益を受けるであろう、と。

ここにいたって唐突に（そういう印象を受ける）「多変数解析関数の理論」の一語に出会う。実に意外なことで、驚きを禁じえない場面である。一変数の解析関数論ならリーマンとヴァイエルシュトラスの手で基礎理論が整備されている。藤澤利喜太郎もクリストッフェルの講義を聴いて日本に持ち帰り、その藤澤の講義を聴講して高木もまた一変数関数論を修得した。

一変数の解析関数論の領域でとくに代数関数論に目を向けると、「ヤコビの逆問題」という基本問題が目に映る。ヤコビがこの問題を提示した当初はまだ解析関数論は存在しなかったが、リーマンとヴァイエルシュトラスはこの問題の解決をめざして一般理論の建設に向かったのである。ヤコビの逆問題が解ければアーベル関数が認識され、そのアーベル関数は多変数の解析関数であるから、多変数関数論の端緒が開かれたことになる。実際、ヴァイエルシュトラスには多変数関数論の一般理論の方面への発言が見られるが、これに加えてポアンカレやクザンの論文が出て多少の進展があった。だが、一変数の場合のような精密な基礎理論ができそうな気配はまったく感知されなかった。

そのような状況の中にあって、ヒルベルトは一九〇〇年の時点でどうして多変数関数論を語ることができたのであろうか。しかも数論との関わりのもとでの発言であることを思うと、印象はあまりにもめざましい。ヒルベルトは数論と関数論の将来の姿に向けて、何かしら神秘的な予感を抱いていたのであろう。

ヒルベルトはみずから進んで数論との関わりの中で多変数関数論研究を志していたようで、一変数の楕円モジュラー関数の類似物を見つけようとする考えのもとで、多変数のモジュラー関数を模索した。ノートを書いていて、そのノートはオットー・ブルメンタールに託されたと伝えられている。ブルメンタールはヒルベルトの一番古い弟子と見られている人で、一九〇一年、ヒルベルトのノートを基礎にして「多変数モジュラー関数について」という、ハビリタツィオン（大学教授資格試験）のための論文を書き、ゲッチンゲン大学で大学教授資格を取得した。後、この論文は前半と後半に分けられて、前半は『数学年鑑』第五十六巻、第四分冊（一九〇三年十二月刊行）、後半は第五十八巻、第四分冊（一九〇四年十二月刊行）に掲載された。全体で七十一頁の論文である。ヒルベルトが提案し、ブルメンタールが紹介した多変数モジュラー関数は、今日では「ヒルベルトのモジュラー関数」と呼ばれている。ヒルベルトがブルメンタールにわたしたというノートの実物は未発見である。

「パリの講演」の当時の多変数関数論は基礎理論が未成熟で、理論形成の基礎をもたらす力のある基本問題も確定していない状況であった。第十二問題の解決に寄与する多変数解析関数が見つかる可能性はもともときわめてとぼしかったのだが、ヒルベルトはどうしてこの時点ですでに（一変数ではなくて）多変数の解析関数へと視点を高めていくことができたのであろうか。いかにも不思議であり、数学をクリエイト（創造）しようとする人の心情の神秘を思うばかりである。藤澤から「パリの講演」の話を聞いた高木もまた心情の沃野に深い印象を刻まれたであろうと推測されるが、多変数関数論を語る高木の言葉は知られていない。

ところが、ここにもうひとつ、気にかかる一事がある。それは高木と岡潔との交流である。

高木と岡を結ぶ線のひとつは風樹会である。風樹会というのは昭和十五年の秋、岩波茂雄の発意により設立された財団法人で、哲学、数学、物理学など、基礎的学問の研究者を対象にして研究資金を補助しようとする組織である。十月三十日に財団法人設立の願書が提出され、十一月二日付で許可された。高木はこの風樹会の創立当初の理事のひとりであった。理事長は西田幾多郎、理事は高木のほか、小泉信三（経済学者。慶應義塾の塾長）、岡田武松（気象学者）、田邊元（哲学者）の三名。幹事に明石照男が委嘱された。岩波は風樹会のために私財百十万円を投じた。

岡は昭和十六年の秋十一月から一年ほどの間、北海道大学に勤務したが、辞職して帰郷したため無職になり、直後の昭和十七年十一月ころから風樹会の奨学金を受け始めた。戦中から戦後にかけて岡の生活を支えたのは、この風樹会の奨学金であった。岡も深く感謝して、研究がまとまって論文を書き上げると、丁重な手紙を添えて清書稿を高木のもとに送付した。高木もまたそのつどはがきを書いて、たしかに受け取ったことを伝えた。

風樹会の理事たちの中で岡を知る人は高木ひとりであり、岡が風樹会の奨学金を受けることができた背景には、高木の尽力があったと見てまちがいない。高木と岡を結ぶ線の所在が気に掛かるが、ひとつの可能性として、北大には吉田洋一や功力《くぬぎ》金二郎など、岡と親しい数学者がいたことが考えられる。吉田も功力も高木の門下生である。

北大には岡の親友の「雪の博士」こと中谷宇吉郎もいた。中谷は師匠の寺田寅彦を通じて岩波書店と縁の深い人であった。岩波書店と高木の縁もまた深く、ここにもまた岡と高木を結ぶ線が引かれていたように思う。

北大を経由する線とは別に、高木と岡の間には同じ三高の先輩と後輩という縁もあった。高木の時代には、三高の正式な呼称は第三高等中学校であり、岡の時代には校名が変わって第三高等学校となっていたが、同じ学校である。しかも二人とも河合十太郎という同じ人物に数学を教わっている。河合は高木の三高時代の数学の師匠で、高木が卒業した後、京都帝大に移り、停年退官を控えた最後の年々に岡の数学の師匠になった。高木から見れば岡は四半世紀の後の後輩であり、岡を知っていたとしても別段、不思議ではない。

高木と岡を結ぶ線はこれで二本になったが、これらの線は外面上の説明にはなりうるとしても、これだけではまだ高木が岡の研究資金を心にかけた理由としては不十分かもしれない。そこでもうひとつの仮説として、高木は岡の数学研究の真価を感知して、支援したいという心情に誘われたのではないかという状況を想定したいと思う。多変数関数論は日本にも世界にも研究者が非常に少なく、日本では岡ただひとりと言っても過言ではない状況が長く続いた。岡は評価されることもなく、どこまでも孤独な研究を続けたが、高木は多変数関数論の研究そのものの重要性を理解し、しかも岡の研究の真価を正しく評価していたのではあるまいか。

一九〇〇年の夏、満二十五歳の高木はゲッチンゲンで藤澤利喜太郎からヒルベルトの「パリの講演」の話を伝えられ、第十二問題を語るヒルベルトの言葉の中で「多変数解析関数の理論」の一語を聞いた。どのような印象を受けたのか、そのときの心情を回想する高木の言葉は伝えられていないが、ヒルベルトの講演のあの場面において唐突に「多変数解析関数の理論」の一語に接して瞠目した人は案外多かったのではないかと思う。高木は『数学年鑑』に掲載されたブルメンタールの論文を承知していたと思われるが、その論文が実はヒルベルトのアイデアを具体化しようとする試みだったことも知っていたと思う。文献上の証拠はなく、すべては仮説に留まるが、高木と岡の交流の模様を見るといつもこのような想像に誘われるのである。

帰国と帰郷

一九〇〇年六月十四日、ゲッチンゲン在住の高木はこの日付で東京帝国大学理科大学の助教授に就任した。翌一九〇一年の春には学位論文「複素有理数域におけるアーベル数体について」の原稿が完成した。「ガウス数体上の相対アーベル数体はレムニスケート関数の周期等分値により生成される」という、クロネッカーが提示した定理（一八五三年）に証明を与えることに成功し、これによって「クロネッカーの青春の夢」の一部分が明らかになった。ヒルベルトに見せたところ、ヒルベルトはこれをゲッチンゲン大学に提出する学位論文と思ったようであった。だが、高木によると、この時期には日本にも相当矜持ができて、留学生がドイツの学位を取って来る必要はないという時勢になっていたという。高木もこの論文を日本に持ち帰り、東大に提出して学位を取得した。

この学位論文の完成と相前後して、明治三十四年三月三十一日、郷里の数屋村（この時期の正確な地名表記は一色村数屋である）で父の高木勘助が肺炎で亡くなった。

明治三十四年九月、ゲッチンゲンを発ち、故国に向かい、十二月四日、帰朝した。東大では数学科第三講座（代数学）が設置され、高木が担当することになった。

帰国した年の翌明治三十五年三月、高木は郷里の数屋にもどった。そのときの様子は地元の高橋巌(糸貫町教育長)の著作『世界の数学界　世紀の金字塔　高木貞治先生』(昭和四十三年)に描かれている。村では「祝高木貞治君之帰国」と大書したのぼり旗を押し立てて、小学校の児童を先頭にして村境まで三キロの道を歩き、御鍬堂《おくわどう》というお堂の横の広場で出迎えた。このとき出迎えた小学生のひとりで、高橋が著作を執筆したころには八十歳に近い老人になっていた人が存命だったとのことで、その人の出迎えのおりの回想が採集されているが、「いつも高木さんは天才で偉い人だと聞いていたから、きっといかめしいガッチリした人と思っていたのに、案外小柄なやさしい人であった。そしてあずき色のチカチカ光る革手袋をはめておられたことを覚えている」という話をした。

郷里の人びとの祝賀を受け、それから上京して実母のつねさんといっしょに一箇月ほど暮らし、明治三十五年四月六日、谷国之助の娘のとしさんと結婚した。これを見届けて母つねさんは郷里にもどっていった。新居の所在地は東京府東京市本郷区駒込曙町二十四番地である。

九月になると吉江琢兒が帰国した。新たに数学第四講座が設置され、吉江が担当した。第四講座は微分方程式の講座である。

明治三十六年、ゲッチンゲンで書き上げてヒルベルトにも見せた論文「複素有理数域におけるアーベル数体について」が『東京帝国大学理科大学紀要』巻十九に掲載され、これによって東京帝国大学から学位を授与された。論文博士の第一号であった。

明治三十七年、満二十九歳の高木は五月三日付で東京帝国大学理科大学教授に就任した。その直後の六月三十日、博文館から三冊目の著作『新式算術講義』が刊行された。洋行の直前に出した一番はじめの著作『新撰算術』の続篇と見るべき作品で、類体論とはまた別の方面のことになるが、ここにはヒルベルトとの出会いの影響がはっきりとうかがえる。

この年、「誘導函数ヲ有セザル連続函数ノ簡単ナル例」(『東京物理学校雑誌』巻十四、第百五十七号、一一二頁。明治三十七年十二月八日発行)という短い論文を書いた。ヴァイエルシュトラスは「いたるところで微分可能ではない連続関数」の例を与えたが、高木は独自におもしろい一例を考案した。高木があげた関数は「高木関数」と呼ばれて広く知られている。

類体論の主論文まで

明治三十八年以降の高木の消息を概観すると、十年ほどの間、これといって目立ったことは何も見あたらない。年表を作成してもほとんど記入することがないが、強いていえば教科書をたくさん執筆した。高木の「回顧と展望」によると、帰国してからはいろいろな講義をさせられた。そのうち吉江琢兒や中川銓吉が帰ってきたのでよけいな仕事をしなくてすむようになったが、吉江が帰国したのは高木の帰国の翌年の九月、一年後輩の中川の留学は明治三十四年から三年間であるから、帰国は明治三十七年のことになる。教官が増えたぶんだけ講義が減少して余裕ができそうなところだが、中川の帰国後も格別の変化は見られない。高木が言うには、高木という人は何か刺激がないと何もできない性質で、日本には「同業者」が少ないので自然に刺激がとぼしくなるのに加えて、ぼんやり暮らしていてもいいような時代でもあった。それなら何もしないでいる間に類体論を考えていたのだろうと思う向きもあるが、高木本人は「まあそんなわけではないのである」などと言っている。

高木の回顧をもう少し続けると、一九一四年に世界大戦が始まったのがよい刺激になった。これを要するにヨーロッパから書物が来なくなったということで、西洋から本が来なくなってもなお学問をしようというのであれば、自分で何かやるしか仕方がなく、それで高木は類体論をやったというのである。世界大戦がなかったなら何もしないで終わったろうというが、このあたりは額面の通りには受け取れない。

第一次世界大戦が始まったのは大正三（一九一四）年の夏で、この時点で高木は満三十九歳だが、この年、

「虚数乗法の理論における等分方程式のあるひとつの基本的性質について」（英文。『日本数学物理学会記事』第二輯、巻七、四一四—四一七頁）

という短い論文を書いた。翌大正四年には短篇を三つ書いた。はじめの二篇は次の通りで、標題は類体論の主論文と同じである。

「相対アーベル数体の理論についてⅠ」（ドイツ文。『日本数学物理学会記事』第二輯、巻八、一五四—一六二頁）

「相対アーベル数体の理論についてⅡ」（ドイツ文。『日本数学物理学会記事』第二輯、巻八、二四三—二五四頁）

もうひとつは、

「楕円関数の虚数乗法の理論について」（ドイツ文。『日本数学物理学会記事』第二輯、巻八、三八六—三九三頁）

という論文である。

大正五年には論文はない。大正六年には、

「冪指標の一性質について」（ドイツ文。『日本数学物理学会記事』第二輯、巻九、一六六―一六九頁）

という論文を書いた。これも短篇である。

大正七（一九一八）年十一月、第一次世界大戦が終結した。この年は論文はない。翌大正八年も論文はない。翌大正九年には、

「ノルム剰余について」（英文。『日本数学物理学会記事』第三輯、巻二、四三―四五頁）

という短篇が出て、それから類体論の主論文

「相対アーベル数体の理論」（ドイツ文）

が『東京帝国大学理学部紀要』第四十一巻、第九篇として七月三十一日に出版された。百三十三頁に及ぶ大作である。帰国してから十九年目のことであった。

類体論の主論文

第一次の世界大戦が始まったのは大正三（一九一四）年の夏七月、終結したのは大正七（一九一八）年の秋十一月になってからであるから、丸々四年以上も戦争状態が継続したのである。この間に三十九歳の高木は四十三歳になったが、前述の通り、ちょうど世界大戦が始まった年から短い論文を書き始め、六篇に及んだ。これらはすべて類体論の主論文のための助走と見るべき作品である。

高木の類体論は二篇の論文で構成されている。第一論文は大正九年に刊行された論文

“Über eine Theorie des relativ Abel'schen Zahlkörper”（相対アーベル数体の理論）であり、第二論文は“Über das Reciprocitätsgesetz in einem beliebigen algebraischen Zahlkörper”（任意の代数的数体における相互法則）で、大正十一年九月十六日に刊行された。ともに『東京帝国大学理学部紀要』の形で出版された。第一論文は『東京帝国大学理学部紀要、巻四十一、第九論文』という名前の全百三十三頁の冊子で、値段がつけられて丸善で販売された。第二論文は第四十四巻で、五十頁。二篇を合わせて百八十三頁という、堂々たる大作である。

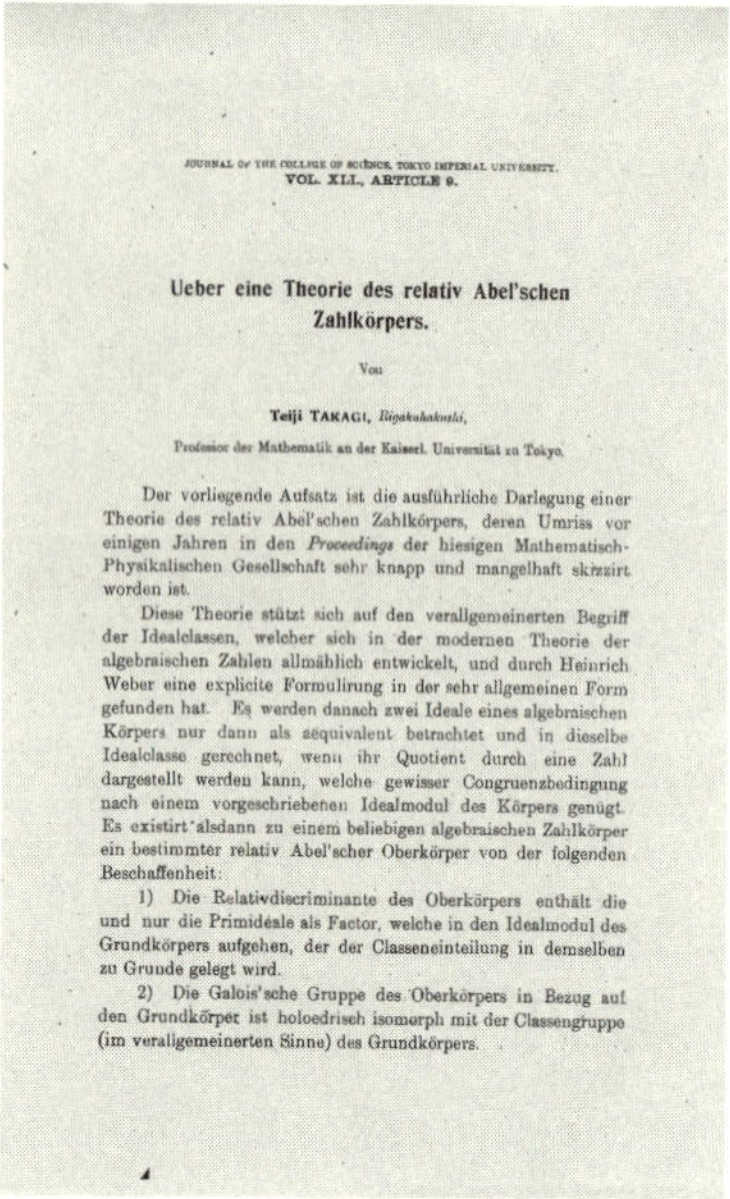

JOURNAL OF THE COLLEGE OF SCIENCE, TOKYO IMPERIAL UNIVERSITY.
VOL. XLI., ARTICLE 9.

Ueber eine Theorie des relativ Abel'schen Zahlkörpers.

Von

Teiji TAKAGI, *Rigakuhakushi*,

Professor der Mathematik an der Kaiserl. Universität zu Tokyo.

Der vorliegende Aufsatz ist die ausführliche Darlegung einer Theorie des relativ Abel'schen Zahlkörpers, deren Umriss vor einigen Jahren in den *Proceedings* der hiesigen Mathematisch-Physikalischen Gesellschaft sehr knapp und mangelhaft skizzirt worden ist.

Diese Theorie stützt sich auf den verallgemeinerten Begriff der Idealclassen, welcher sich in der modernen Theorie der algebraischen Zahlen allmählich entwickelt, und durch Heinrich Weber eine explicite Formulirung in der sehr allgemeinen Form gefunden hat. Es werden danach zwei Ideale eines algebraischen Körpers nur dann als aequivalent betrachtet und in dieselbe Idealclasse gerechnet, wenn ihr Quotient durch eine Zahl dargestellt werden kann, welche gewisser Congruenzbedingung nach einem vorgeschriebenen Idealmodul des Körpers genügt. Es existirt alsdann zu einem beliebigen algebraischen Zahlkörper ein bestimmter relativ Abel'scher Oberkörper von der folgenden Beschaffenheit:

1) Die Relativdiscriminante des Oberkörpers enthält die und nur die Primideale als Factor, welche in den Idealmodul des Grundkörpers aufgehen, der der Classeneinteilung in demselben zu Grunde gelegt wird.

2) Die Galois'sche Gruppe des Oberkörpers in Bezug auf den Grundkörper ist holoedrisch isomorph mit der Classengruppe (im verallgemeinerten Sinne) des Grundkörpers.

高木貞治類体論第一主論文

後年、高木は「回顧と展望」において類体論建設の苦心談を披瀝した。類体論は、あれはヒルベルトにだまされたのですと、高木はおもしろいエピソードから話し始めた。ヒルベルトの類体は不分岐な類体で、ヒルベルトはいつも不分岐ということをいうが、代数関数は何で定まるか、リーマン面で定まる、という、あの立場から見れば、不分岐ということは非常な意味をもつような気がしないでもない。重い意味をもつとヒルベルトが思っていたのかどうか、本当のところはわからないが、ともかくそんなふうに高木は思わされてしまい、「だまされたというのは悪いけれど、つまりこっちが勝手にだまされたのです。ミスリードされていたのです」というのである。

ところが、世界大戦の時代に入ってヨーロッパから本が来なくなったとき、不分岐などという条件を捨ててしまって自分でやってみると、すなわち、ヒルベルトの不分岐類体の概念を拡大して「分岐する類体」というものを考えてみたところ、「アーベル体は類体である」という事実に遭遇した。あまりにも意外なことなので、当然のことながら自分がまちがっていると思った。それで、どこか間違っているにちがいないと思い、間違いを探したが、見つからなかった。どんなに探しても見つからないので、神経衰弱になりかかったような気がしたというほどであった。このころはよく夢を見た。夢の中で疑問が解けたと思い、起きてやってみるとまるで違っていた。何がまちがいか、実例を探しても見つからない。だいぶ長く間違いばかり探していたので、理論ができあがった後になっても自信がなかった。近くにチェックする人がいなかったことも、自信をもてなかった理由のひとつに数えられる。

高木はこんなふうに回想した。鍵をにぎるのは「アーベル体は類体である」という事実であり、類体論はこの認識を根底に据えて構築されたのである。そこで高木はこれを「基本定理」と呼んだ。

高木は一般相互法則と「クロネッカーの青春の夢」を考えていたが、一般相互法則については世界大戦の前にフルトヴェングラーの一連の研究が公表されていた。ひとつは「ℓは奇素数として、代数的数体におけるℓ次の冪剰余の間の相互法則について」という論文で、『数学年鑑』第五十八巻(一九〇四年)に掲載された。続いて「代数的数体における素冪指数をもつ冪剰余に対する相互法則」という論文が出た。これは三連作である。掲載誌はすべて『数学年鑑』で、「I」は第六十七巻(一九〇九年)、

「Ⅱ」は第七十二巻（一九一二年）、「Ⅲ」は第七十四巻（一九一三年）に掲載された。

フィリップ・フルトヴェングラーはドイツの数学者で、ゲッチンゲン大学でクラインの指導を受けて学位を取得した。著名な指揮者ヴィルヘルム・フルトヴェングラーの親戚筋にあたる人物でもある。「クロネッカーの青春の夢」の方面ではフエターの論文「虚二次数体におけるアーベル方程式」があり、『数学年鑑』第七十五巻（一九一四年）に掲載された。一九一四年といえば世界大戦が始まった年だが、もう少し精密に時系列を追うと、フエターの論文が掲載されたのは『数学年鑑』の第七十五巻の第二分冊で、刊行されたのは一九一四年四月二日であるから、戦争の引き金となったサラエボ事件の直前である。フエターはオイラーの故郷でもあるスイスのバーゼルに生まれた人で、ゲッチンゲン大学でヒルベルトの指導を受けて学位を取得した。学位論文は「二次体の類体と虚数乗法」というのであるから、当初から「クロネッカーの青春の夢」をめざしていたのであろう。

高木はフルトヴェングラーの論文もフエターの論文も承知していた。実際に読みもしたが、読んでもよくわからないし、おもしろくなかったなどと回想した。

高木の類体論の第一論文「相対アーベル数体の理論」は大正九年、すなわち一九二〇年に出版されたが、もう少し精密に観察すると、刊行されたのは七月の末日のことであった。ところがその時点で高木はすでに日本を離れていた。「回顧と展望」によると、大学教授の欧米巡回ということで出張を命じられたのだが、この年はストラスブルクでちょうど第六回目の国際数学者会議が開催される年にあたっていた。そこで高木はこの場を借りて類体論を発表しようという考えに傾き、間に合わせるために急いで論文を書き上げたのである。出発前に印刷できれば別刷を持参することができたが、間に合わなかったため、後から送ってもらうことになった。

高木は七月八日に神戸から出港した。乗船したのは日本郵船の阿波丸であった。論文の実際の執筆と公表年との間には多少のずれが見られるのが普通だが、気づいたことを少々書き留めておきたいと思う。第一論文の末尾には

“Abgeschlossen im Februar, 1920”

と記されている。これは「一九二〇年二月に書き終えた」という意味の言葉である。この論文は二月までに完成し、それから印刷にまわしたのである。黒田成勝のエッセイ「高木貞治先生を敬慕して」(『科学』第三十巻、第五号、一九六〇年五月。『追想 高木貞治先生』に再録された)を参照すると、論文の校正を大急ぎで済ませ、別刷の発送を頼んでストラスブルクに旅立ったという事情が紹介されている。これは黒田が一九三〇年代になって高木から聞いた話である。

第二論文の出版は大正十一年だが、この論文の末尾には

“Abgeschlossen im Juni, 1920”

と記されている。一九二〇年六月に執筆が完了したという意味の言葉だが、それなら日本を離れる直前まで書き続けていたことになる。欧米巡回を終えて帰国したのは一九二一年の五月、第二論文が出版されたのはその翌年である。この時系列を見ると帰国してから第二論文の執筆に取り掛かったような気がするが、事実はそうではなく、実際には二篇の論文は同時にできあがったのであり、合わせて一篇の論文が二分されて発表されたと見るべきであろう。類体論という土台を構築して、そのうえに一般相互法則と「クロネッカーの青春の夢」の解決を打ち立てていくというのが高木の数学的構想だったのである

から、二論文が不即不離の関係で結ばれているのは当然である。

ストラスブルクの大学にはかつて藤澤利喜太郎が滞在していたことがあった。晩年のハインリッヒ・ウェーバーがいたので、高木も一時はベルリンからストラスブルクに移ろうとしたこともあったのである。そのころはドイツ領だったが、第一次世界大戦でフランスが勝ち、ドイツが負けたため、フランス領になった。この状勢の変遷に応じて呼び名もフランス風にストラスブールと表記するほうがよさそうにも思えるが、高木の表記は相変わらず「すとらすぶるぐ」「ストラスブルグ」であるから、ここでもドイツ風にストラスブルクのままにしておきたいと思う。

ウェーバーは世界大戦の直前の一九一三年に満七十一歳で亡くなった。

ストラスブルクの国際数学者会議の光景

大正九年の高木の出張は非常に長期にわたり、帰国したのは翌年、すなわち大正十年の五月十三日であった。同年七月、東京高等師範学校で開催された日本中等教育数学会第三回総会の場で「すとらすぶるぐニ於ケル数学者大会ノ話」という演題を立てて講演を行い、国際数学者会議の模様を報告した。『日本中等教育数学会雑誌』第三巻(大正十年、一一三―一一六頁)に掲載された講演記録に基づいて、数学者会議の模様を振り返ってみたいと思う。

九月二十二日、ストラスブルク大学の大講堂で開会式が行われた。司会をつとめたのは大学の総長である。翌二十三日から二十七日まで講演が続いた。講演は下記のような四部門に区分けされた。

第一部　整数論、代数学、および関数論

第二部　幾何学
第三部　応用数学
第四部　数学の歴史、教授法

少ない部門では出席者は十二、三名ほどだったが、多い部門では三十四、五名ほどの聴講者があった。毎日午前九時から十二時まで、各々の部門で同時に講演が行われた。出席者たちは銘々お好みに応じて好き勝手な部門のおもしろそうな講演を聴講するのであるから、聴講者があふれる講演もあれば、講演者ひとりに聴講者ひとりなどという講演もあった。講演時間は制限されて、ひとり二十分以内と決められた。

午後は各部門に分かれることはなく、全員が集まって、イギリスのラーモアの相対性理論の話とか、ベルギーのド・ラ・バレ・プーサンの集合論的関数論の話など、四人か五人ほどの著名な数学者たちの講演を聴講した。また、毎日レセプション、すなわち茶話会のようなものがひとつか二つ必ずあった。主宰するのは市とか総督とか大学の学友会、あるいはまたアルザスの理学協会（ストラスブルクはアルザス・ロレーヌ地域の中心地である）などで、みな思い思いに参加して自由に言葉を交わした。遠足も三、四回あり、ストラスブルクの数学者の案内を受けて市内や附近の旧跡名所を見物した。こんなふうにして相互の親睦をはかろうとするのだが、これはたいへんけっこうなことで、日本でもおおいにこの流儀を取り入れたらよいのではないかと高木は言い添えた。教室で講義を聴くというような窮屈なことにあまり時間を取ったりしないで、どうせ大勢の人が同じことに興味をもつことはむずかしいのだから、それよりも相互に自由に話し合う機会を増やすようにしたいというのであった。

国際数学者会議は一八九七年にスイスのチューリッヒで開かれたのが第一回で、三年後の第二回目のパリの会議ではヒルベルトの「パリの講演」があり、高木の記憶では、国際数学者会議はこの第二回目の会議から有名になった。第三回以降は四年ごとに開催されることになり、第三回目（一九〇四年）の開催地はドイツのハイデルベルク、第四回目（一九〇八年）はイタリアのローマ、第五回目（一九一二年）はイギリスのケンブリッジであった。その次の第六回目は一九一六年にスウェーデンのストックホルムで開催されることになっていたが、第一次世界大戦のため国際会議としては成立せず、この年は北欧諸国の数学者たちだけの集まりになった。

そこで本当なら今度のストラスブルクの会議は第七回目に数えるべきところ、ストックホルムの会議は勘定に入れないというので第六回目ということになった。ただし、会議の性格は大きく変わった。何分にも大戦の直後のことで、フランスは戦勝国、ドイツは敗戦国と明暗が分かれたため、ドイツとオーストリアの数学者はストラスブルクの会議には招かれず、連合国側の諸国と中立国の数学者だけの集まりとなったのである。それに、今後も四年ごとに開会することは前の取り決めの通りだが、当分の間、ドイツとオーストリアの側の数学者たちには出席案内を出さないことになった。高木はこの状勢を的確に指摘して、「少し性質の異った第一回万国数学会が開かれた訳であります」と報告した。

アルザス・ロレーヌ地域は長い歳月にわたってフランスとドイツの係争地であり、その中心地のストラスブルクが今度の会議の開催地に選定されたのは、そのこと自体にすでにドイツ排除の色彩が鮮明に現れていた。ドイツ側にはドイツ側の不満があり、万国と名づけるのは不当である、組織が変化したのに同じ名前をつけるのは不可であるという抗議を行った。「世界中の学者が戦争中の感情を棄てて戦前通り円満に交際するというのとは正反対の傾向」が現れているのである。このように述べた後に、高木は「誠に遺憾に思われます」と所見を付け加えた。国と国との間に発生する政治上の争いはそれはそれとして、学問は学問として万国の数学者たちが平和裡に話し合いを深めてほしいというほどの、率直な感情の表明である。それに、広くヨーロッパ諸国を見渡しても、代数的整数論の研究が行われているのはほとんどドイツだけであり、ウェーバー、ヒルベルトを通じてガウス以来のドイツの数論の系譜を継ごうとする高木にとって、そのドイツの数学者たちの姿が見られない国際会議はやはり物足りなかったのであろう。

この時期のフランスでは、ドイツとの学術上の交際を断つということが新聞や書籍で盛んに論じられていた。だが、学術上の交際は出版物を通じて行われることが多いのであり、ドイツ人の著作だから読まないということはなく、ドイツの書物はフランスにもだいぶ入ってきていた。ドイツ側との交際を断つというのは出版物の交際を断つということではなく、ドイツの書物はフランスで熱心に迎えられ、戦時中にドイツでできた新しい数学の雑誌なども盛んに読まれていた。

フランスの状況はどうかというと、経済上の事情により出版が非常に困難になっていて、定期刊行物なども休刊になったり廃刊になったりするものが多く、規模を小さくするものもあった。全集のような大きな出版物も当分延期を余儀なくされるような状況で、重大な問題になっていた。他方、フランスの社会では古典文学と並んで数学が非常に尊敬されていて、一般社会の数学に対する理解が深いことは日本の及ぶところではないと、高木は痛切に感じた。今度の数学者会議なども社会の評価は非常に高く、ストラスブルクでは開催地になったことを市の名誉と考えている。このようなところは日本としてもおおおいに鑑みるべきではないかというのが高木の所見であった。

高木はおおよそこのように報告し、最後に「因《ちなみ》にいう」として、自分の講演のことを言い添えた。日本からの出席者は高木と小倉金之助の二人で、二人とも講演を行った。小倉の講演はインターポレーション（補間法）の理論についてのものであった。高木は「整数論に関する研究の結果」を披露した。類体論の完成と「クロネッカーの青春の夢」の解決を告げる一番はじめの講演であった。

類体論を講演する

ストラスブルクの国際数学者会議の場での高木の講演の模様を伝えてくれるのは、高木の講演記録「回顧と展望」と小倉金之助の談話である。本田欣哉のエッセイ「高木の伝記」（『追想　高木貞治先生』所収）によると、本田は昭和三十六年四月二十七日に小倉金之助にインタビューを行った。そのとき採集した情報は、本田が日本評論社の数学誌『数学セミナー』に連載した作品「高木貞治の生涯」の第五回（『数学セミナー』一九七五年五月号）に紹介されている。

本田の記事を参照し、適宜補いながら高木の講演の模様を再現してみたいと思う。高木は八月二十日ころマルセーユに到着し、そのままパリに向かってオテル・ディエナに宿泊した。ちょうど小倉は留学してパリに滞在中だったが、この時期のパリには小倉のほかに園正造《そのまさぞう》と阿部八代太郎《あべやよたろう》がいた。園は京都帝大の数学者で、河合十太郎とともに岡潔の数学の師匠でもあった。京大の学生だった岡に、高木とその類体論の話をしたこともあり、岡は深い感激をもって園の話を聞いたと伝えられている。阿部は数学教育の方面で著名な人物である。

高木の講演はフランス語で行われたが、パリで日本大使館の世話を受けてフランス語の先生を見つけてもらった。

ある日の夕方、小倉、園、阿部の三人はオテル・ディエナに高木を訪ね、夕食をともにした。その席で高木がストラスブルクの数学者会議にいっしょに行こうと誘ったところ、阿部と園は帰国直前で忙しいと断ったが、小倉は承諾し、急いで申込みをした。

数学者会議は九月二十二日が開会式であった。高木はその数日前にストラスブルクに到着した。宿泊先はメサンジュ通りのヴィル・ド・パリである。小倉は会議の直前に到着し、駅前広場に面したオテル・クリストフに投宿した。高木の講演は九月二十五日の午前十時ころから始まった。小さい教室であった。講演の題目は「代数的な数の理論のいくつかの一般定理について」。座長はアメリカの数学者ディクソン。聞き手は五十人ほどで、中にフエター、アダマール、アイゼンハルト、D・E・スミスなどの姿が見えた。高木は黒板に何も書かず、フランス語の原稿を読み続けた。終了後、十分ほどの質疑応答の時間が設けられたが、質問する人はなかった。

本田の伝える小倉の回想は以上の通りである。高木の「回顧と展望」に基づいてもう少し補足すると、初日の九月二十二日の夜、レセプションがあったが、高木の近くで「あの日本人が整数論の話をするというではないか。たぶんフェルマをやるんだろう。こいつはおもしろいぞ」などという私語が聞こえてきた。これには高木も苦笑した。

高木の講演を聴いていた人のうち、フエターは「クロネッカーの青春の夢」の解決をめざして「虚二次数体におけるアーベル方程式」という論文を書いた人であるから、高木の講演に関心を示す可能性があった。ゲッチンゲン大学でヒルベルトの指導を受けて学位を取得したが、故郷はスイスのバーゼルであるから、今度の会議に参加することができたのである。素数定理を証明したことで知られるフランスの数学者アダマールも、高木の講演を聴講した。高木はアダマールには期待をかけていたようで、「彼は問題を理解する。興味をもつか、もたんかは知らんが、問題を理解する人である」と書いているが、実際には反響は何もなかった。講演は十五分ほどであった。

ストラスブルクの数学者会議の終了後、翌年のことになるが、高木は一九二一年にハンブルクに行った。この時期のハンブルク大学にはヘッケとブラシュケがいた。高木の論文の別刷が届いていて、女性の助手がそれを読んでいた。類体論がヨーロッパで一番早く読まれた場所はハンブルクで、その女性は後のエミール・アルチン夫人だったろうと高木は思った。

ヒルベルトは高木の論文を読んだのだろうかという疑問が生じるが、一九二五、六年ころ、高木のもとにヒルベルトから手紙が届いた。何でも代数的整数論の講義をしたとかするとかいうことで、ついては高木の論文を「はじめて読んだ」と書かれていて、そこのところに“ausführlich”（アオスフューァリヒ、「くわしく」の意）と書き入れがあった。高木が思うに、一九二〇年に受け取った論文を一九二五年になってはじめて読んだというのではあまりに気の毒だから、「はじめてくわしく読んだ」ことにしたのである。この「くわしく」という一語の書き込みは高木もおかしかったようで、ヒルベルトもああ見えてもなかなか細心なところがあると思ったことであった。

黒田成勝のエッセイ「高木貞治先生を敬慕して」によると、ヒルベルトの手紙の主旨は類体論の第一論文を『数学年鑑』に掲載したいという申し出であった。高木はこれに応じ、一夏をかけて読み直し

（手紙が届いたのは夏の前の六月あたりのことであろうか）、原著の別刷に多少手を入れて送付したが、『数学年鑑』には掲載されなかった。ヒルベルトは高木の論文を読んで代数的整数論の講義をしたのかどうかということも気になるが、講義が行われたのであれば、筆記録がとってあると思われるが、それを見た人がいるのかどうか、高木も確認していない。この講義の話はヒルベルトの伝記にも見あたらず、おそらく実現しなかったのではないかと思う。

一九二五年というと、ゲッチンゲンでは六月二十二日にヒルベルトの同僚のクラインが亡くなった。満七十六歳であった。ヒルベルトはヒルベルトで健康がすぐれず、この年の秋には悪性貧血という病名が判明した。不治の病と見られた難病であり、ヒルベルトも余命いくばくもないという状態に陥ったが、ちょうどこの年にアメリカで新しい治療法が発見され、そのおかげでようやく健康が回復した。多事多難の時期に際会し、ヒルベルトも代数的整数論の講義を実行するだけの余裕がなかったのであろう。

ゲッチンゲンでジーゲルのうわさを聞く

高木の欧米巡回はストラスブルクの数学者会議の後も続いた。ストラスブルクからパリにもどり、スイス、イタリアを経てドイツに行き、ゲッチンゲンではヒルベルトとランダウに会った。ジーゲルのうわさを耳にしたのもゲッチンゲンにおいてであった。ジーゲルは一八九六年十二月三十一日、ベルリンに生まれた。はじめベルリン大学に学び、それから一九一九年になってゲッチンゲン大学に移ったばかりであった。高木は実際にジーゲルに会ったのかどうか、単にうわさを聞いただけなのかどうか、そのあたりの消息は不明瞭だが、帰国後、ジーゲルのもとに第一論文の別刷を送ったほどであるから、何かしらよほど強い印象を受ける出来事があったのであろう。

ドイツではベルリンとハンブルクにも行き、それからイギリス、アメリカを経て帰国した。日本に到着したのは大正十年五月十三日である。高木は東大では第三講座（代数学）を担当していたが、留守中は東北帝大の藤原松三郎が非常勤講師として代数学を講じた。

大正九年には数学科に新たに第五講座が設置された。第五講座は幾何学の講座で、担当者は中川銓吉である。大正十年の秋十月、藤澤利喜太郎は満六十歳になり、停年制度により退官した。

帰国した年の翌年の大正十一年、高木の類体論の第二論文「任意の代数的数体における相互法則」が刊行された。第二論文のテーマは一般相互法則で、第一論文の類体論を基礎にして相互法則の姿形が解明された。「クロネッカーの青春の夢」は第一論文の段階ですでに解決されていたから、ヒルベルトが表明した夢のような数学的世界が、こうしてすっかり実現したのである。

ヨーロッパに広まる類体論

ゲッチンゲンでジーゲルのうわさを聞いた高木は、帰国後、ジーゲルのもとに第一論文の別刷りを送付したが、あるとき、というのは一九二二年になってまもないころと思われるが、ジーゲルはアルチンに高木の第一論文の別刷をわたして、読むようにとすすめた。アルチンはこれを受けて第一論文を読み、深く感動し、高木に依頼して第一論文の別刷を送ってもらった。ジーゲルから拝借して読んだのだが、自分のものも欲しかったのである。高木から第二論文の別刷もいっしょに送られてきた。

アルチンは一八九八年三月三日、オーストリアのウィーンに生まれた。第一次世界大戦中にウィーン大学に入学し、召集を受けて兵役につき、戦後、ライプチヒ大学で学位を取得した。それから一九二一年から一九二二年にかけての一年間ほど、ゲッチンゲン大学に滞在したが、ジーゲルに高木の論文をすすめられたのはこの時期であるから、満年齢でいうと二十三歳から二十四歳にかけてのことになる。一九二二年の秋十月、ハンブルク大学の助手になり、翌年にはハビリタツィオーンも取得して私講師になった。

アルチンは高木の第二論文にヒントを得て、一九二七年に「一般相互法則の証明」(『ハンブルク大学数学セミナー論文集』第五巻、三五三—三六三頁)という論文を公表した。これで相互法則は一段と完成度が高まったような感じになり、そのためか、類体論は「高木・アルチンの類体論」と称されることがある。

アルチンにすすめられて高木の論文を読んだ人にヘルムート・ハッセがいる。ハッセは一八九八年八月二十五日、ドイツのヘッセン州北部の都市カッセルに生まれた。ベルリンのギムナジウムに学んだ後、海軍に志願して戦中をすごし、それからゲッチンゲン大学に入学し、さらにマールブルク大学に移ってヘンゼルのもとで学位を取り、続いてハビリタツィオーンも取得した。一九二二年、キール大学講師。三年後の一九二五年にはハレ大学の教授に就任し、この年、ドイツ数学者協会の年会で「類体論の最近の発展について」という講演を行った。内容はもっぱら高木類体論の紹介であった。高木の第一論文を読んだのは一九二三年ころであるから、この間、二年ほどかけて高木類体論を研究したのである。

高木の論文を研究したアルチンは「アルチンの相互法則」を発見したが、ハッセは、「代数的数体の理論の新しい研究と諸問題に関する報告」という長大な報告書を作成した。この報告は三部構成で、第一部 類体論『ドイツ数学者協会年報』第三十五巻、一九二六年、一—五五頁

第二部　証明　『ドイツ数学者協会年報』　第三十六巻、一九二七年、二三三―三一一頁

第三部　相互法則　『ドイツ数学者協会年報』　別巻六、一九三〇年、一―二〇四頁

というふうに、完結までに五年を要している。主役を演じるのは高木の類体論とアルチンの相互法則で、高木の数学者としての名声はこの報告により確立したといえそうである。

類体論への関心はフランスにも生まれ、クロード・シュヴァレーとジャック・エルブランという二人の人物が現れた。シュヴァレーは一九〇九年、エルブランは一九〇八年の生まれで、ジーゲル、アルチン、ハッセが第一次世界大戦の戦中派の世代であったのに対し、シュヴァレーとエルブランは戦後になって教育を受けた世代である。もっともフランスに唐突に整数論が芽吹いたというわけではなく、シュヴァレーはパリのエコール・ノルマル・シュペリュール（高等師範学校）を卒業した後、ドイツに留学し、ハンブルク大学でアルチンに学び、マールブルク大学ではハッセのもとで学んだ。エルブランもシュヴァレーと同じくパリのエコール・ノルマル・シュペリュールの出身で、卒業後、やはりドイツに留学した。ハンブルクでアルチンに学び、ゲッチンゲンではエミー・ネーターに学んでいる。

こうして高木の類体論はヨーロッパの地に根づき始めた。ジーゲルに送付した第一論文の別刷が端緒を開き、アルチン、ハッセ、シュヴァレー、エルブランたち若い世代の手にバトンがわたり、類体論の波頭は次第に広がっていった。

ヒルベルトの「数論報告」はガウス以降の十九世紀のドイツ数論史を俯瞰して、行く末を展望しようとする作品であった。ヒルベルトは数論を完成の域に高めるための具体的なアイデアも同時に提案し、試作（「相対二次数体の理論について」）を書き、それから全体の姿を素描した（「相対アーベル数体の理論に

ついて」)。それが類体論であり、これを実現したのが高木である。ヒルベルトが心に描いた類体論は本当に存在することが明るみに出されたが、その直後にアルチンが発見した一般相互法則は、さながら画龍点睛のような働きを示したのであった。

四　過渡期の数学

新たな著作活動のはじまり

数学研究とは別の方面に目を向けると、昭和初年ころから新たな著作活動が開始された。昭和三(一九二八)年はアルチンの一般相互法則の論文が発表された年(一九二七年)の翌年だが、この年の四月から共立社の企画により「輓近高等数学講座」の刊行が始まった。全十八巻で構成され、昭和四年十月までに完結した。高木はこの講座のために「数学雑談」を分載した。共立社は今日の共立出版の前身である。

「輓近高等数学講座」の完結に続いて、昭和五年一月から「続輓近高等数学講座」と銘打って講座の続篇の刊行が開始された。今度は全十六巻の構成で、二年弱の歳月をかけて昭和六年十一月までに完結した。高木は「近世数学史談」と「続数学雑談」を執筆した。この二つの講座を皮切りに、高木の活発な著作活動が始まった。若いころからすでに『新撰算術』や『新撰代数学』や『新式算術講義』などを出していたが、その後は教科書の執筆が見られるだけに留まっていた。この時期の高木は類体論に向けた思索に打ち込んでいたが、主要な二論文が完成して類体論研究に区切りがついたころを境にして、新たに教科書以外のさまざまな著作が現れ始めたのである。数学研究の体験が色濃く反映し、どのひとつも長い期間にわたって読者が絶えず、没後五十年を越えた今も読み継がれている。

昭和五年には『代数学講義』（共立社）が刊行され、昭和六年には『初等整数論講義』（共立社）が刊行された。

昭和七年の高木は五十七歳だが、この年の四月から大学で「微分積分学」の講義を始めた。今日の微積分の全テキストの範型『解析概論』（岩波書店）の根幹をつくることになる講義である。東大の数学科は大正九年以来、五講座制となり、高木の担当は昭和六年度まで第三講座「代数学」であった。昭和六年度まで第一講座「解析学」を担当した坂井英太郎が昭和七年三月で停年退官したが、高木はこの講座を坂井に代わって担当することを申し出たのである。代数学の講義の担当は高木に代わって末綱恕一になった。ちなみに昭和七年度の他の講座の担当者は、第二講座「微分方程式論」の吉江琢兒、第四講座「関数論」の竹内端三《たけうちたんぞう》、第五講座「幾何学」の中川銓吉である。

この年、七月十二日から十二月三日まで、欧州各国に出張に出かけた。これで三度目のヨーロッパ行である。九月五日から十二日まで、チューリッヒで開催された第九回国際数学者会議に日本学術研究会議代表として出席した。

出張中の十一月には岩波書店の新企画として岩波講座「数学」の配本が始まっている。岩波茂雄の発案で実現した企画であり、高木も協力を惜しまなかった。十一月に第一回目の配本があり、以後、月に一回ずつの目安で配本が続き、昭和十年八月、第三十回目の配本があって完結した。高木は『解析概論』と『代数的整数論』を執筆した。

高木は第一回目に配本された第一巻に「書信」という原稿を寄せた。二通の手紙で構成され、一通目は岩波茂雄宛で、チューリッヒの数学者会議の状況報告である。末尾に「九月下旬　ぱりニテ」と記入された。もう一通は「S君」宛で、ヒルベルト訪問記である。一九三二年十月八日にゲッチンゲンにおいて執筆したと明記されているが、高木はこの日、エミー・ネーターの案内を得て、ヴィルヘルム・ウエーバー通りに住む旧師のヒルベルトを訪問した。「S君」というのは末綱恕一のことであろう。

岩波講座「数学」の「月報」にも四回にわたって記事を寄せた。題目のみあげると、次の通りである。

一　「解析概論について」　第五回配本（昭和八年四月）。末尾に記された日付は「昭和八年二月二十八日」。

二　「涓滴《けんてき》」　第十回配本（昭和八年九月）

三　「代数的整数論について」　第十九回配本（昭和九年六月）

四　「終刊に際して」　第三十回配本（昭和十年八月）

チューリッヒの国際数学者会議

岩波講座「数学」の第一回配本に収録された高木の二通の書簡のうち、一通目の岩波茂雄宛の手紙には、チューリッヒで開催された国際数学者会議の情景が描かれている。高木は欧州各国に出張の辞令を受け、七月十二日に神戸を出港し、マルセーユに向かった。大学卒業の直後のドイツ留学、ストラスブルクの数学者会議出席をともなう欧米巡回に続き、ヨーロッパ行はこれで三回目である。八月二十日、ナポリ着。数学者会議まで日にちに余裕があるので、曾遊の地をしのぶことにして、ローマ、フィレンツェを経て九月三日、チューリッヒに到着。ここで岩波茂雄からの電報を受け取った。

国際数学者会議の会場はチューリッヒ連邦工科学校とチューリッヒ大学であった。「チューリッヒ連邦工科学校」と表記した学校は、今日の日本の文献では「スイス連邦工科大学チューリッヒ校」と表記されている。略称は「チューリッヒ工科大学」。ローザンヌに姉妹校があり、その姉妹校は「スイス連邦工科大学ローザンヌ校」である。高木は「連邦工芸学校」と表記した。チューリッヒ連邦工科学校に隣接してチューリッヒ大学がある。工科学校は国立だが、大学は州立である。

四十一箇国に及ぶ国々から優に八百人を越える参加者があった。悪性貧血に苦しめられていたヒルベルトもようやく健康を回復したようで、来会した。会期は九月四日から十二日まで。午前中は九時から十二時まで、工科学校で全部で二十件の一般講演が行われた。講演時間は各題目一時間以内。高木が書き並べている題目を参照すると、ガストン・ジュリアの講演「複素変数関数論の進展に関するエッセイ」が目に留まる。ジュリアはフランス留学時代の岡潔の師匠であった。ほかにカラテオドリー（ドイツの数学者）の講演「多変数関数による解析的写像について」、セヴェリ（イタリアの数学者）の講演「多変数解析関数の一般理論」と、多変数関数論の講演が並んでいる。「クロネッカーの青春の夢」に関心を寄せていたフエターの講演もあり、題目は「イデアル論と関数論」であった。

一般講演は各々の題目に関して数学の現状を大観するというものがあったり、あるいはまた自家の所見を宣伝するというものもあったりで、どれも有益で興味の深いものばかりであった。もっとも高木は早起きが得手というほうではないため、たいてい十一時からの講演を聴いたのだが、七日の水曜日は座長をせよとのお達しがあったため、この日に限って九時から十二時まで聴講を余儀なくされた。そうしたところ十一時より前の講演もまた有益で、しかも興味深いものだったので、他の日の十一時前の講演のおもしろさもまた推して知るべしと確信したことであった。高木は岩波茂雄に宛てて、こんなふうにおもしろい冗談を交えながら報告した。

午後は月水金土の四日間、すなわち五日、七日、九日、十日のことになるが、三時から六時まで大学の教室で八個の分科に分かれて講演が行われた。八個の分科の内訳は次の通りである。

(一) 代数学および整数論
(二) 解析学
(三) 幾何学
(四) 確率論、保険数学、統計学
(五) 天文学
(六) 力学、数理物理学
(七) 哲学、歴史
(八) 教育

分科の講演は各題目十五分以内であった。

フィールズ賞

数学者会議の実体は講演会だが、講演ばかりがコングレスではないと高木は話を続けていく。チュー

高木貞治（大正14（1925）年ころ）

リッヒの数学者会議では、初日、すなわち九月四日の日曜日の夜には参会者のレセプション（歓迎会）があった。月曜の晩は音楽堂で演奏会、火曜の午後はチューリッヒ湖で舟遊び、木曜は三組の遠足会、土曜の夜は市立劇場でスイス連邦主催の夜会、二度目の日曜日の午後にはドルダーホテルでチューリッヒ市主催のお茶の会があった。これに加えて毎日のお昼休みが非常に長く、正午から三時まで取られていて、会員たちが相互に自由に語り合う時間がたっぷりあった。高木の見るところ、このような配慮こそが数学者会議の重要な半面であり、ベターハーフ（良き伴侶）なのであった。

第一次世界大戦が終結してからこのかた、国際数学者会議は世界の各地で四年ごとに順調に開催されていた。高木は第六回目のストラスブルクの国際数学者会議に出席し、類体論をテーマにして講演したが、それは一九二〇年のことであった。次の第七回目はカナダのトロント（一九二四年）、第八回目はイタリアのボローニャ（一九二八年）、その次が今回のチューリッヒである。チューリッヒは一八九七年の第一回目の数学者会議の開催地でもあった。

チューリッヒでの二度目の数学者会議では、フィールズ賞が制定されたことも大きなニュースであった。フィールズはカナダの数学者で、一九二四年のトロントの数学者会議の時期にはカナダ王立協会の会長だった人物だが、数学者会議の開催のために多額の寄附金を集めることに成功した。若い数学者の研究を顕彰し、数学の発展を願うという志の持ち主で、数学賞の創設を構想していたが、一九三二年八月九日に亡くなった。おりしもチューリッヒの数学者会議を一箇月後に控えた時期であった。この事態を受けて、カナダから、トロントの数学者会議のために集めた資金の残りを、フィールズの遺志に基づいて提供したいという申し出があった。次の第十回目の数学者会議は一九三六年にノルウェーのオスロで開催される予定になっていたが、そのときから毎回二個の賞金牌を「若い数学者」に授与するという趣旨の提案であった。数学者会議ではこの申し出を承認し、一九三六年までに実行の方法を定めることに決し、そのための委員が指名された。委員はドイツのカラテオドリー、フランスのエリー・カルタン、イタリアのセヴェリ、アメリカのバーコフ、それに高木の五人である。委員長はセヴェリであった。高木は固辞したが、民族と専門との組み合わせを考えて苦心して銓衡したのであるから受けてほしいという要請に応じ、引き受けることにした。

四年後のことになるが、一九三六年の年初、二月から三月にかけて、フィールズ賞選考委員会の委員長のセヴェリが第一回日伊交換教授のため日本の国際文化振興会の招致に応じて来日し、東大理学部で連続講義を行った。セヴェリの専門は代数幾何学だが、講義のテーマは多変数関数論であった。講義は英語で行われ、セヴェリの講義ノートに基づいて彌永昌吉の手で訳出されて、岩波書店の叢書「科学文献抄」の一冊として『多変数解析函数論講義』(昭和十一年十一月二十日発行)という書名で出版された。

一九三六年はオスロで第十回目の国際数学者会議が開かれる年で、フィールズ賞の受賞者が出ることになっていたため、フィールズ賞の候補者について高木と相談することが来日の主目的であった。セヴェリは関西方面にも足をのばし、京大でも講演を行った。ここでは、代数幾何学を専攻するセヴェリの講義のテーマが多変数関数論であったという事実に着目しておきたいと思う。

高木貞治『近世数学史談及雑談』共立出版、合本、再版、昭和21（1946）年発行

一九三二年のチューリッヒに話をもどすと、数学者会議の後、高木はパリにもどり、九月下旬、岩波茂雄宛の手紙を書き、これからドイツに入り、ベルリン、ハンブルク、ゲッチンゲンを訪ね、ウィーン、ブダペストあたりまで足をのばしたいという考えを伝えた。十月末にはマルセーユから乗船し、十二月はじめに帰国する予定であった。この計画は順調に進み、十二月三日、神戸に到着した。高木の最後の洋行はこれで終わった。

著作の数々

高木がパリで書いたチューリッヒ便りとゲッチンゲンで書いたヒルベルト訪問記は、岩波講座の企画と同時期のルポルタージュである。書簡の形を借りたエッセイであり、岩波講座の第一回目の配本に収録されたが、少し前の共立社の数学講座に掲載された作品に立ち返ると、『数学雑談』は数学の基礎にテーマを求めた数学エッセイで、洋行前の二冊の著作『新撰算術』と『新撰代数学』の系譜に連なっている。この方面に寄せる高木の関心は非常に深く、晩年にいたるまで途絶えなかったが、由来を尋ねれば三高時代の河合十太郎の影響にさかのぼるのではないかと思う。河合のもとで吉江琢兒といっしょに解析学の基礎を論じたデデキントの著作を読み、それから洋行してヒルベルトに会い、ヒルベルトの著作『幾何学基礎論』に影響を受けて、数と量に関する独自の理論に磨きをかけた。ヒルベルトに学んだのは数論ばかりではなかったのである。

『近世数学史談』は十九世紀の数学史を語るエッセイ集だが、取り上げられている数学者を見ると、ガウスとアーベルとヤコビの話が大半を占めている。数学の内容を見ると、話題の中心は数論、代数方程式論、楕円関数論、それに複素関数論であるから、さながら高木自身の類体論研究の揺籃期の回想録のような印象がある。平明な文章で綴られているが、鋭い所見が随所に見られ、類体論の建設者でなくては書くことのできない力が備わっている。

昭和五年の『代数学講義』と昭和六年の『初等整数論講義』は東大で行った講義の記録である。岩波書店の数学講座では「解析概論」を連載し、昭和十三年になって単行本の形で刊行されたが、これも大学での講義が下敷きになって生まれた作品である。

『解析概論』

岩波書店の企画で刊行された岩波講座「数学」の第一回目の配本が発行されたのは、昭和七年十一月二十日であった。翌昭和八年四月には五回目の配本があり、「解析概論」の連載が開始されたが、高木はこの回の配本の附録の月報に「解析概論について」という一文を寄せた。

この講座に採択すべき項目選定に関しての評議の折であったが、一般項目中に微積分がなくては、数学講座として体裁上不都合であろう、しかし項目表を眺めて見ると、一般的にも特殊的にも、解

高木貞治『解析概論　微分積分法及初等函数論』岩波書店、昭和13（1938）年発行

析学の隅から隅まで、細かに網が張られてあるから、微積分など何も書くことがあるまい、其上微積分というものは、何遍書いても、例に依て例の通りの型にはまって書き栄えもしないくせに、多大の頁数を要するのが迷惑千万である。どうしたものであろうかというヂレンマに直面したのであった。解決が付かないので、早急の場合、已むを得ず、筆者は「解析概論」を標題とする条件の下に、このヂレンマを背い込んでしもうた。その条件に由って型にはまらない自由だけは保留した積りで、又多少考えもあったけれども、勿論成案を持って居たのではない。

抑々《そもそも》微積分は数学の一科というよりも、むしろ教課上の名目である。十八世紀には微積分が数学の全部と言えなければ大部分であったが、その十八世紀の微積分が発育成長して今日の解析学になったのだから、現今では微積分は解析入門としてのみ存在理由を有し得るのである。解析入門ならば、広くも狭くも、又浅くも深くも、目的に従て伸縮自在であらねばならない。そこに固定した化石のような型があるべきでなく、時世に順応して変遷すべきであろう。

上記の立場から此処で解析入門を書いて見る。仮に標題を解析概論として置いた。先ず第一章として基本概念について述べた。主として応用上の方面に於て解析学に興味を有する読者には或は不急の文字かも知れない。しかし基本的概念も要するに実用が生んだ産物であるから、若しも「実用的」が「間に合わせ」の同意語でないならば、何時かは当面せざるを得ない問題である。基本的というてもペダンチックでなく、平易に書く積りである（昭和八、二、二八）。

「解析概論」の連載は第五回配本に始まり、以後、昭和十年の最後の第三十回目の配本にいたるまで、断続的に八回にわたって継続されて完結した。高木は数学史を概観して「十八世紀には微積分が数学の全部と言えなければ大部分であったが、その十八世紀の微積分が発育成長して今日の解析学になった」と語り、そのうえで「現今では微積分は解析入門としてのみ存在理由を有し得るのである」という認識を示した。この認識の土台のうえに「解析学への入門としての微分積分」を構築しようというのが、「解析概論」に寄せる高木の意図であった。大学での講義と岩波講座「数学」における連載稿の執筆が足並みを揃えて進行したのである。

岩波書店から著作『解析概論　微分積分法及初等函数論』が刊行されたのは、停年退官して二年後の昭和十三年五月十日であった。定価七円。六百十二頁に及ぶ大きな作品であった。

代数的整数論を語る

昭和九年六月に発行された岩波講座「数学」の第十九回配本の附録の月報（第十九号）を見ると、高木のエッセイ「代数的整数論について」が目に留まる。この回の配本から高木の「代数的整数論」の連載が始まるので、それに連動して基本方針と抱負を表明するという趣の一文だが、ヒルベルトの「数論報告」の解題なども語られている。高木の語る整数論小史というおもむきの興味の深い文章であり、ここに全文を引きたいと思う。

まずはじめに語られるのはヒルベルトの全集の第一巻である。

二十世紀初頭に於ける整数論の状勢を大観する為に最善の機会が、一昨年（一九三二）七十回誕辰の直前に発行されたヒルベルトの論文集第一巻に由つて、幸にも吾々に与へられた。ここで問題になるのは、同巻の大部分を占める次の三編である。

（1）代数体論（六三―三六三頁）一八九七

（2）相対アーベル数体論（四八三―五〇九頁）一八九八

（3）相対二次体論（三六四―四八二頁）一八九八

「誕辰」というのは誕生日のことである。

上記の中、（1）は一八九七年、独逸数学協会年報に載せられた十九世紀末に於ける代数的整数論の綜合報告である。それは今や古典であつて、整数報文 Zahlbericht と称せられてゐる。奇妙な暗合で、又しても世紀の変わり目が目標になるのだが、ガウスの Disquisitiones Arithmeticae〔引用者註：著作『アリトメチカ研究』〕が十九世紀初頭の整数論の綜合報告であつたのと同様である。流行に従て綜合報告というたけれども、ガウスに於ても、ヒルベルトに於ても、それは謄写式、タイピスト式のそれではない。整理と改造の上に、将来発展の指針を加へた大論策であつたことを、その後の歴史が証明してゐる。

ここで高木は「今少しくヒルベルト報文の解題をする」と宣言し、ヒルベルトの「数論報告」の解題に向かう。

報文第一部は一般的数体の整数論で、それはデデキンドのイデヤル論、クロネッケルの形式的整数論の簡潔なる叙述である。第二部、ガロア体論はそれの継続であるが、それの主要部はヒルベルト自身の創作で、現今ヒルベルトの理論と呼ばれてゐる。以上両部（論文集では六三―一五六頁）は、現今に於ても代数的整数論の一般論に関して底本である。

本講座、代数的整数論に於て、「前編、一般論」として、その要所を概説する。

高木は東大では代数的整数論の講義を行わなかったが、岩波書店の数学講座ではこれを取り上げた。六回にわたって分載されて完結したが、全体は前編と後編に二分されている。上に引いた解題を見ると、ヒルベルトの「数論報告」が強く意識されている様子がうかがわれる。

報文第三部、二次体論はガウスの理論の現代化で、第四部アァベル体論（引用者註：第四部の表題は「円体」となっている）第五部クンメル体論はラグランジュ、ヤコオビ、クロネッケル、クンメルの業績の大整理であるが、これらは現今既に数学史料といふべきものになつてゐる。しかし如上、整理的工作の中から、三十歳のヒルベルトは大胆なる一般的アァベル体論の建立の示唆を得たのであつた。

上記（2）の論文アァベル体概論に於て、ヒルベルトは、彼れの理想の輪郭を描いて、（3）の論文、相対二次体論に於て、その理想の一端を実現したのであつた。

ここでは、相対アーベル数体の理論はヒルベルトの若い日の夢であったことが語られている。クロネッカーに青春の夢があったように、若いヒルベルトにも夢があり、高木もまた数論に夢を抱いて洋行した。クロネッカーからヒルベルトへ。ヒルベルトから高木へ。日本の近代における高木の洋行と数論研究の意味は、数論における夢の系譜の継承という一点において、もっともよく現れている。

青春の夢の系譜

高木の一文の引用を続ける。「クロネッカ」と「クロネッケル」が混じっているのは原文の通りである。

現今に於ては、ヒルベルトの若き日の夢は――クロネッカの昔の若夢を一小部分として包括して――ほぼ実現化されてゐる。ヒルベルトの大きな夢は、奇妙にも、それを尚ほ大きい夢に化したときに、容易に実現されたのであつた。老ヒルベルトはそれを数学の最高建築として誇らかに宣伝する。一昨年チュリリヒのコングレスでは、彼は Aller Anfang ist schwer という諺を引用して、基礎工作をなした喜悦を陳べたのであつた。
ヒルベルト式のこのアァベル体論を、目今類体論と称する。本講座では代数的整数論の「後編」として、少くともその梗概を述べようと思うてゐる。

一昨年のチューリッヒのコングレスというのは一九三二年九月の国際数学者会議のことだが、その模様は高木の岩波茂雄宛の書簡によりくわしく紹介された。その中に「予期されていなかった老ヒルベルトが健康を回復して来会したのはコングレスに一段の光彩を添えたと言うべきでありましょう」という文言が読み取れるが、ヒルベルトについてはそれ以上の言及はない。ところがここに引用したエッセイによると、ヒルベルトはチューリッヒの数学者会議で“Aller Anfang ist schwer”、すなわち「何事も最初はむずかしい」という諺を引用して、基礎工作を行った喜びを述べたという。高木の岩波茂雄宛の書簡には数学者会議で一般講演を行った人の一覧が出ていたが、そこにはヒルベルトの名は見あたらない。分科会で短時間の講演をしたとも考えにくいところであり、レセプションの席でスピーチなどしたのであろうか。

「クロネッカの昔の若夢」は明らかに「クロネッカーの青春の夢」を指しているが、もうひとつ「ヒルベルトの若き日の夢」という言葉にもあざやかな印象があり、ぼくらの目を強く引きつけてやまない。クロネッカーに「青春の夢」があったように、ヒルベルトにも「青春の夢」があったと高木はいうが、クロネッカーの「青春の夢」を誘ったアーベルにも「青春の夢」があり、アーベルの数学研究をうながしたガウスにもまた「青春の夢」があった。

十九世紀のドイツの数論史はさまざまな「青春の夢」の連なりである。だが、ここでとくに力を込めて強調しておきたいことがある。それは、高木にもまた「青春の夢」があり、しかもその夢はガウス以来の夢の系譜に連なっているという一事である。高木の言葉を直接引くと、高木は「ヒルベルトの大きな夢は、奇妙にも、それを尚ほ大きい夢に化したときに、容易に実現されたのであつた」と語っているが、ここで「ヒルベルトの大きな夢よりもなおいっそう大きな夢」といわれている「いっそう大きな夢」が実現した姿こそ、高木の類体論にほかならない。

高木の月報の記事にはクロネッカーの夢とヒルベルトの夢、それに高木本人の夢が揃って登場した。高木の類体論がドイツの数論史の夢の系譜に連なっていることを、高木本人がはっきりと自覚して、そのように書き留めていることになる。わずかな文言ではあるが、高木の数学研究の性格の本質をこれほど明晰判明に物語る言葉はほかになく、あまりにもめざましい情景である。

高次冪剰余相互法則の発見をめざすガウスの探究は、二方向に分かれて継承されていった。ひとつの方向を示したのはクンマーであり、もうひとつの方向を示したのはクロネッカーである。ヒルベルトはクンマーの理論の延長線上に類体論のアイデアを配置するとともに、クロネッカーが青春期に抱いた夢に大きな一般性を附与してヒルベルトの第十二問題を提示した。

高木は類体論の建設に成功し、クロネッカーの青春の夢を解決したが、ヒルベルトの夢がこれで汲み尽くされたわけではなく、第十二問題の解決を通じて高次冪剰余相互法則を証明することに、ヒルベルトの夢は託されていた。夢の系譜は今も依然として続いているのである。

過渡期の数学

さまざまな著作とは別に、この時期の高木は数学の現状に鑑みてひとつのテーマに深い関心を寄せていた。それは数学の抽象化の問題である。

数学における抽象化とは何かという問いは非常に重く、近代数学史を語ろうとする以上、避けて通ることはできないが、数学者と数学史家の間でこの問題が真剣に語り合われたことはない。議論にはいたらないまでも、抽象化に言及して何事かを語ったという人もまた少ないが、高木と岡潔の二人は例外中の例外である。高木は数学の抽象化が現に今、たいへんな勢いで進行しつつある状況を目の当たりにして、これを過渡期と認識し、抽象化の来歴を語り、不安と期待の入り混じった所見を口にした。岡は数学の抽象化の渦中にあって多変数関数論の研究を押し進め、晩年、徹底的に抽象化された数学の姿にきっぱりと批判の目を向けた。数学の抽象を語る岡の口ぶりには嫌悪感さえただよっている。

高木貞治『過渡期ノ数学』岩波書店、昭和10（1935）年発行

数学の抽象化は二つの世界大戦にはさまれた時期に急速に目立ち始めたが、高木はひんぱんにこの現象に言及した。一番早い時期のものをあげると、昭和十年に刊行された『過渡期の数学　大阪帝国大学数学講演集Ⅰ』（岩波書店）という著作がある。著作

というよりも、実際には講演の記録集であり、高木は昭和九年十一月、大阪帝大理学部数学教室において五日から八日にかけて毎日ひとつずつ、四つのテーマを掲げて連続講演を行った。初日の十一月五日の講演の題目が「過渡期の数学」で、それがそのまま講演記録集の書名になったのである。ちなみに他の三つの講演の題目は、

「解析概論」（十一月六日）

「数学基礎論と集合論」（十一月七日）

「p-進数と無理数論」（十一月八日）

である。

講演記録「過渡期の数学」に沿って、しばらく高木の言葉に耳を傾けたいと思う。数学の歴史を後から振り返ると、時代とともにいろいろと変遷したことは確かである。それを進歩と見て絶えず進歩したと言ってしまえばそれきりだが、その状況を見れば必ずしもなだらかに一様な速さで進んでいるようには見えない。ごくおおまかな曲線で示すと、第一近似として階段関数、すなわち階段的になっている。高木はそう言って、アルキメデス、ニュートン、それにガウスの名をあげた。

一番はじめの階段のとば口に配置されるのはニュートンである。この階段は微分積分学の発見時代で、ここから先に繰り広げられるのが、ギリシア伝来の数学に対する広い意味の近代的数学である。こうして数学の新しい領分が開けた以上、その直後は高まるというよりもむしろ広まる時代、言い換えると拡張の時代であり、それが十八世紀の数学である。

十九世紀に移るあたりにやはりこのような階段がある。すなわち、このときもまた急激に変化した時

代である。ひとりの代表者を選ぶなら、たとえばガウスである。高木はこんなふうに歴史を回想したうえで、急激に変わりつつある時代を過渡期というなら、現代も過渡期であると言明し、「私はそういうひとつのテーゼを提出したい」と言い添えた。しかも高木のいう現代というのは一九二〇年代のことで、二十世紀が始まってまもない時期である。

もし数学者の表を時代順に書き込めば、階段の直後のところに密に集まるであろう。図で示せば上昇するようにカーブが描かれるが、広がるように描いてもよい。はじめは知識が水の滴りのように集まって、川のごとくみずからの道を拓きつつ進んでいくが、何らかの障害に出会うと真っ直ぐに進むことはできなくなり、先へ行く代わりに横に広がっていく。そうしてある時期をすぎると障害を乗り越える高さに達し、ちょうど瀧のごとくに一気に下の平野に広がっていく。その後は急に広くなる。すなわち、行き詰りを生じるときが来る。来なければそれきり。来ればそれを打開して同じようなことが繰り返される。行き詰りの前は停滞し、それを乗り越えるとまた勢いを得る。

行き詰りを乗り越えるのだと考えると、行き詰りの時代に局面を開く力、すなわち行き詰りを打開する原動力は何かというと、カントールが言ったように「数学の本質はその自由性にあり」といえばもっともらしい。自由性とはフライハイト（Freiheit）の訳語である。日本語では自由という言葉ははじめ政治的の意味に使われたためフライハイトとしっくり合わないかもしれないが、フライハイトとはとらわれない、拘束されないということを意味するのである。

数学でよく拡張ということをいうが、フライハイトと似ていて、意味の相通じるところがある。真の拡張はフライ（frei）でなければできない。拡張は数学史上重大な事項である。拡張するためには元あった制限を除かなければならない。

高木はこう言って、制限を除去するための有力な手段に言及した。それは「抽象化」である。「抽象、abstraction が拡張のひとつの手段です」と高木は言うのである。

抽象はもとあった具体的なものを取り除いて、すべてを含む新しいものをつくり出すことである。抽象化が際立って進む場所が、先に述べたような階段のところだと言ってもよい。現代は急激に変化する数学の過渡期であろうという話をしたが、現代はまたとくに抽象化の著しく目立つ時代でもある。歴史というものは振り返ってみてわかるものであるから、現代がはたして過渡期であるのか否か、それはわからない。わからないけれども、今は過渡期であろう。すなわち、急激に変わりつつある時代だろうということは確からしいと高木は語り、なぜかというと、少しなまけているとわからなくなってしまうと、その理由を言い添えた。勉強をなまけてわからなくなってしまうのはだれなのかというと、高木自身である。高木は、「それは現に私が実験しつつある」とおもしろいことを言った。とにかく現在急激に変わりつつあるのは確かであり、その一番主な現象は抽象化であるというのが高木の所見である。

もう少し具体的に言うと、抽象化は、第一次世界大戦の終わりころ、すなわち一九二〇年ころから今日（高木の講演「過渡期の数学」が行われたのは一九三四年である）まで、およそ十年の間に起こりつつある現象である。「抽象の過程が時期に投じたのである」。それがどこまで行くかわからないが、とにかくそれが始まりつつある。現在は変化が始まったばかりであるから、それだけですんでしまうものかどうか、それもわからない。あるいはもっと先に進んでいくかもしれないし、さらに新しい動機が加わってくるかもしれない。高木は西欧近代の数学の流れを回想したうえで、眼前に進行しつつある著しい現象をこんなふうに観察した。抽象化の時代の到来に必然性を感知しながら、しかも同時にその行く末に向けてぼんやりとした不安を感じているかのような口ぶりである。

数学の将来

この時期の高木は「過渡期の数学」というテーマによほど心を奪われていたようで、いろいろなところで同じテーマで話をした模様である。一例をあげると、東京文理科大学、東京高等師範学校内の大塚数学会での講演記録「過渡期の数学」(『大塚数学会誌』第三巻、第二号、昭和十年五月十日発行、六九―七一頁)がある。講演が行われたのは昭和九年十一月二十四日であるから、大阪帝大における連続講演の直後である。『大塚数学会誌』には、「数学に於ける抽象、実用、言語、教育等々」(『大塚数学会誌』第十一巻、昭和十七年十一月、一―八頁)というエッセイも寄せているが、これは昭和十六年十一月十五日に行われた講演の記録である。

昭和十七年三月、河出書房の「科学新書」の一冊として『近世数学史談』が刊行されたとき、講演記録「回顧と展望」とエッセイ「ヒルベルト訪問記」がいっしょに収録された。「回顧と展望」には「追記」が書き添えられ、末尾に「昭和十七年一月十日追記」と執筆時期が明記された。一箇月前にハワイ海戦があり、日米はすでに戦争状態に入っていた。次に引くのは追記に見られる高木の言葉である。

そもそも前の世界大戦後に勃興した現今の抽象数学は、いつとはなしに、古典数学の全面的且つ徹底的なる再検討といった態勢を採るに至ったのである。この新方法は目今未だ緒についたばかりで、それが将来如何に発展するかは、固より予測を許さないけれども、既に今までにも、相当清新にして愉快なる成果を挙げていることは、争うべからざる事実と言わねばなるまい。

高木は戦時下の日本で数学の抽象化の行く末に言及したが、その言葉には不安と期待がないまぜになっているかのようである。戦争の終結後、数学の抽象化は一段と勢いを増し、まもなく数学の全領域を覆い尽くすにいたり、そのまま今日に及んでいる。第一次世界大戦が終結した一九一八年の時点に立ち返るとすでに百年の歳月が流れたのである。「抽象の時代」は西欧近代の数学史において際立った一区域を形成しているが、次の時代の姿を模索する動きもすでに散見する。

数学はなぜ抽象化の道を歩まなければならなかったのであろうか。抽象化の行き着く果てに、その次に開かれていく数学はどのような衣裳を纏うのであろうか。困難な思索を強いられる諸問題が目白押しに並んでいるが、高木は抽象化の胎動期においてひとり問題の深刻さを認識し、積極的な発言を続けた。高木が試みた数々のエッセイには、類体論以後の高木が数学の世界に向けて投げかけた深刻な問いと思索の姿が示されている。その問い掛けに応えることこそ、今日の数学者と数学史家に課された最大の課題と見なければならないであろう。

第六章

「考へ方」への道

——藤森良蔵の遺産

一　「考へ方研究社」の創設まで

高木貞治と「考へ方研究社」

昭和十一年春、高木貞治は三月三十一日付で東京帝大を定年で退官した。同年四月、藤森良蔵が主催する出版社「考へ方研究社」では、秋九月を待って新しい数学誌『高数研究』を発刊することを決定した。六月には発刊の趣意を述べたパンフレットもできあがり、まもなく十月一日の日付で第一巻、第一号が発行されたが、この創刊号のために高木は「数学漫談（祝高数研究発刊）」という、二篇のエッセイで構成される原稿を寄せた。エッセイのひとつは「わたしの好きな数学史」、もうひとつは「彼理憤慨」（「彼理」はイギリスの数学者ジョン・ペリー。有用性を重く見る立場から数学教育を論じた）。末尾には昭和十一年七月三十一日という日付が記入されている。

『高数研究』の「高数」は「高等数学」の略称で、『高数研究』は「高等数学入門」「大学数学解放」をスローガンに掲げて企画された。大学というのは旧学制の帝国大学のことで、昭和十一年の時点で、東京帝大をはじめとして、朝鮮の京城帝大と台湾の台北帝大を含めて八校の帝大が存在した。昭和十四年には名古屋にもうひとつの帝大が創設され、九つの帝大が出揃った。各地の帝大には高木貞治のような数学者がいて、数学を講義し、研究に従事していたが、大学に所属する数学者の数はきわめて少数であった。そこで藤森は大学で講義され、研究されている数学を「高等数学」と見て、大学に所属しない人びとに高等数学を学ぶ機会を提供しようとする志を立てた。藤森の志は「大学数学解放」の一語によく現れている。高等数学の「大衆化」「民衆化」という言葉が使われることもある。

　『高数研究』の発刊に先立って、昭和四年ころ、藤森は「日土大学講習会」の構想を得て企画した（二節参照）。「日土大学」の「日土」は「日曜と土曜」の意で、学校が休みになる週末を利用して、『高数研究』と同じ「高等数学入門」「大学数学解放」という主旨で数学を講義しようというのであった。だれもが自由に入会することができ、しかも天下第一流の先生の講義を受けることのできるような講習というのが藤森の理想であった。天下第一流の講師というと帝大の数学者たちが望ましいが、この道筋を求めて藤森は大阪に出向いて小倉金之助に会い、高等数学の大衆化、大学数学の解放のためには数学界の権威をどしどし象牙の塔から引っ張り出す必要があると力説した。小倉は数学史家として名のある人だが、藤森と同じく東京物理学校の出身で、藤森の二年後輩（明治三十八年二月卒業）になるが、この時期の小倉は財団法人塩見理化学研究所の所長である。

　小倉は藤森の構想を諒とし、第一回の最適任の講師として、数学大衆化に深い関心を寄せる東北帝大の林鶴一の名をあげた。小倉は物理学校を卒業した後、東北帝大で林鶴一のもとで微分幾何の研究により学位を取得した人物であり、大学の数学者の世界と接点があったのである。小倉はさらに言葉を続け、「この難事業を大成させるにはどうしても大御所の高木貞治を動かす必要がある。そのためにはまず東北帝大の藤原松三郎の出馬を乞い、藤原を通じて高木博士を口説き落とすことだ」と言い添えた。藤森の構想では当初から高木に参画してもらう心積もりだっ

藤森良蔵（明治15（1882）年7月15日—昭和21（1946）年11月22日）

たのであり、そのために小倉を通じて林に近づこうとしたのであろう。藤森の念願は実現し、高木は藤森の事業に協力を惜しまない姿勢を示した。高木と「考へ方研究社」との連繋がこうして成立した。

第一回目の日土大学講習会は、林鶴一を講師として昭和四年十二月二十一日から一週間にわたって開催された。林の講演題目は「実用数学」である。その後も高木の協力のもとに回を重ね、昭和九年八月の第七回目の講習会では高木の講義「新代数学概論」が行われた。第一回から第七回までの日土大学講習会のタイトルは下記の通りである。

第一次　林鶴一　「実用数学」　昭和四年十二月
第二次　掛谷宗一　「函数論」　昭和五年八月
第三次　園正造　「近代代数学」　昭和六年一月
第四次　藤原松三郎　「数学解析概論」　昭和六年八月
第五次　小倉金之助　「数学教育史」　昭和七年八月
第六次　窪田忠彦　「幾何学雑論」　昭和八年八月
第七次　高木貞治　「新代数学概論」　昭和九年八月
第七次　竹内端三　「等角写像」　昭和九年八月

林、藤原、窪田は東北帝大、掛谷と竹内は東京帝大の数学者である。園は京都帝大の数学者で、出身大学も京大だが、高木の三高時代の師匠の河合十太郎の門下である。代数学を専攻し、高木の類体論の真価をよく知る人物である。小倉と高木も旧知であり、日土大学の講師陣は高木と親しい人ばかりであった。

藤森良蔵と師範学校

「考へ方研究社」を創業した藤森良蔵は明治十五年七月十五日、長野県上諏訪の町はずれの湯の脇に生まれた。生誕時の生地の住所表記は長野県諏訪郡上諏訪村である。後年、明治二十四年に市町村制が施行された際に「上諏訪町」になり、昭和十六年には諏訪市の一区域になった。「湯の脇」は大字名で、現在の住所表記では藤森の生誕地は「長野県諏訪市湯の脇」である。湯の脇は高島藩の士族の町で、藤森家も士族である。諏訪に高島城があり、高島藩は諏訪藩と呼ばれることもある。父は藤森良知。藤森は長男で、三人の姉と四人の弟妹がいた。

明治十九年の小学校令により、小学校は高等科と尋常科の二部制になった。修業年限は各々四年である。藤森ははじめ高島尋常小学校に四年終了まで通い、それから諏訪高等小学校に進んだ。尋常小学校と高等小学校の呼称が異なるのはいくぶん奇妙だが、上諏訪村にありながら高島尋常小学校と名乗るのは、高島城という城の名を取ったのであり、高等小学校のほうは地域の名を冠したのである。諏訪高等小学校は上諏訪村が隣の四賀《しが》村と共同で運営する組合立小学校で、高島尋常小学校内に設置されたから、この二つの小学校は事実上ひとつの尋常高等小学校である。現在の諏訪市立高島小学校の前身である。

藤森の父、良知は長野師範の第一期生だが、何か事情があったようで、教員は数年で辞めて町役場に勤務し、学務、地方《じかた》、収入役などを担当した。それでも素志は教員にあり、長男の良蔵を師範学校に入学させて、自分に代わって教育者の道を歩んでほしいというのが良知の希望であった。

明治三十一年三月、藤森は諏訪高等小学校を卒業し、諏訪郡立実科中学校に入学した。後の長野県立諏訪中学校、現在の諏訪青陵高校の前身である。修業年限は四年。創立は明治二十八年四月であるから、藤森は第四回生である。三学年上に、後年、岩波書店を創業した岩波茂雄がいた。岩波は諏訪郡中洲村の出身で、明治二十八年四月入学の第一回生であった。

明治三十二年三月、岩波は諏訪中学を卒業して上京し、杉浦重剛が創設した日本中学（尋常中学私立日本中学校）の第五学年に編入した。藤森は一年だけ在学し、岩波の卒業と同じ明治三十二年三月の時点で諏訪中学を去り、長野県師範学校に入学した。師範学校の所在地は長野市西長野で、郷里からの通学は不可能であるから寄宿舎に入るほかはない。郷里を発った藤森は徒歩で和田峠を越えて大町に出て、大町から長野に向かった。藤森の長男の藤森良夫が書いた藤森の伝記『考へ方への道——数学を学ぶ人のために——第一部　藤森良蔵の生涯』によると、一年だけ諏訪中学に通ったのは師範学校に入るための準備のためとのことで、後年、藤森自身も一年間の中学生活を回顧して「普通学は中学一年」とよく話していたという。だが、高等小学校からそのまま師範学校に進む道もあったのであり、中学を経由した理由はよくわからない。本当は中学から高校、帝大へと進む道を望んでいたのかもしれず、地元で教師になってほしいという父の要望に抗しきれなかったのかもしれない。師範学校にも一年しか在籍しなかった。第一学年の末、修了式の日に、「教育者の資格なし」という理由により退学処分を受けたのである。

藤森には直《なお》という姉がいて、塚原泰蔵と結婚して長野市内に住んでいた。塚原はアララギ派の歌人島木赤彦の実兄である。長野師範に入学したとき、姉に黄縞の寝間着をつくってもらったが、終業式の日の夕方、藤森はその寝間着を着て塚原の家にやってきた。師範学校は官費で運営される学校であるから、制服が支給されたが、退学処分を受けた藤森はその制服を没収されたのである。姉は弟のみじめな姿を見て悲しんで、「いくら官費の学校でも制服を取上げて寝間着で帰すなんてあんまりだ」と言った。藤森は、「おれは学校を追い出されたんだ。追い出された学校でもらった服を着て来るやつがあるかい」と昂然と応じた。

島木赤彦は長野師範の先輩にあたる教育者で、藤森の入学の前年、明治三十一年三月に卒業して県下で教職に就いていた。同期に上諏訪村の隣の四賀村出身の伊藤長七《いとうちょうしち》がいて、藤森の敬愛する先輩であった。藤森が退学を命じられたという報を受けて、すでに任地にあった島木や伊藤などの先輩や友人たちが塚原の家に集結して協議を重ね、退学処分の具体的な理由を学校当局に質《ただ》したが、要領を得なかった。藤森は東京に向かう決意を固くした。

郷里の上諏訪では、藤森が修了式の期日がすぎても姿を見せないため一同みな案じていたが、四月に入り、父のもとに長文の手紙が届いた。「磊落無類、若年の為すところとてとがむるに足らず……」と書き出され、退学の顚末と藤森の決意を伝えようとする書簡であった。日付は明治三十三年三月二十八日。書いたのは塚原である。父は長嘆息し、「もう藤森もだめだなあ」とつぶやいた。藤森家の行く末を案じたのであろう。

藤森良夫の藤森良蔵伝に拠って事の顚末を略記したが、肝心の退学の理由はよくわからない。塚原の手紙には具体的な諸事情が記されていたのではないかと思われるが、伝記は沈黙を守っている。四高を中退した西田幾多郎の場合には、行状点が悪いために進級できなかっただけで退学処分を受けたのではなく、西田は自分から学校を離れたのである。藤森と同年代の人格主義の思想家、阿部次郎は山形中学で校長の教育方針に反発してストライキを起こして退学したが、おおむね西田の場合と同じである。藤森の処分はいっそうきびしいが、西田や阿部の場合と同様、若い日の心に横溢する反骨の精神が行動に現れて、学業よりも品行に問題があると学校側から見られたのであろう。

明治三十三年春、上京を決意した藤森はこの時点で満十七歳であった。

東京物理学校

教師への道を絶たれ、郷里に顔向けができないという悲痛な心情に陥った藤森は、東京に出て一旗揚げようとする決意を固め、郷里に立ち寄ることもなくひとり漂然と東京に向かった。神田小川町の母方の叔父、河西感蔵の家にひとまず落ち着いた後、九月、神田の東京物理学校に入学した。藤森は数学教師になるつもりだったのである。格別数学が得意というわけではなく、どちらかといえばむしろ不得手にしていた藤森がなぜ数学教師をめざしたのかといえば、だれもが苦しんでいた数学を楽に学べる道を発見して、それを広めようという義侠的な動機に基づいていたというのが、師範学校で藤森と同級だった太田孝作の所見である。このころからすでに、後年の「考へ方」への道が開かれていたのであろう。

東京物理学校は東京大学理学部仏語物理学科（存続期間がきわめて短く、三回生までしか卒業生が出なかった）の卒業生たち二十一名の手で、明治十四年に設立された私立の理科専門学校である。当初の校名は東京物理学講習所。二年後に東京物理学校と改称し、物理学校と略称した。現在の東京理科大学の前身である。開校当時の所在地は麹町区飯田町四丁目で、九段坂下の私立小学校「稚松《わかまつ》学校」の校舎の一部を借りて校舎とした。現在の地名表記では千代田区九段北一丁目と飯田橋二丁目の境界線が該当し、現在、区立堀留北児童遊園の歩道上に「東京理科大学発祥の地」と刻まれた記念碑が建っている。

藤森が入学した時期の修業年限は三年で、一年を二学期に分けて全六学期とし、半年ごとに進級した。毎年、二月と九月に生徒募集が行われた。校舎の所在地は明治十九年十一月以来、神田区小川町一番地(現在の千代田区神田小川町二丁目)で、はじめ仏文会(法政大学につながる学校のひとつ)の校舎を借り受けて本校を移転し、後、購入した。授業料は第一学期五円、第二学期六円、第三、四学期は各七円、第五、六学期は各九円であった。

明治三十五年、諏訪中学を卒業して上京した旧友、関徹郎と小松豊作と語らって、上野公園に近い谷中清水町の一角に間借りして、戯れに信鹿窟と称して共同生活を始めた。後年、関は特許局の審査官になった。小松は小松乾燥機の発明者で、乾燥論に基づいて多段バンド型移動式繭乾燥機の制作に成功し、その製造会社「日本乾燥機」の創立者になった人物である。関と小松は東京高等工業学校に入学した。信鹿窟の共同生活は二箇月ほど続いたところで解散し、藤森は物理学校の近くの下宿に移って勉学に打ち込んだ。

明治三十六年七月、藤森は物理学校数学科を卒業して郷里の信州にもどり、長野商業学校の数学教師として赴任した。長野商業は中等学校である。かつて長野師範で同期になった生徒たちは半年前に卒業し、県下の小学校に赴任したが、教育者の資格なしと判定されて退学処分を受けた藤森は、半年ほど遅れたとはいえ、格上の中等学校の教師になって帰郷したのである。藤森と同時に丸山弁三郎という商業の教師も長野商業に赴任した。新任教師の紹介のとき、校長が二人を教壇に立たせ、そちらの大きな先生が丸山先生で、こちらの小さい先生が藤森先生と紹介すると、生徒たちがどっと笑った。背が高いとか低いとか、よけいなことだと藤森は腹を立てたが、薩摩絣の和服に太い羽織紐を胸高に結び、木綿の袴を裾長にはくという、書生丸出しの恰好で、まるで風采が上がらなかった。満二十一歳の若い教師であった。

藤森は教育に熱意があったが、教員生活には気に入らないことが多かったようで、赴任してわずか半年後の明治三十七年二月十一日には早くも辞表を提出した。あたかも日本がロシアに対して宣戦を布告した当日であった。藤森良夫の伝記によると、長野商業の生徒はあまり勉強せず、不良じみたものさえいたうえに、教員にも毅然とした態度を取る者がなかった。あまりにも乱脈きわまる現状に愛想をつかしてついに校長と対立するにいたったという。だが、もうひとつ、藤森の心情を揺する出来事があった。それは五無齋こと保科百助との出会いである。

五無齋保科百助

保科五無齋は型破りの教育者であった。生誕日は明治元年六月八日（一八六八年七月二十七日）、生地は長野県北佐久郡山部村（後、横鳥村《よことりむら》大字山部。現在の立科町の一区域）である。農家に生まれ、幼時（十二歳）に父を失い、少時（十九歳）、長野県尋常師範学校に入学してまもないころ、母もまた失った。百助という名には、百歳の長寿を願う両親の思いが込められている。明治二十四年三月、師範学校卒業。藤森の父の後輩であるとともに、藤森の先輩でもある。

師範学校卒業後、上水内《かみみのち》郡飯山尋常小学校の訓導になり、以後、小県《ちいさがた》郡東塩田《ひがししおだ》尋常小学校訓導、同郡本原尋常小学校訓導と県下の小学校を歴任した。明治二十八年四月、小県郡武石村（現在、上田市）の武石尋常小学校訓導となり、翌年、同校校長に就任した。このころにはすでに鉱物採集に打ち込んでいたが、明治三十二年六月、高等科が設置されたばかりの上水内郡の大豆島《まめじま》尋常高等小学校の訓導兼校長に転任したときには、白小倉のズボンと白シャツに麦藁帽子をかぶり、手にハンマーをもち、肩に雑嚢《ざつのう》を吊るすという、まったく鉱物採集そのままの恰好であった。武石では「武石学校新聞」を作成し保護者に配布したところ、新聞紙条例違反と告発され、上水内では被差別部落撤廃運動を推進して保護者に嫌がられた。

明治二十九年、武石尋常小学校の校長時代に武石村で「焼餅石《やきもちいし》」を採集した。学名を緑簾石《りょくれんせき》といい、現在の上田市の天然記念物である。また、上田市越戸《こうど》で玄能石《げんのういし》を発見し、緑簾石とともに東京帝室博物館（現在の東京国立博物館）へ献納した。

明治三十三年十一月、大豆島を去った保科は郷里の北佐久郡蓼科組合高等小学校訓導兼校長になるとともに、蓼科組合実業補習学校（現在の蓼科高等学校）の訓導と校長を兼務した。翌明治三十四年三月、教育者としての成績はいつも不良であったとみずから反省し、十年間にわたり教員として「夫の人の子を賊《そこな》う」（孔子の言葉。『論語』先進第十一より）の甚だしいことを恥じるという退職届を提出して退職した。次にあげるのは同年四月三十日付で『信濃毎日新聞』に掲載された退職広告である。

保科五無齋（明治元年6月8日（1868年7月27日）—明治44（1911）年6月7日）

広告

小生儀明治二十四年三月本県尋常師範学校卒業以来満ヶ年間県下小学校教員の職ヲ辱フシ夫ノ人ノ子ヲ賊ヒシコト尠カラズ　衷心心竊《ひそ》カニ安ンゼサルモノ有之候ニ付先月三十一日限リ教職ヲ辞シ信濃漫遊ノ途ニ上リ候間此段辱知諸君ニ広告仕候也

明治卅四年四月

保科百助

教壇を離れたとき、保科は満三十二歳であった。保科は信州の山河を跋扈して鉱物岩石の採集に打ち込み、標本をつくって県下の諸学校に寄贈した。明治三十四年五月一日から翌年十一月にかけて、かねてより念願の第一回県下漫遊・鉱物採集の旅を挙行し、三百種類、三万余塊に上る標本を採集した。明治四十二年には第二回目の旅を挙行した。四月五日に長野を発ち十月一日に長野にもどるという大旅行になり、全県下の山野を探検し、百二十種、七万二千個の標本を採集した。

明治四十三年正月、東京帝大理科大学の神保小虎教授を訪ねたおりには本郷の「木賃ホテル」こと本郷東竹町の旭館に投宿し、真冬にもかかわらず汚い麦藁帽子に赤毛布をひっかけるという、信州の山野を渉猟するときのままの恰好であった。神保は保科が師事した地質鉱物学者で、日本ではじめて三葉虫を報告したことで知られている人物である。

山から山へと歩いているとき、諏訪の片田舎（諏訪郡瀬沢。現在の諏訪郡富士見町落合瀬沢。「落合」は大字。「瀬沢」は字）で草鞋《わらじ》が切れたことがある。茶店に入り、店番のばあさんと値段を交渉したところ、要求された金額にわずかに一厘だけ足りなかった。保科は値引きせよと掛け合ったが、ばあさんは「マ

ケナシエ（まけないよ）」と承知しなかった。あんまりがんばるので保科も可笑しくてたまらなくなり、腰の矢立を抜いて、

おあしなし
草鞋なしには　歩けなし
おまけなしとは　おなさけもなし

と書いてばあさんに見せたが、ばあさんは文盲で読めないため、交渉はついに決裂した。このときから保科は石屋五無斎と称するようになった。明治三十五年五月もしくは六月ころと推定される出来事である。

保科は演説や講話を通じ、また新聞に寄稿し、鉱物学の普及に努めた。信州長野県下に名高い一代の畸人であった。

保科塾

鉱物採集に精魂を傾けた保科は、明治三十六年、長野市内の長門町に私塾を開き、これを「速成私立中学校保科塾」（保科塾と略称する）と称した。「私立保科塾　設立広告」には明治三十六年十月八日の日付が記入されているが、「但し二十名以上に達せざれば開塾せず」と明記されているから、実際に授業が始まったのはいつからなのか、よくわからない。師範学校の裏通りの、長野市旭町の小汚い路地を入ったところにある十二、三畳ほどの小さな棟割長屋で、入口の戸さえ完全に開閉することはできず、まったく雨露を凌ぐ程度のものであった。二階があり、そこが保科の住処であった。

午前科と中学予備科の二部構成で、午前科が本科で十数人。中学予備科の授業は小学校の放課後に行われた。人数は本科よりも多かったが、たいした数ではなかった。塾の机の上に頑丈な長方形の木箱が置かれ、そこに授業料徴収に関する三箇条の細則が刻まれていた。教育の実践の場において高く理想を掲げようとする保科塾の特色は、ここにもっともよく現れている。

第一条　授業料は毎月二十日より二十四日までの間においてこの函中に投入すべし
第二条　授業料は紙包となし、金額を記入することもちろんなりといえども、自己の姓名はこれをしたたむべからず
第三条　授業料は五銭以上随意なりといえども百円以上に上るを許さず
明治三十六年十一月　私立　保科塾

開塾にあたり保科は、「国家永遠の計は人を造るにある。人を造らんとすれば須《すべか》らく教育の振興を図らねばならぬ。其の教育振興に関して最大級の考慮を費やすべきは学ぶに資なく究むるに道なき無産階級の子弟に対する教育でなければならぬ。これ吾人が私塾を開いて授業料に二銭以上（実際には「五銭以上」になった）勝手たるべしとする所以である」と宣言した。学ぼうとする意欲をもちながら、貧困のために上級学校に進めない者のすべてに門戸を開こうとするのが、保科の理想主義であった。後年の藤森の「高等数学の大衆化」に通うアイデアである。実際にはこの理想は絶えず裏切られ、木箱に投入される金額はあまりにも少なく、塾の経費をまかなうに足りなかった。どのような成り行きなのか、この

授業料徴収箱は後年、藤森が神田で開いた日土講習会の校舎に飾られた。保科は従来の注入主義、すなわち生徒の興味や関心とは無関係に、教師が一方的に知識を詰め込もうとする教育法を排し、生徒の立場にたって生徒の自発的な学習活動を促すという独特の教授法を提唱し、これを「nigirigin（にぎりぎん）式教授法」と称した。藤森の「考へ方主義」に影響を与えた教授法であり、教育に寄せる保科の魂はたしかに藤森に継承されたのである。

藤森は十五歳年長の保科の人柄に心を惹かれ、長野商業を辞めて保科塾に飛び込んでいった。保科塾の教授科目は英語、漢文、数学の三科目で、保科は漢文を担当し、藤森は数学を担当した。保科はシャツを嫌い、冬でも紺無地の着物の着流しという恰好で、胸毛の濃い胸をはだけたまま滔々と四書を講じ、興がわけば二時間でも三時間でも講義を続けるという風であった。国語科の教科書は『中学校国文教科書』（一から十）、湯浅常山の『常山紀談』、関根正直の『国文学』、『保元物語抄』、『平家物語抄』、『平治物語抄』、『徒然草』、小野鵞堂の『手紙の文』。『手紙の文』は習字用としても使用した。漢文科の教科書は『近古史談全』、『中学校漢文読本一二三』、『四書文章規範』。

英語科は、当時アメリカから帰ったばかりの小池久吉が担当した。教科書は『ナショナルリーダー一二三四』と二冊本の文法書であった。

学科はすべて短期で仕上げるというのが保科塾の教え方であり、藤森もこの方針に沿い、寺尾壽が編纂した算術のテキスト『中等教育　算術教科書』（上下二巻、敬業社）、渡邊小三郎が編纂して寺尾壽が校閲した代数のテキスト『中等教育　代数学教科書』（全二巻、敬業社）、三守守《みもりまもる》が編纂した平面幾何のテキスト『初等幾何学　平面の部』（山海堂）、藤澤利喜太郎が編纂した代数のテキスト『続初等代数学教科書』(大日本図書)を一年でやってしまおうというのであった。レベルは高く、優に文部省の中等学校教員検定試験や(旧制の)高等学校修了程度に達していた。

藤森の教育方針は、根底事項を固めて確実な基礎をつくり、そのうえに一から二へ、二から三へと進ませようとするもので、後年の「考へ方主義」が保科塾においてすでに実行に移されていた。藤森の努力は実り、塾生も着実に増えていった。

藤森は塾に寝泊まりして食事をするだけで、俸給はもらわなかった。郷里の父は、いつまでもあんなことをしていてどうなることかと将来を案じ、再三にわたって手紙を出し、長野市内の友人に頼むなどしたが、藤森は耳を貸さなかった。父の説得はまったく効き目がなかったが、保科塾での生活が一年ほどすぎたころ、藤森はささいなことで保科と喧嘩して辞めてしまった。このあたりのくわしい消息も不明だが、これには保科も衝撃を受けたようで、翌明治三十九年、保科塾は唐突に閉鎖された。夏のある日のこと、保科は珍しくフロックコートを着て突然塾生一同を集めて生徒の前に立ち、教育勅語を奉読し、読み終わるといきなり「これをもって保科塾を閉鎖します」と宣言してたちまち引き上げてしまったのである。

明治四十四年五月、保科は海産物の標本を製造し、長野市県町《あがたまち》の鴻静館支店に売店を出していた。二十五日の夕刻、近くの蕎麦屋で蕎麦二枚を食べて宿にもどったところ、脳梗塞の発作に襲われて昏睡状態に陥った。三十一日夕刻、赤十字病院に入院したが、恢復にいたらず、六月七日の朝、亡くなった。満四十三歳であった。五無齋遺言の歌一首。

我死なば佐久の山部へ送る可し
焼いてなりとも生までなりとも

保科の墓は生地の長野県北佐久郡立科町山部の津金寺《つがねじ》（天台宗）にある。

木造中学

保科塾を辞めた藤森は明治三十八年五月、遠く青森県に移動して、西津軽郡木造《きづくり》町（現在、つがる市）の県立第四中学校に赴任した。県立第四中学は後の木造中学、現在の木造高等学校である。物理学校を藤森より五年と半年前の明治三十一年二月に卒業した長尾晋志朗という先輩がいた。香川県の出身で、一年前に信州上田中学から木造中学に転任したが、上田中学時代に長野中学との野球の試合に敗れたというので丸坊主にしたというエピソードが残されている。藤森は長尾を頼ったのであろう。

木造中学には十三人の職員がいて、そのうち七、八人が独身者であった。長尾はその独身組を引き連れて先頭に立って津軽平野を歩き、語り合った。教育に熱意があり、破天荒な人物であった。

郷里の信州を離れてはるばる津軽平野までやってきた藤森だったが、校長との折り合いが悪く、一年後にはたちまち辞めてしまった。教師たちは校長派と反校長派に分かれ、藤森は反校長派の長尾の仲間になった。校長派のひとりに国漢（国語と漢文）の老教師がいたが、藤森は赴任した翌日、たちまちこの老人と喧嘩してしまった。

あるときの英語の試験のおりに白紙の答案を提出した生徒たちがいた。これが職員会議で問題になり、首謀者の処分をめぐって紛糾した。藤森は生徒をかばう弁論を張った。藤森が、「生徒が白紙を出すのは何も深いたくらみがあるわけではなく、面白半分にやるのだから、処分などという仰々しいことをする必要はない。私の時間にも白紙を出しそうな形勢があったから、その日は試験を止めて別の日にやったらおとなしく受けましたよ」と発言したところ、校長は顔色を変えて、藤森君はそういうことをなぜ今まで私に報告しなかったのか」と詰問した。藤森は即座にこれに応じ、「そんなことをいちいち報告する必要はありません」と言い返した。万事がこんな調子であった。

一年がすぎて年度末の卒業式の後、校長が藤森と長尾を呼び、唐突に辞職を迫った。二人は別に争いもせず、その場で辞表を出した。それから藤森は上京し、長尾は故郷の高知に向かった。明治四十四年、東北帝国大学に理科大学が創設され、傍系入学、すなわち高等学校の卒業生以外の入学者を歓迎するという型破りの制度が定められた。長尾はこれによって東北帝大に入学して再び学生となり、卒業して理学士になった。母校の物理学校や慶應義塾大学の講師になり、日本中等教育数学会の副会長もつとめた。昭和十一年二月二十四日、急逝。六十歳であった。

数学講習会

明治三十九年三月、木造を離れて上京した藤森を上野駅で出迎えたのは、伊藤長七と茅野儀太郎であった。伊藤は長野師範を卒業後、しばらく県下の小学校で教壇に立った後、上京して高等師範学校の英語科に入学した。藤森を出迎えた当時は高等師範の付属中学の英語の教師であった。茅野は諏訪高等小学校からいっしょに諏訪実科中学に進んだとき以来の友人である。諏訪実科中学卒業後、明治三十五年九月に第一高等学校に入学し、それから東京帝大文科大学に進んで独文科の学生になった。リルケやゲーテの翻訳で知られる後年のドイツ文学者だが、同時に与謝野鉄幹が主宰する東京新詩社の機関誌『明星』の歌人でもあった。

木造中学を離れることになった事情を聞いた伊藤は「またか！」と嘆声をもらした。藤森のけんか別れの来歴をたどると、長野師範で退学処分になったのが一度目、長野商業で辞表をたたきつけたのが二度目、保科塾で保科といさかいを起こしたのが三度目と続き、木造中学で校長と対立したのは実に四回目である。満年齢で数えると、明治三十九年の時点で藤森はまだ二十三歳である。

当初、藤森は小石川久堅町に妹といっしょに住んでいた茅野の家に身を寄せたが、二週間ほどして茅野に就職をうながされ、物理学校以来の友人の金沢卯一の紹介を得て、物理学校の近くの東京数理学館に松岡文太郎を訪ねた。松岡は畳屋の倅から叩き上げた民間数学者で、和算家の岡本則録《おかもとのりぶみ》（独学で洋算を学んだ。初期の東京数学会社の社長）の門下である。東京数理学館は高校や陸海軍関係の学校に進もうとする生徒のための受験予備校だが、明治十九年十月、『数学雑誌』を創刊した。松岡は数学教育に寄せる藤森の抱負に関心を示し、藤森は『数学雑誌』の編集を手伝うことになって、本郷の湯島新花町の下宿に引っ越した。

松岡の理解を得て、数理学館の建物の一部を借りて独自の教育実践を試みることができるようになった。数理学館とは別に、同じ建物の中に藤森独自の塾を開こうというのである。藤森はこれを喜んで、なけなしの全財産五円を投じ、小川町の印刷屋に依頼して「数学二週間講習会」のビラを三千枚作成した。これを三つに分け、ひとつはお茶の水、ひとつは水道橋、ひとつは神田橋の附近で、学生らしく見える者に一枚ずつ配り、開講の日を待った。ところが入会を申し出た生徒はわずか七人にすぎず、しかも実際には入会しなかった。数学講習会は成立しなかったのである。

藤森塾

藤森は生計の道を求め、英語の斎藤秀三郎が創設した受験予備校、正則英語学校に飛び込んで、総合受験科の数学の教師になった。斎藤は日本における英語教育の基礎を確立した人物だが、高木貞治が在籍した時期に岐阜県尋常中学校に勤務したことがあり、明治二十四年秋の濃尾地震を体験した。その斎藤が明治二十九年十月に神田錦町に開校した受験予備校が、正則英語学校であった。

斎藤によると、東京人が関西語を学ぶのに文法はいらないが、日本人が英語を学ぶには文法に立脚して系統的に学ばなければならないと言い、この「系統的な学び方」を指して正則式と呼んだ。これが校名の由来である。藤森は斎藤の考えに深く共鳴し、数学もまた正則式に教えなければならないと痛感した。根底事項を分類整理し、根幹をつくる問題をもまた分類整理して、数学を文法的に系統づけようというのである。これが藤森の「考へ方主義」のアイデアで、英語教育における斎藤の正則式のアイデアと同じである。

藤森はほかにもいくつかの仕事をもった。本郷林町に道志舎という寄宿舎があった。諏訪出身の学生たちが上京してここに逗留し、受験勉強に打ち込んで上級学校への進学をめざすのである。藤森はこの寄宿舎に仮寓して数学を指導した。「考へ方」という、独自の教授法のアイデアを実際に試したのである。教室は食堂で、壁に小さな黒板が掛けてあった。机もないので生徒を畳にすわらせて、藤森は立ったままで問題を出して練習試験を繰り返した。伊藤長七もやってきて英語を教えた。道志舎には受験生のほかにすでに高校や大学に在籍している学生もいた。小平権一（農政官僚。数学者の小平邦彦の父）、藤《ふじ》原咲平《わらさくへい》（気象学者）、今井登志喜（西洋史学者）、吉川晴十《きつかわはるじゅう》（海軍造兵少将、冶金学者）、那須皓《なすしろし》（農業経済学者）、藤森成吉（小説家、劇作家）等々、多くの人材が揃っていた。

上京して一年がすぎたころ、明治四十年三月、藤森は立教学院立教中学校に職を得た。立教中学の所在地はアメリカの租借地の築地明石町で、聖路加病院もここにあった。数学の主任の浅越金次郎《あさこしきんじろう》が藤森を招聘したのである。浅越は松岡文太郎と同じく岡本則録の門下の数学者で、東京商船学校（東京海洋大学の前身）の教授である。文検《ぶんけん》に合格し、中等学校の教員資格を取得したのもこの年である。文検というのは文部省師範学校中学校高等女学校教員検定試験（文部省検定試験）の略称である。合格すれば、学歴がなくても高等師範学校卒業と対等になり、師範学校、中学校、高等女学校という一群の中等学校の教員資格が与えられるので、全国の独学者たちの励みであり、目標であった。中等学校の卒業生は尋常小学校や高等小学校の教員資格を取得できたが、小学校の教員のかたわら独学に励み、中等学校の教員をめざす人が多かったのである。中には学歴は小学校のみという、純粋の独学者も混じっていた。物理学校を卒業した藤森はすでに中等学校の教員免許を取得していたからあえて文検を受ける必要はなかったが、物理学校時代の恩師の寺尾壽に、合格しておいたほうがよいとすすめられたのである。受験指導をするうえでの便宜をはかったのであろう。

明治四十一年八月三十一日、藤森は高島藩の士族立木正義の三女勝子と結婚し、本郷の下宿を引き払い、小石川植物園の近くの白山御殿町に一戸をかまえ、ここに家塾「藤森塾」の看板を掲げた。それから十箇月後の明治四十二年六月二十七日、藤森は保科百助の久しぶりの訪問を受けた。保科は第二回目の県下漫遊・鉱物標本採集の真っ最中だったが、前日二十六日の朝、目覚めるとともに急に上京したくなり、朝食もとらずに一番列車で上京したのである。二十七日は日曜日であった。保科は東京帝大の神保小虎教授を訪ね、目下進行中の採集旅行で得た標本を、肉眼と顕微鏡の双方をもって検定してもらいたいと願ったのである。

午後二時、神保家を辞した保科はその足で藤森塾を訪問し、塾生のために一場の演説を行った。この日、保科は、「今日五無齋の不空想に驚きたるは（神保）博士の下女君と藤森新夫人なり。良チヤンを御亭主に持ちたる新布陣は禍なるかな。是れ其私塾は頗《すこぶ》る立派なる発達を為すべけれども、黄金には縁薄ければなり。近々分裂式もありとか。祝すべし、祝すべし」と日記に書き、それから「然り而して又浦山し（引用者注：うらやましい）」と、おもしろいひとことを書き添えた。

塚本哲三

明治四十一年九月、塚本哲三《つかもとてつぞう》が立教中学に赴任した。塚本は明治十四年十二月の生まれであるから藤森より一年の年長である。生地は静岡県小笠郡堀之内村（現在、菊川市）。生家は岩沢家で、塚本ははじめ和作と名乗ったが、父親の浪費がわざわいして家政が逼迫し、母もまた塚本が生まれてまもなく亡くなってしまった。そのため塚本は村のお寺の塚本哲英という坊さんに貰われて、哲三と改名した。哲三は「てっさん」と読むのが本当で、坊さんになることになっていたのである。その後、養父とともに静岡県磐田郡西貝村（現在、磐田市）に移住し、ここで成長した。寺はもうひとりの養子の義兄哲俊《てっしゅん》が継いだ。

小学校は尋常科を四年、高等科四年を卒えて、それから浜松中学の二年生に編入した。志望者が数十人もある中で、合格者はわずかに四人であった。浜中では親切な英語の先生との出会いもあり、朗らかな生活だったが、反面、健康に恵まれず、一学期の試験はついに一度も受けられなかった。これに加えて家庭的な悩みがあり（具体的なことはわからない）、そのため捨て鉢な気分になることもあり、とうとう四年から五年に進級することができなかった。

在籍三年で中学を離れた塚本は、卒業した高等小学校の教師になった。明治三十四年十二月、満年齢で二十歳になる年の冬、姉の家を頼って上京。国語と漢文の文検をめざした。神田和泉小学校や京橋の文海小学校で教鞭をとったが、腸チフスや肺尖カタルに苦しめられた。明治三十六年、姉が病死したのを受け、在米の兄の婿入り先の静岡の森下家に移って静養する身となった。半年ほど静養した後、焼津駅の近くの東益津《ひがしましづ》小学校に奉職したが、明治三十八年夏、文検の国語と漢文を受験し、予備試験に合格した。文検の予備試験は地方で実施されるが、合格者は東京に出て本試験に臨むのである。同年夏、塚本は再び上京した。国語と漢文に加えて英語にも関心があり、東京で勉強したかったのである。

東京では麻布の南山小学校の英語の専科教員になり、そのかたわら国民英学会に通った。国民英学会は斎藤秀三郎なども教鞭をとった有名な英学塾だが、明治二十九年、舎主の磯辺弥一郎と反目した斎藤が独立して開校したのが、後に藤森が職を得ることになる正則英語学校である。

明治三十八年十二月、浜中時代の恩師である英語の伊藤太郎の紹介を得て、埼玉県熊谷中学の助教諭心得に補せられ、初年級の英語を受け持つことになった。国語と漢文の文検の本試験も受け、翌明治三十九年二月、両科目とも合格した。これを受けて、同年四月から正式の教員になった。明治四十年四月、山口県岩国中学に転任した。浜中時代の校長の杉田平四郎が校長で、信任を得て新寄宿舎の創設経営に従事したが、飽き足りない思いに抗しきれず、明治四十一年、上京して立教中学に転じた。当時、恩師の伊藤太郎は早大の勝俣教授と提携して有朋堂から英語辞書の刊行を企画中で、そのお手伝いをするというのが、上京の直接の動機であった。このとき塚本は数えて二十八歳。藤森はこうして塚本と出会った。よほど馬が合ったのであろう、たちまち親しくなり、生涯の友となった。

藤森は多忙であった。立教中学に職を得て、夜間は正則英語学校で教え、『数学雑誌』に原稿を書き、新居では毎週二日ほど、夕食後、塾生を相手に猛烈な試験練習をやらせたうえに、最初の著作となる『幾何学 考へ方と解き方』の原稿の執筆を続けるという毎日であった。そこに塚本という友を得て次第に機が熟し、「考へ方研究社」の創設がいよいよ間近に迫っていた。

数学誌『考へ方』の創刊

「考へ方研究社」への第一歩は「考へ方主義」の宣伝のための著作の出版であった。明治四十三年四月二十一日、藤森の最初の著作『幾何学 考へ方と解き方』が出版された。松岡文太郎が校閲し、藤森良蔵は編者と記されているが、藤森の単独の著作である。松岡は序文を寄せた。発行所は青野文魁堂。書名に見える「考へ方」の文字が、数学教育に新生面を開こうとする藤森の抱負を物語っている。「考へ方主義」宣伝の第一弾であった。売れ行きはすばらしく、大正四年には第二十六版が売り切れとなり、大正五年一月の時点で改訂新版、大正十年九月には三訂新版が刊行されるという勢いを示した。

続いて大正三年には『代数学　学び方考へ方と解き方』が刊行された。上下二巻の編成で、出版の日付はそれぞれ四月一日、九月十八日である。出版社は今度は山海堂出版部であった。これが「考へ方主義宣伝」の第二弾である。『幾何学』と『代数学』に続いて、大正五年九月十八日には『三角法　学び方考へ方と解き方』を山海堂出版部から刊行した。これで幾何、代数、三角が出揃い、どれも受験生の大歓迎を受けてすばらしい売れ行きを示した。

『幾何学』と『代数学』が五十版を越えるほどの勢いを示したのを受けて、青野文魁堂の主人の青野友三郎と山海堂の主人の来島正時が藤森に相談をもちかけた。何かお祝いをしたいというのである。これを受けて、藤森は言下に「お言葉はありがたいが、もしお祝いをしてくれるというなら、むしろ雑誌を出すために援助をしてもらいたい」と応じた。青野も来島もおおいに賛成し、それでは創刊号を出すための費用は二人で引き受けようということになった。これが数学誌『考へ方』のはじまりである。

大正六年五月、「雑誌考へ方創刊の辞」という、表紙とも十頁のパンフレットを作成して全国に配布し、同年九月、「考へ方研究社」の名のもとに創刊第一号が刊行された。発行部数は三万部。二つの出版社が費用を出したので、希望者に無料で頒布されたのである。この第一号の巻頭に、藤森は次のような宣言を掲げた。

本誌は萌芽たり嬰児たる考へ方をして巨木たり大人たるに至らしめんことを期す。
此意味に於て、本誌は考へ方を論議せる記事を歓迎す。
此意味に於て、本誌は考へ方に立脚せる記事を歓迎す。

本誌は受験者の伴侶たらんことを期す。
此意味に於て、本誌は受験者の実際に取りたる生きたる学び方の記事を歓迎す。
此意味に於て、本誌は受験者の実際に取りたる生きたる考へ方の記事を歓迎す。

創刊号の反響は大きく、未知の人びとから次々と原稿が寄せられた。出版資金にあてはなかったが、藤森は継続する決意を固め、第二号、第三号と刊行を続けていった。毎月一日発行の月刊雑誌である。大正八年九月には三年目に入り、五千人という読者数が報告された。

日土講習会

「考へ方主義」を広く全国に宣伝するために藤森が試みたもうひとつの施策は、日土講習会の開設であった。かつて「数学二週間講習会」を試みて失敗に終わったことがあったが、そのアイデアをもう一度取り出して、「考へ方主義」の実践の場を設け、雑誌『考へ方』とともに車の両輪にしようというのであった。大正四年四月、正則英語学校のすぐそばの神田錦町三丁目の東京工科学校（日本工業大学の前身）の三階の講堂を借りて「日土講習会」を開いた。日土講習会に寄せる藤森の抱負は次の言葉によく現れている。

考へ方の王道を、学生の休養日とし安息日とする日土の両日に講述して、学校教育が徒に学生に過重な詰め込み教育を為すの非なるを知らしめて、悠揚迫らずその正しき学び方、その考へ方の王道に従う事が、そして数学の正しいしっかりした頭を作ることが唯一の受験準備であることを知らしめるにある。

藤森は現今の学校で使われている教科書を問題の羅列にとどまっていると批判して退けて、日土講習会では「考へ方叢書」を使用した。自分の著作を揃えて「考へ方」を基調とする叢書と見たのである。学校の授業では教師が黒板に書いたことを生徒が書き写すが、講義を十分に聴こうとすれば筆記がおろそかになり、筆記に遺漏がないようにつとめれば聴講に専念することができない。書き写さないわけにはいかないから、その結果、どうしても筆記のほうが遅れがちになり、教師の声はノートに目を落として筆記する生徒の頭上から降ってくることになる。これがいわゆる「脳天講義」である。こんなふうで書き落とし聴き落としもあるため、家に帰って復習しようとしても講義内容の復元がむずかしく、いたずらに時間と労力を費やすはめになり、結局のところ会得するところが何もないというのが現下の通弊である。

藤森はこのように断じ、日土講習会では自分の著作を使用すると宣言した。ただし、それらは教科書ではなく参考書であると、藤森は言い添えた。参考書に従いつつ、さらに講義を聴くのであるから筆記をする必要はなく、聴講に専心すればよい。講義は目で聴くものだ。二つの目と目で、教える人と聴く人が合体したとき、深く頭に浸み込むのである。目を強く大きく開くには筆記をせず、筆記をする手を梃子《てこ》にして一方では疲労を防ぎ、また一方では目を開かせるのだというのが藤森の主張であり、学校式の「脳天教授」に対してこれを「梃子教授」と命名した。

日土講習会の当初の生徒は百人足らずだったが、藤森は生徒たちを前にして熱烈な長広舌を振るった。大演説よりも受験問題の解き方を教えてほしいと、一日で退会してしまう生徒もいたが、藤森の意気に共鳴して最後まで聴講した生徒も多かった。最終講義は六月二十七日に行われたが、この日、講義の後に第一回目の茶話会が開かれた。出席者五十余名。親友の藤原咲平《さくへい》、今井登志喜も先輩格で列席した。これが後年の「出発式」のはじまりである。七月に入ると高等学校の入試が始まるのを受けて、試練に向かう受験生たちを励まそうという主旨であった。

日土講習会は当初は土曜と日曜のみだったが、やがて平日にも開かれるようになった。教授科目は藤森の数学と塚本の国語、漢文に加えて、平川仲五郎の数学、近藤音三郎の物理と化学、野原三郎の英語と、新たな講義題目と講師が加わっていった。

父との別れ

大正九年七月二十六日午前九時、郷里から「父病気すぐ帰れ」という電報が届き、父の危篤が伝えられた。七月上旬に帰るようにと再三言いよこされていたが、雑誌『考へ方』の刊行が三年目に入ったので増大号を出したいという考えがあり、帰省を八月に伸ばしていたのである。

藤森はすぐに東京を発ち、郷里に向かい、午後九時ころになって到着した。父はまだ命があったが、午後五時ころ、脳溢血の再発で容態が急変したため、家人が何か言い残すことはないかと尋ねると、「（藤森良蔵に）面会できないは残念。もっとも死生命あり」と書いた。これが絶筆になった。ほかにも何か書いたが、字が乱れて判読できなかった。父は一語も発することができなかったが、意識は明瞭だった。そこで藤森は、わずかに生のある臨終の父に向かい、『考へ方』が日本の問題になったこと、やがて教育界の一大変革の基調となること、雑誌の堅実な発達や自分が主張したところの考へ方主義が日本の問題になった以上、あるいは親の死に目にも逢えないかもしれないのに、命のある間に会えたのはせめてもの幸福と思っていただきたいと語りかけた。父は微笑を返したという。

父は七月二十八日午前五時に亡くなった。数えて七十五歳であった。

関東大震災の衝撃

大正十二年九月一日は関東大震災が発生した日であった。この日、藤森良蔵の新著『幾何学初歩　学び方考へ方と解き方』の初版一万部の印刷が完了し、製本所の軒先で積み出しを待ち構えていた。おりしも土曜日であり、第二十八回目の日土講習会の開催日でもあったため、藤森は正午までに神田錦町三丁目の会場の「考へ方研究社」に到達しようと道を急いでいた。その途中で関東大震災に襲われたのである。木骨コンクリートの工科学校は倒壊を免れたが、三階建ての「考へ方研究社」は最初の一撃でたちまち崩れ落ちてしまった。午前十一時五十八分であった。

藤森がようやく会場に到着すると、十数名の社員がかすり傷ひとつも負わずに、つぶれた社屋の屋根の上に立っていた。藤森の新著『幾何学初歩　学び方考へ方と解き方』は一冊の見本が「考へ方研究社」に届けられていたが、それは無事だった。ほかに二冊、藤森のカバンに入っていた。この三冊だけが、ここ数年の苦心の形見であった。

この時期の藤森の家の所在地は巣鴨であった（東京府北豊島郡西巣鴨町大字巣鴨宮仲二二七二番地）。巣鴨の家は無事だったが、続いてあちこちから火の手が上がり、潰れた社屋はもとより工科学校も二軒の発行書肆《しょし》、青野文魁堂と山海堂も、印刷所も製本所もことごとくみな焼失した。焼け跡から掘り出したのは、「考へ方研究社」の生命というべき雑誌『考へ方』の十一月号の原稿のみであった。

藤森は復興に向けて名状し難い苦労を重ねた。復興の第一の事業は「考へ方叢書」の復興で、年内に大阪で五冊、東京で四冊、計九冊の刊行に成功した。焼け残った巣鴨の自宅の一室を合宿所にして、みなで力を合わせて取り組んだのである。第二の復興事業は日土講習会を再開することであった。会場は失われたが、物理学校の三守守の鶴の一声で物理学校の大教室が提供されることになった。震災後の大混乱の中、東京市内各地にビラが張られ、一箇月後の十月一日には開講の運びとなり、翌年二月まで継続された。第三に雑誌『考へ方』の復活をめざさなければならなかったが、焼け跡からただひとつだけ持ち出された『考へ方』十一月号の原稿を土台にして、翌大正十三年二月十一日を期して刊行することができた。百八十二頁という堂々とした構えの一冊で、「復興号」と銘打たれていた。この日は紀元節であった。

大正十三年四月、バラック建て（仮設建築物）の工科学校が復興し、日土講習会は再びその一角を占拠することになった。藤森は「考へ方研究社」の事務所も自宅から神田に移したいと望んだが、広告取次業の内外通信社の社長の瀬木博尚の理解を得て、玄関先の目抜きの教室が提供された。工科学校に隣接し、旧社屋の筋向いに位置して、藤森のいわゆる「向う一軒両隣」のひとつであった。日土講習会や『考へ方』の新聞広告を通じて、藤森は内外通信社の広告部門の博報堂と特別の関係をもっていたのである。

昭和二年、神田一ツ橋にあった東京商科大学（東京高等商業学校の後身。現在の一橋大学）が国立と小平に移転した。震災のために校舎が倒壊したためである。広大な敷地が残されたが、翌昭和三年、跡地が分譲地として一般に公開された。これを受けて藤森は社屋の自立を決意し、神保町に最も近い一角の百七十坪を買い取った。住所は神田一ツ橋二丁目三番地。現在の集英社の位置である。六月八日、社屋が完成した。一階に事務室が二つ、応接室がひとつ、小使室がひとつ、教室がひとつ、トイレが二つ。二階に教室が三つ、職員室がひとつ。三階は大講堂で、延べ三百数坪。一千名を収容できるほどの大講堂に一本の柱もなかった。

新社屋の完成に先立って、昭和三年二月十九日の日曜日に、午前十時から午後五時までという長時間にわたり、工科学校のバラック教室において日土講習会の最後の茶話会が開催された。会場は麴町区有楽町三番地の朝日新聞社講堂。会長挨拶、講演、会員演説、先輩演説に続いて余興が行われた。余興の其の一は受験劇「父と子と」（一幕）。『考へ方』の昭和三年一月倍大号に掲載された作品で、作者は紀川伸太郎という人である。舞台監督は選者の邦枝完二、演出指導は市川猿之助、演出者は道志社の有志。余興の其の二は「盗賊戯団」（一幕）で、舞台監督は作者の邦枝完二、演出指導は市川猿之助、演出者は長善館有志であった。

昭和四年二月十七日、藤森は新社屋完成の披露をかねて、第二十八回目の出発式を開催した。茶話会が出発式と呼ばれるようになったのはこのときからである。終了式でも卒業式でもなく、藤森は出発式と命名した。これまでに学んできたことを踏み台にして、間近に控えている入学試験（大正時代に学制が変わり、高等学校の新学期は従来の九月から四月に移行した。それに先立って入試が行われた）に向かおうとする会員の行を盛んにしようという主旨であった。この日、藤森は郷里から小学校時代の恩師の鵜飼順彌、友人の五味繁作、千葉県から中学時代の恩師の多田寅松を招いた。また、物理学校の恩師、中村精男、中村恭平、野口保興を招待した。藤原咲平をはじめ、多くの友人も出席した。藤森の自慢の大黒板に会員の名前が列挙され、来賓の講演、先輩の激励に伍して、ひとりひとりが五分間ずつ演説した。

伊藤長七は病床にあって出席できないため、長文の手紙を寄せて祝賀の熱意を示したが、ついにこらえきれなくなり、家人が止めるのを振り切って会場に現れて長広舌を振るった。島崎藤村のいわゆる「捨てよう、捨てよう」の態度の尊さを強調し、

古今東西学術のために心血を傾け、芸術の堂奥に生涯を捧げるというような尊くもありがたき足跡を人類の文化に印したのは、この捨てよう捨てようの側の人々ではなかったでしょうか。その中、東西文化の中の巨大なるものは万世にわたって東亜の光と仰がるるあの釈尊であります。考えてもごらんなさい。天竺の尊い王位も最愛の妻子も珍宝も、ことごとくみなそれを捨てて山に入ったその人の心の力に衆生済度《しゅじょうさいど》の尊い願いが成就したのではありませんか。

と断じた。そうして藤森こそ、その「捨てよう、捨てよう」の側の偉大なひとりであり、またますますそうであるべきことを推奨し、激励した。伊藤の激励に応えようと壇上に立った藤森は、感極まって泣き出してしまった。『考へ方』と日土講習会のひとつの到達点を示す盛大な出発式であった。

二　『高数研究』と日土大学

日土大学講習会

日土大学講習会と雑誌『考へ方』の対象は主に高等学校の入学試験を受ける生徒たちだったが、藤森良蔵はなお一歩を進め、大学受験をめざす高校生や文検の受験をめざす独学者たちのために一段とレベルの高いもうひとつの学習の場を開こうとした。こうして得られたのが、日土大学講習会の開催と雑誌『高数研究』の創刊というアイデアであった。小倉金之助のアドバイスを受けて東北帝大の林鶴一を招聘し、第一次の日土大学講習会が実現したのは昭和四年の年末のことで、十二月二十一日から一週間の日程で開催された。次にあげるのは講習会案内に記載された開催宣言である。

日土大学講習会

林博士指導講演

「実用数学」

日本人として日本人が世界的に誇るべき発明独創を、たとひ一つでも持つならばさぞかし愉快の事であろう。愉快の事であるが一足飛びには行かぬ。そこには順序がある。私共が不肖不才を顧みず決然起って考へ方主義宣伝精進努勉し来たもの、一にこの機運を作らうがための階梯であり順序であった。今やその機運は熟した。数学界の耆宿《きしゅく》林鶴一博士を得た事がそれである。博士はこの研究指導についての最適任者である。私共は博士の指導講演を第一次として、茲《ここ》に日土大学講習を開催す。

昭和五年三月、藤森良夫は物理学校を卒業した。さらに大学に進むかどうか迷いがあったが、父の良蔵の意見もあって一本立ちする決意を固めた。一本立ちというのは父が創業した「考へ方研究社」を継承し、父に協力して「考へ方主義」をなお大きく拡大する仕事に専念するということを意味していたが、高等数学解放の旗印のもと、日土大学講習会と『高数研究』の発展に尽力することが良夫の志であった。

昭和十年四月二十一日は日曜日であった。二十五年前の明治四十三年のこの日、藤森の最初の著作『幾何学　考え方と解き方』が出版され、「考へ方主義」の宣伝の第一歩が印されたのである。これを記念して藤森は二十五周年記念祝典を挙行したが、藤森の気魄はますます高揚し、新制日土大学の樹立という形になって具現した。この日土大学は前年まで行われた日土大学講習会の継続ではなく、藤森は構想を新たにして再出発しようとしたのである。前の講習会は昭和四年の林鶴一の講義を嚆矢とし、昭和九年には第七次まで進んだが、最後の回に登場したのは高木貞治であった。今度の新制日土大学は高木の懇切な指導を受けることになった。

昭和十年五月の日付で日土大学会則も定められた。目的は、高等数学の大衆化をはかり、好学の士に大学教育を開放するとともに、学術の正しい学び方、考え方を普及することである。受講者は国籍年齢学歴の如何を問わず、学術研究に忠実である者は何人といえども受講することができる。開催時期は毎年夏季で、二十五日間にわたって七十五時間の講義を行い、これを一期とする。正確な日時はそのつど発表するとされた。

この会則に則って、昭和十年夏、早くも新制第一回の日土大学講習会が開催された。講師と講義題目は次の通りである。

解析学基礎論　東京帝大教授　理博　掛谷宗一
微分学および微分方程式　第一高校教授　理博　中野秀五郎
数学雑論　東京帝大教授　理博　竹内端三
積分学および微分方程式　東京物理学校講師　菅原正夫
確率論　東京工大教授　理博　渡邊孫一郎

おりしも「考へ方研究社」の若手の陣容も整いつつあった。昭和十年三月には岩田至康が加わった。岩田は東京府第五中学に入学したときからの藤森良夫の友人である。ともに物理学校に学び、卒業と同時に「考へ方研究社」に入社し、そのまま北海道帝大に進んだが、卒業して帰社したのである。昭和十一年三月、田島一郎が入社した。田島は昭和四年の一年間、日土講習会の聴講を続け、翌昭和五年、一高に入学した。一高時代には、藤森良夫がタブロイド版の「考へ方　特色版」の一頁をさいて新設した高数研究会に入会し、それから東大に入学したが、東大に在学中も「考へ方研究社」の一員として働いていた。「考へ方研究社」の申し子のような人物である。

藤森良夫の成長にともなって、「考へ方研究社」は新しい時代に移りつつあった。藤森良夫、岩田、田島の三人が新時代の数学陣の三羽烏である。父の良蔵はいわゆる隠居論を実行に移し、蔭の総監督として大久保彦左衛門のような位置に身を置くとともに、小学生の算数教育を見直す方向に歩を進めていった。

『高数研究』の創刊

昭和十一年十月一日、「考へ方研究社」の数学誌『高数研究』第一巻、第一号、十月号が創刊された。日土大学の機関誌としての役割も担う雑誌であった。

『高数研究』は帝大受験生のための数学の受験雑誌だが、読者は高校生ばかりではなく、文検《ぶんけん》、すなわち文部省の検定試験をめざして勉強する人もたくさんいた。文検の試験は各教科ごとに行われたが、『高数研究』は数学科の受験準備のための雑誌であった。

文検と帝大入試の後には問題と解答が掲載されるとともに、問題の傾向がくわしく分析され、対策が講じられた。毎号、懸賞問題が提示され、読者が解答を試みて応募すると、後の巻にくわしい解答と成績が発表され、講評が加えられ、成績優秀者の氏名が掲載された。難問が揃っているが、熱心な読者の中には常連も目立ち、後年の著名な数学者の名前も散見する。氏名とともに、高等学校の在学者は高校名、小学校の教職にあるものは勤務先の小学校名が書き添えられたが、目を見張るのは「独学者」とのみ記されている人が目立つことである。

独学者といえば無職の人が連想されるが、安定した職のないまま勉強に打ち込み、文検を突破して中等学校の教師になることをめざしていたのであろう。勉強と職業が直結し、職業が生活を左右する時代であり、きびしさもまたひとしおの受験勉強であった。

戦前は全般に貧富の格差が極端に大きく、しかも経済状態の思わしくない家庭のほうがはるかに多かったため、小学校までは義務教育として、それから先の上級学校に進むことのできる児童はごくわずかであった。高木の時代からもう少し後の明治四十年になると、小学校は尋常科六年と高等科二年に分かれ、尋常科のみが義務教育であった。高等科は義務教育ではなく、授業料をおさめなければならなかった。それでも次第に進学率は高まっていった模様だが、二年間の高等科を卒えるとその先がなかった。

小学校よりもさらに上の学校に進むためには高等小学校ではだめで、尋常小学校の後、入学試験を受けて中学校、高等女学校、師範学校などに入らなければならなかった。これらの学校は中等学校と総称された。中等学校にはほかに各種の実業学校があった。

中学校は男子のみで、中学校を終えると次は高等学校への道が開かれるが、中学校も高等学校も高額の学費を要し、相当の資産家の師弟でないと進学を考えることは許されなかった。ところが高等学校の定員もまたわずかだったため、入学試験はきわめて過酷であり、この受験の高い壁を乗り越えようとするところに受験雑誌『考へ方』の出番があった。

師範学校は義務教育である小学校の教員を養成するための学校であるから、基本的に学費はかからなかったため、経済的に恵まれない家庭の秀才が入学した。師範学校の上の学校として広島と東京に高等師範学校があり、卒業すると中等学校の教員になった。師範学校には女子師範もあり、その上には奈良と東京に女子高等師範学校があった。卒業すると高等女学校の教師になった。女子にとってはこのあたりが最高学府であった。

高等女学校は男子を対象とする中学校と同格の女子校だが、その先の学校は存在しなかった。陸軍士官学校や海軍兵学校のように軍人を養成するための学校もあった。師範学校と同様で学費がかからなかった。

高木貞治が進んだ京都の第三高等学校（高木の在学中は第三高等中学校。高木の卒業後、第三高等学校になった）のほかにも、宮沢賢治が進んだ盛岡の高等農林学校のように、工業学校や商業学校など各種の高等実業学校があったが、その先はなかった。三高のような普通学校の場合にはさらに帝国大学への道が開かれていた。しかも全高校の卒業生の総数と、全国のすべての大学（最終的に国内には七つ。ほかに朝鮮と台湾にひとつずつ）の入学者定員の総数がほぼ同数であるから、進学先に選り好みをしなければ無試験で帝大に進めたが、実際には形式的に割り振るのは困難で、東京帝大の法学部というように、特定の大学の特定の学部に定員を越える志望者が群がるという現象が目につくようになった。その場合には入学試験が行われた。高等学校の生徒たちが『高数研究』を購読して勉強するのもそのためであった。

いろいろな種類の学校が揃っていて、受験生たちは将来の志望に応じて適切な学校を選択したが、学力のほかに資力がなければ入学することはできなかった。師範学校や陸海軍の学校なら無料だが、在学中は家庭の生計には寄与できないのであるから、貧しい家庭の師弟はそれらの学校にも進めなかった。他方、中等学校の教員は慢性的に不足していたという現実もあった。そこで独学者たちや小学校の教師たちにも教員への道を開き、人材を確保しようとしたのである。文検は毎年行われた。各地で実施される予備試験を突破した者は東京に参集し、口頭試問を受けた。学歴も係累もない状態で学力一本で中等教員の資格を取ろうというのであるから、実に過酷で、どの教科でも例年数えるほどの合格者しか出なかった。合格者数は定められていたわけではなく、年度によって変動が見られるが、数学科であればおよそ六百人程度の受験者のうち、合格者は二十人程度ではなかったかと思う。

高木貞治と『高数研究』

『高数研究』は帝大と文検をめざす受験生のための受験雑誌であり、明確な方向が定まっていたから、購読する読者はほぼ受験生に限定されていたと見てさしつかえないが、純粋な受験雑誌かというと、そうとも言い切れないところがあった。毎号の表紙には、『高数研究』という誌名の側に、「高等数学入門」「大学数学解放」と必ず明記されたが、高等数学というのは大学で教えられている数学を指す言葉である。大学には数学という学問を研究する数学者がいて、たいていみな洋行の経験の持ち主であった。洋行して西欧近代の数学を学び、日本に持ち帰って講義を行って学生たちに伝授した。この流儀は一番はじめの菊池大麓と二番目の藤澤利喜太郎の時代に始まり、日本の伝統となって後進に継承された。

考へ方研究社『高数研究』第６巻、第１号（昭和16年10月１日発行）

大学はヨーロッパの学問を日本に結ぶ玄関であり、大学に所属しない人びとから見れば、大学はヨーロッパの数学に向かって開かれている窓であった。そこで「数学の大衆化」というスローガンは、大学所属の数学者たちに、最新の数学理論を誌上で講述してもらうという形で具体化されることになった。この企画は、ほとんどすべての数学者たちの総帥である高木の協力を得て実現した。高木自身もときおり『高数研究』にエッセイを寄せ、「考へ方研究社」主催の座談会に出席した。

日本数学錬成所

昭和十七年四月三十日、第二十一回衆議院議員総選挙が行われた。藤森良蔵の友人の小平権一は長野県第三区から立候補し、最高点で当選した。この選挙にあたり、藤森は大きな蔭の力となって協力を惜しまなかった。五月、翼賛政治会が創立され、小平は総務局長という重任に挙用された。八月、藤森は大政翼賛会調査会の「科学及び技術の調査委員」に任命された。小平の推薦を受けたのであろう。総力戦に対処して国家各方面の情勢を調査し、政府に報告することが、この調査会の任務であった。

藤森が担当することになった「科学及び技術の調査」という方面では、「科学思想の普及に関する具体策」「科学技術の普及、実践に関する具体策」「科学技術の向上に関する具体策」の三つの方策を取り上げて調査を進めることになった。藤森は「科学の新建設に関する指標」と題するプリントを作成し、数学や理科系統の教員は軍や軍需工場に動員され、教壇に立つのはほとんど老人もしくは無資格者であるという実情を指摘して、数学の優良な教員を大量かつ急速に要請するべきであることを強調した。同時に、中等学校では微積分を中心思想とする数学教育の確立、幼時から科学的態度を養うためにとくに母親の啓蒙と協力を必要とすることを力説した。藤森は多忙だったが、委員会には欠かさず出席した。数学教育に熱意があり、この方面から国策に協力したいと念願したのである。

藤森の建策のうち、大量の数学者を急速に要請するべきであるという主張は本会議で可決されるところとなった。熱心な協議を重ねて可決にいたったのであるから、当然のことながら何らかの形で具体的に実行に移されるであろうと期待されたが、実際には何も起こらず、調査結果が翼賛政治会の総裁に答申され、参考意見として関係各方面に伝えられる程度のことにすぎなかった。だが、藤森はたいへんな熱意をもってこの問題に取り組んだ。

藤森の提案ができあがったのは昭和十七年の十二月末のことであった。年が明けると翼賛会に出かけて小平権一の部下を歴訪し、提案を実行に移すべきであることを力説した。藤森は三十年という歳月にわたって数学の大衆化のために努力してきた人物であり、その藤森はこの際、一切をあげて国家のために捧げる決意を固くしていたのである。翼賛会としても藤森を十分に働かせるだけの援助をしてもらいたいというのが、藤森の率直な心情であり、数学者の大量養成は国家緊急の事業なのであるから、支援するのが当然であると藤森は信じた。だが、翼賛会としては一個人にすぎない藤森を援助することはできなかった。

ここにおいて藤森はジレンマに陥ったが、このとき小平が重要な示唆を藤森に与えた。翼賛会は一個人を援助することはできないが、団体なら援助ができる。そこで藤森が中心になって全国の数学者を傘下に集め、たとえば数学報国会というふうな団体を結成し、その団体が数学者の大量養成と数学の普及事業をやるというのであれば、翼賛会としても全面的な援助が可能になるであろうというのであった。

このアドバイスを受けて、藤森は高木貞治を訪問した。ところが高木は数学者の大同団結を翼賛会に依存することに根本から反対であった。大量の数学者を養成するという主旨には心から賛成するが、あくまでも日土大学を中心にして藤森独自の力をもってするべきである。国家の力を利用するのはよいが、主体はどこまでも自己になければならないというのが高木の意見であった。この鶴の一声により藤森は独力経営の覚悟を固めた。

藤森は文部省に対し、修了者には相当の資格を与えるようにとかけあい、技術院（昭和十七年一月設置）に対しては広く工場に呼び掛けて、工員の数学学習を奨励するようにと陳情を繰り返したが、いずれも実を結ばなかった。そこで藤森は、大東亜会館に天下の数学関係者を総動員して大懇談会を開き、数学者大量養成のための組織結成を発表することにした。これが日本数学錬成所である。社会の耳目を集め、数学者たちの協賛を誘い、各方面の支援を獲得しようとする奇策であった。昭和十八年三月十五日、関係各方面に趣意書を配布したところ、翌十六日、『毎日新聞』にこの企画が報道された。

日本数学錬成所の発起人は高木貞治をはじめとして、吉江琢兒、掛谷宗一（東大教授）、国枝元治（東京文理科大学名誉教授）、小倉金之助（東京物理学校理事長）、渡邊孫一郎（東京工大教授）、塩野直道（文部省図書局第二編修課長）、藤原咲平（中央気象台長）、高橋正一（日本製鉄株式会社）という顔触れであった。大懇談会の開催日は三月二十三日午後三時からと定められた。教育計画は次の通り。一年間にわたって高等学校、大学程度の数学を重点的に教える。中等学校程度を対象とするA組と、高等学校卒業程度のB組に分かれ、A組には三角、代数、幾何、初歩の微積分、B組には現在大学理科の教程である実変数、複素変数、関数などに及ぶ。この数学をただちに実地に応用する創意の精神を盛った応用数学が、どちらの組にもそれぞれの学力に応じて設けられる。講師選定は高木と掛谷が担当する。具体的には、二十日、本郷「鉢の木」で数学の専門家数十名が参集して協議を行うことになった。

このほかに、従来の模倣数学を脱して真に日本精神に立脚した魂の数学者たる特別講座を設ける。開講は四月中旬。四月から九月までを第一期、十月から翌年三月までを第二期とする。毎週、日曜と土曜を除く五日間、午後一時から五時まで数学講座。土曜日には学界、産業界など各方面の練達の士を特別講師として魂と創意努力の精神を叩き込む。講習会場は神田一ツ橋の日土講習会が当てられる。おおよそこのような構想が伝えられた。三月二十三日午後三時から、大東亜会館において文部大臣の橋田邦彦、科学動員協会理事長の多田礼吉陸軍中将など、各方面の有力者五百名を招いて懇談することになったとも報じられた。

実際には開始時刻が少し遅れ、午後三時半から「数学者大量養成懇談会」が開催された。日本数学錬成所同人の高木、吉江、掛谷、国枝、塩野、藤原、藤森をはじめ、東京都下各大学、専門学校、中学校の数学関係者、陸海軍関係工場工員養成所、民間工場の技術関係者など、出席者は朝野の名士約四百数十名に及んだ。まず藤森が経過報告を兼ねて開会の辞を述べた。続いて国枝が同人として挨拶し、次に塩野が文部大臣の橋田邦彦の祝辞を代読した。橋田はビルマ行政府のバーモ長官の歓迎のため、急に出席不能になったのである。次に田中舘愛橘の挨拶、今井五介（貴族院議員）の祝辞、多田駿吉（科学動員協会理事長）の挨拶と続き、最後に掛谷が挨拶して第一部が終わった。

引き続き六時から懇談に移り、晩餐をともにしつつ、次々と立って、錬成所発足に寄せて書簡や希望を述べ、前途を祝福した。高木も挨拶した。最後に藤原咲平が立ち、藤森との交友関係を述べるとともに、錬成所の今後に対して協力を求めた。これが閉会の辞となった。田中舘愛橘の発声で聖寿万歳を奉唱し、大盛会の裡に散会したのは午後八時半であった。

次にあげるのは、懇談会の模様を報じる翌二十四日の『朝日新聞』に掲載された藤森良蔵の談話である。

普通五箇年で教えられているのを一年で教えられるかというが、私の三十年の経験でやりうる自信がある。また指導者が第一流の権威だからいっそう効果はあがるだろう。たとえば十のものを覚えるには羅列的教育では十全部を教えるが、十全体を知るのにはその基礎になる一、二、三といったものがあり、その基礎の重要な点だけよく呑み込めば、後は自分の工夫と創意で十全体を知ることができる。だから一、二、三といった最もたいせつなことの時局に必要な点を狙い打ち的に教え込んでいけば、十分、五年のものを一年間に縮めて、しかも質の落ちない教育をすることができるのだ。西洋式の方程式を暗記することよりも、その方程式はどんな意味を持っているかをわからせていく方法をとっていきたい。そこでその数学が実際に役立ち、応用される面が広くなるし、これが現下の日本が要求しているものだと思う。現在中学卒業程度では工場に入っても技師の言葉がわからないが、A組を出れば技師の説明くらいわかるようにと思っている。

次に引くのは高木貞治の談話である。

高校程度の数学を知ると否とが生産能率に非常に関係が深いことは言うまでもないので、これが普及すれば一段と生産増強が達せられるということはいろいろな点から言えると思います。多数工員諸君の参加を期待しています。

A組とB組をそれぞれ五百名ずつ、計一千名の講習生を集め、正味五箇月ほどでひと通りの課程を終

考へ方研究社発行『数学錬成』第 27 巻、第 7、9、12 号（昭和 19 年）

了するという計画だったが、これは実現せず、実数は何分の一かに留まった。四月十五日、第一回数学者大量養成講習会が開講した。九月二十四日に修了式、すなわち出発式が挙行されたが、式の後の懇談会の場に、社員の田島一郎のもとに電話で召集令状到着の知らせが届くという出来事があった。第二回目の講習会は十月四日から翌昭和十九年二月中旬まで、第三回目の講習会は昭和十九年四月十日から七月十四日まで、第四回講習会は同年九月十一日から十二月下旬までと順調に開講した。

昭和十八年に入ると、戦局はいよいよ過酷さを増していった。六月、東条内閣は戦力増強企業整備要綱と学徒戦時動員体制確立要綱を閣議決定した。「考へ方研究社」も整備の対象となり、日本数学錬成所と統合するほかに道のない状況に立ち至った。数学誌『考へ方』は錬成所の機関誌として存続することに決まり、これを受けて昭和十八年十月号（第二十六巻、第十号）から『数学錬成』と誌名が変わった。表紙には誌名『数学錬成』とともに「国防数学」「生産数学」という大きな文字が明記され、『高数研究』の姉妹篇として戦時数学の樹立に邁進することになった。

これによって数学誌は整備の対象から免れたが、「考へ方研究社」の書籍出版部門は羽田書店に統合されることになった（昭和十九年九月一日発行の『高数研究』第八巻、第十二号の社告で報じられた）。

最後の日土大学

「数学者大量養成講習会」は順調に回を重ねたが、それとは別に日土大学もまた継続して行われた。昭和十八年には七月二十五日から八月二十二日にかけて新制第九回日土大学が開催された。高木貞治も出講し、「数学雑話」と題して講演した。昭和十九年夏、七月二十五日から八月二十四日にかけて、新制第十回日土大学が開催された。全体は三期に分かれ、第一期は七月二十五日から八月四日まで、第二期は八月五日から十五日まで、第三期は八月十六日から二十四日までであった。初日の七月二十五日、まず陸軍予備士官学校教授の成実清松が一時間の講義「国防数学」を行い、続いて高木貞治が「数学雑話」と題して二時間の講義を行った。聴講者は百三十七人に達し、溢れるばかりの盛況であった。

八月十六日は第三期の初日で、この日の講義も成実と高木が担当した。夕刻、日本数学錬成所の編集部に高木貞治がやって来た。おりしも『高数研究』十月号の編集会議の最中で、委員たちが大汗をかいて特集号の企画を立てているところであった。高木は若い編集者たちの仕事ぶりを楽しそうに見ていたが、編集部は編集部で高木にも寄稿をお願いすることになっていた。そこで「日本数学界の歩み」という題目で執筆を依頼したところ、高木は、そんな題では書かないと一蹴した。そんな題はラジオ放送か大政翼賛会の先生たちのやる題だ。おれは書かない。書くならもっとほかのものを書くというのが高木の言い分であった。こんな経緯の後に、結局、執筆を引き受けて、「虫干し」というエッセイを書き、『高数研究』第九巻、第一号（昭和十九年十月一日発行）に掲載された。

八月二十四日は第三期の最終日であった。三期全体を通じて延べ百九十名を越える会員を集め、大盛況の裡に三十一日間に及ぶ過程を終了したが、この新制第十回日土大学は最後の日土大学になった。この後、第四回目の数学者大量養成講習会が開講したが、この講習会もこれで終焉した。出版事情もまた悪化の一途をたどり、『高数研究』は昭和十九年十二月号（第九巻、第三号）をもって終刊となった。『数学錬成』も昭和二十年一月号（第二十八巻、第一号）を最後に発刊が打ち切られた。

昭和二十年四月十三日の空襲

この時期の藤森良蔵の自宅の所在地は依然として西巣鴨であった（東京都豊島区西巣鴨二丁目二一七二番地。昭和十八年七月一日付で東京都制が施行された）。防火地帯を設けて重要施設への延焼を防ぐために建物疎開が行われ、該当地区の家屋は取り壊されたが、藤森の家はかろうじて指定地区外になった。そこで藤森は庭に巨大な防空壕を掘る計画を立て、みずからスコップを取り、家人を督励して作業を続けたが、昭和二十年四月十三日の夜半、藤森家は米軍の空襲を受けて焼失した。苦心の防空壕がようやく形をなし始めた矢先のことであった。

四月十三日、藤森はこの日も作業に打ち込んで一日をすごし、夕刻、良夫といっしょに酒を飲もうと盃を手にしたとき、突如警戒警報のサイレンが鳴り始め、たちまち空襲警報に変わった。米軍のB29の大編隊が焼夷弾を落とし始めると、周囲はたちまち火の海になった。隣組一同と衆議一決、安全な場所を見つけて避難することになった。

藤森はいったん家にもどり、警報のために手放した徳利を神棚にあげ、祖先が家を守ってくれることを祈願し、身の回りのものを取りまとめて家人とともに人波といっしょに歩き始めた。南風の強い夜であった。

人波は北西に流れ、赤羽線と東上線の交叉する三角地帯の広場に追い込まれた。若い良夫の誘導により一番安全と思われる窪地に家族一同が集まって、頭からトタン板をかぶった。建物疎開の対象となって取り壊された家屋のトタンや瓦が、整然と整理して置かれていたのである。火の手が強くなり、旋風が巻き上がり、トタンや火柱がうなりをあげて降ってくるというありさまの中で、良夫は懸命に火の粉を消し続けた。二時間ほどがすぎて火勢が衰えたころ、ようやく夜が明け始めた。頭をあげると、あたりは見渡すかぎり黒い焼野原であった。

藤森がひとりで自宅の様子を見にもどると、家はあとかたもなく焼け落ちていた。残されたものは、避難する間際に藤森勝子が防空壕に投げ込んだトランクのみであったが、これをもって埼玉県北足立郡大和町に移ることになった。大和町には、藤森家に家事手伝いに来ていた女中のおひさの父の仙三が住んでいて、ともかく自分の家に避難してはどうかという仙蔵の申し出を受けることにしたのである。藤森の一家は八人。仙三の家は二間しかなかったが、客間の八畳の部屋を提供された。ここで一箇月半の間借り生活を送り、それから附近の農家の柳下藤太から納屋の提供を受け、二間の住宅に改造して移り住んだ。本郷の駒込曙町に住む高木貞治の家も、四月十三日の空襲により焼失した。焼夷弾の直撃を受けたのである。高木は山梨県谷村町《やむらまち》に疎開し、それから郷里の岐阜県本巣郡一色村数屋の生家に移動した。昭和二十一年十月一日、疎開生活を切り上げて上京し、東京都淀橋区諏訪町一八二番地（現在の東京都新宿区高田馬場一丁目附近）に落ち着いた。藤森良蔵と再会する機会があったのかどうか、終戦直後の混乱のさなかのことであり、この時期のくわしい消息は不明である。

三　再生と終焉

数学精神大衆化講習会

日本の敗戦が明らかになり、八月十五日に戦闘が終結すると、北大で数学を勉強していた末子の藤森経夫が卒業してもどってきた。田島一郎も復員した。大和町の納屋を改造したうす暗い仮住居で、「禍を転じて福となす」「ころんでもただは起きない」という精神で闘志を燃やし、藤森良蔵を中心にしてみなで今後の方策を語りあった。『考へ方』と『高数研究』の二誌の復刊が望ましいが、東京では印刷所の大半が焼失したため、見込みがなかった。藤森が念願したのは講習会の復興であった。

何よりも講習会の会場を確保しなければならなかった。神田一ツ橋の「考へ方研究社」の社屋は焼け残ったが、大日本産業報国会の要請を受けて昭和二十年四月一日から一箇年の契約で提供したため、契約期間に束縛されてすぐに返還を求めることもできなかった。そんなある日、藤森良夫はたまたま宮本知遠に出会った。宮本は良夫の小学校時代の同級生で、板橋区の警防団の副団長であった。良夫から事情を聞いた宮本は、区の警防会館の使用を提言した。終戦の直後から流行の萌しを見せていた英会話ではなく、数学中心の文化運動を起こしたい。ついては数学講習会を始めてはどうか。区と警察が後援する、というのであった。この話を良蔵に伝えると、「それはすばらしい」と大喜びであった。この計画は順調に進み、昭和二十年十一月五日を初日として板橋警防会館において第一回数学精神大衆化講習会が開催された。次にあげるのはこの講習会に寄せて表明された藤森良蔵の抱負である。

明治から大正へ、大正から昭和へ――西洋文明の輸入模倣時代よりその独創発明時代へと、一歩一歩その歩みを続けてきた日本も、遂にその独創発明の実を具現し得ずして、今や完全降伏という悲運に遭遇した。まさに科学日本の敗北である。これが最大の原因としては国民の科学精神の低劣があげられる事は万人の認めるところである。想えば昨日までは科学は戦争の一点へと動員された。しかしながら、敗戦日本が雄々しくも立ち上り世界文化建設という難事業に新発足するに当り

建設平和日本

にとって食料の増産も商工業の振興も更に又芸術の発展さえも、真の科学精神に立脚してこそその実施を期し得ることを忘れてはならぬ。しかし吾人の信念は

真の科学精神は

正しき数学精神から

生れるということである。本会はこの目標の下に中等学校程度の数学の正しき学び方、考へ方と解き方の真精神を指導せんとするものである。

戦時中は戦争に勝つために数学者の大量養成をめざした藤森だったが、再出発にあたり、「平和日本

の建設のための数学教育」へと目標を大きく転換した。「建設平和日本」の六文字に、藤森を襲った敗戦の巨大な衝撃の姿がありありと現れている。

『考へ方』の復刊と藤森良蔵の死

講習会の復活に続いて、藤森良蔵は数学誌『考へ方』の再出発をめざしたが、紙の供給がなく、数学の雑誌を組む印刷所もないため、ひとまず半紙二枚、四頁の謄写刷り（ガリ版刷り）で出すことになった。戦中の昭和十八年十月に『数学錬成』と誌名が変わったが、これをもとの『考へ方』にもどすことにして、昭和二十年十二月一日に第一号を出し、十日に第二号、二十日に第三号と続けて刊行した。市販はされず、直接購読者のみが対象であった。一部五十銭は高いという声もあったが、一山十個のみかんが五円であるから「頭の糧《かて》」の『考へ方』はみかん一個の値段であると藤森はがんばった。だが、戦中戦後の無理がたたり、健康がむしばまれ、衰弱の気配が見え始めていた。

藤森は昭和二十一年一月二十日発行の『考へ方』に「大和便り」を寄せ、「半死＝半生は成り立つか」ということを書いた。「面会できないは残念。もっとも死生命あり」と書き残して大正九年七月に亡くなった父、藤森良知を回想したのである。二月十日発行の『考へ方』の「大和便り」では、「明治の文豪夏目漱石はその一生涯を通じての代表作品は必ずしも多くはない。……記者は随分数学の本を持っていた。しかもそのうち本当に読みくだき、考えぬいた本は十点を越さない。この十点を本当に読み抜いて本当にそれを資料にして書いたのが考へ方叢書で、その書いたすべては十点を越さない。これが記者全生涯を通じてのすべてである」と前置きして、明治四十三年四月二十一日に『幾何学　考へ方と解き

藤森良蔵家之墓（埼玉県和光市金泉寺）

方』を世に出したころの思い出を書いた。また、「建設平和日本　数学精神物語」というエッセイも連載した。

昭和二十一年六月二十七日、腹部に水のたまる症状が出て、足にもむくみができはじめたため、藤森は大和町中央新生病院に入院した。九月六日、東大病院に転院。十月一日にはまた順天堂病院に転院した。年が明けて昭和二十二年になった。一月九日午後、お見舞いにかけつけた塚本哲三の顔を見た藤森は、「いよいよおさらばだよ、塚本君。今のおれにはこの世におさらばを告げるのが一番いいことだ。いよいよ今日が人生の打ち切りだよ」と言った。塚本は「まだそんなことを言っちゃいかん。君はまだ死んではいかん」と応じた。

藤森は大和町の寓居に帰ると言い出してみなを困らせたが、決意は固く、自宅ではなく大和町中央病院にもどるということに一決した。一月十日、寝台車で自宅に向かい、四箇月ぶりの帰宅の感慨にふけった後、中央病院に入院した。

十月末、呼吸困難に陥り、近親者に危篤電報が打たれたが、迅速な手当により回復した。十一月二日、腹水除去手術を受けた。腹水除去はこれで九回目である。十一月三日は祭日であった。この日は元気がよく、好きなうどんを食べ、盛んに話をしたが、六日、またも昏睡状態になった。覚醒と昏睡を繰り返す日々がすぎ、十一月二十二日午後十時二十分、肝硬変のため死去した。満六十五歳であった。二十五日の葬儀の日の朝、藤森家の庭で塚本が詠んだ句。

君逝いて庭かげさびし寒椿

藤森の墓は大和町（現在、和光市）の金泉寺《こんせん》にある。臨済宗建長寺派のお寺である。

『数学の自由性』

復刊された『考へ方』はしばらくガリ版刷りで刊行を続けた後、昭和二十三年四月一日発行の第三十一巻、第一号から活版刷りになった。これでようやく本当の再出発ができることになったと思い、高木貞治に原稿を依頼したところ、高木もこれを快諾し、「考へ方のいろいろ」という一篇のエッセイを寄せた。藤森良蔵はこの高木のエッセイを見ることはできなかった。

藤森良蔵の没後、藤森良夫は田島一郎と協力して「考へ方研究社」の振興をめざして努力を重ねたが、人心と社会構造が激変した戦後の世相に対応するのはむずかしく、大きな困難を強いられることになった。『考へ方』の復活に続いて、もうひとつの看板雑誌『高数研究』の復刊も模索したが、これは実現にいたらなかった。日土大学と日本数学錬成所の系譜に連なる数学講習会は戦後まもないころ、数学精神大衆化講習会という形で板橋で復活したが、これを糸口にして神田一ツ橋の「考へ方研究社」に日土

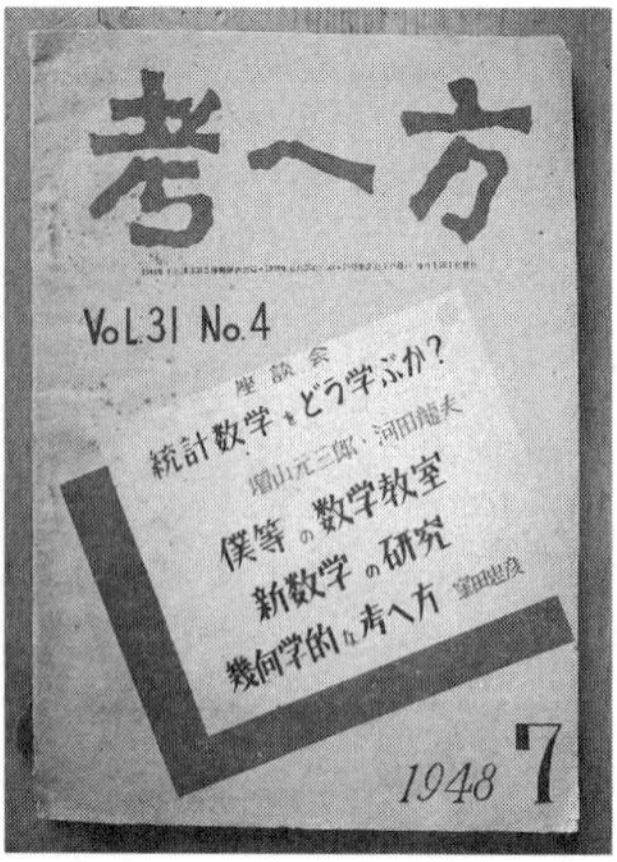

『考へ方』第31巻、第4号（1948年7月号）

講習会が設置され、日土数学講習会、高数初歩研究会、夏季数学講習会など、いろいろな形で講習会が開催されるようになった。

昭和二十三年四月には、単位制の「大学数学講座」という新企画が打ち出された。この講座は代数・幾何、解析学、応用解析学、確率・統計という四コースに区分けされ、各コースはさらに十時間の講義をもって一単位とするいくつかの単位により構成された。試みに解析学講座の編成を見ると、ここには実関数概論、複素関数概論、微分方程式概論、フーリエ解析、等角写像とその応用、積分方程式とその応用、解析学と物理学という七つの単位が存在する。ほかに代数・幾何講座は九単位、応用解析学講座は七単位、確率・統計講座は九単位、全部合わせると三十二単位という堂々たる構えの大講座であった。四月二十六日から五月二十七日にかけて第一次講座が開講し、六月十四日から七月十五日にかけて第二次講座が開講した。準備は入念で、実行は迅速であった。

第三次大学数学講座は八月二日に開講した。A組とB組の二組に分かれ、A組は八月二日から十二日までで、中村幸四郎（武蔵高校教授）の「群論」と宇野利雄（都立女子専門学校教授。都立女専は現在の首都大学東京の前身のひとつ）の「複素関数概論」の講義が行われた。B組は八月十六日から二十六日までで、矢野健太郎（東大助教授）の「ベクトル解析」と河田龍夫（東京工大教授）の「演算子法」の講義が行われた。午後五時から七時まで、連日二時間に及ぶ講義であった。

これらの通常の講義のほかに、昭和二十三年八月十四日、高木貞治による特別講義「数学の自由性」が行われた。夕方五時十分から開始の予定のところ、直前になって土砂降りになり、高木は全身びしょぬれになって神田一ッ橋の「考へ方研究社」に到着した。社員一同、飛び出して出迎えたところ、高木は「ひどい雨ですね」と微笑した。この講演の記録は『考へ方』第三十一巻、第七号（昭和二十三年十月一日発行）に掲載された。

昭和二十四年六月一日、『高数研究』と『考へ方』に掲載された高木のエッセイを集めて『数学の自由性』（考へ方研究社）が刊行された。編成は下記の通りである。

序
一　数学の自由性（『考へ方』第三十一巻、第七号）
二　考へ方のいろいろ（『考へ方』第三十一巻、第一号）
三　わたしの好きな数学史（『高数研究』第一巻、第一号。掲載時の表題は「数学漫談（祝高数研究発刊）」）
四　彼理憤慨（『高数研究』第一巻、第一号。掲載時の表題は「数学漫談（祝高数研究発刊）」）
五　微積の体系といったようなこと（『高数研究』第二巻、第三号。掲載時の表題は「数学漫談（微積の

高木貞治『数学の自由性』考へ方研究社、昭和24（1949）年発行

体系といったようなこと）」）
六　Newton・Euclid・幾何読本（『高数研究』第三巻、第四号。掲載時の表題は「数学漫談（Newton、Euclid、幾何読本）」）
七　日本語で数学を書く、等々（『高数研究』第四巻、第一号）
八　応用と実用（『高数研究』第五巻、第一号。掲載時の表題は「数学の応用・それの実用性などということ（応用と実用）」）
九　或る試験問題の話（『高数研究』第六巻、第一号）
十　昔と今（円周率をめぐって）（『高数研究』第七巻、第一号）
十一　数学の辻説法（『高数研究』第七巻、第八号）
十二　数学の実用性（『高数研究』第七巻、第十一号。掲載時の表題は「数学雑話――日本数学錬成所特別講演より」）
十三　虫干し（『高数研究』第九巻、第一号）
藤森良夫　高木貞治先生への感激

巻末に添えられた藤森良夫の小文「高木貞治先生への感激」には昭和二十四年四月二十九日という日付が附されている。『考へ方』第三十二巻、第三号（昭和二十四年六月一日発行）に掲載された。「考へ方研究社」では、藤森良蔵が提唱した「考へ方主義」の出発点を明治四十三年四月二十一日とすることが共通の諒解事項になっていた。この日は藤森の最初の著作『幾何学　考へ方と解き方』が出版された日で、昭和二十五年四月二十一日は満四十年を迎える記念日すべき一日であった。この月の『考へ方』（第三十三巻、第一号）は特集を組み、「考へ方満四十年を迎えて」という一文を巻頭に配し、藤森良夫と経夫の兄弟や田島一郎たちが参加した記念座談会の記録「考へ方と青年を語る」が掲載された。従来の八十頁から百二十八頁へと、大幅な増頁が断行され、各界の著名人からの祝辞も寄せられて華やかな雰囲気に包まれたが、「考へ方研究社」の経営状態は必ずしも思わしくなかったのであろう。この年の末の『考へ方』第三十三巻、第九号（昭和二十五年十二月一日発行）が終刊号になった。

敗戦の巨大な衝撃を受けて学制が大きく変わり、受験の世界も変貌した。高等数学の大衆化という、「考へ方研究社」の伝統の路線は新時代の受験勉強から乖離しがちになり、建設平和日本という新たな路線も適合したとは言えなかった。代わって勃興したのは、どこまでも新制大学の受験そのものに密着しようとする新時代の一群の受験雑誌であった。

藤森良蔵の世界はこうして終焉を迎えた。高木貞治の小さなエッセイ集『数学の自由性』は、藤森と「考へ方研究社」という、日本近代の数学史に生まれたひとつの際立った物語の回想を誘う作品であり、正しく藤森良蔵の遺産と見なければならないであろう。

附録

附録一　藤澤利喜太郎の生地と生誕地をめぐって（第一章　学制の変遷とともに）

藤澤利喜太郎の生地は佐渡の相川、生誕日は文久元年九月九日と記したが、どちらにも多少の疑問の余地が残されている。『藤澤利喜太郎遺文集』下巻、五一頁に藤沢がストラスブルク大学に提出した学位論文の末尾に記された経歴が再録されているが、そこに見られるのは、

Ich, Rikitaro Fudzisawa, bin geboren am 9. September 1861 zu Niigata in Japan, ……（私、藤澤利喜太郎は一八六一年九月九日に日本の新潟に生まれた）

という明快な一文である。藤澤の生地を単に新潟とする文献が多いが、その根拠はこの藤澤が自分で書

いた経歴と見てよいであろう。ところが、たとえば平凡社の『人名大事典』（昭和五十四年七月十日発行。昭和十三年三月五日に刊行された『新撰大人名辞典』の覆刻版）の藤澤の項目を参照すると、「文久元年四月佐渡に生る」（覆刻版第五巻、三三九頁）と記されていて、にわかに困惑の度合いが高まるのである。『藤澤利喜太郎遺文集』には多くのエッセイが収録されているが、藤沢は幼時を語ることを好まなかったようで、生地と生誕日が語られる場面はまったく見あたらない。それはそれでいくぶん不可解な事態である。

生年を一八六一年とするのはあらゆる文献が一致する。日本の元号では文久元年に相当するが、完全に合致するわけではなく、月日にはおよそ一箇月ほどのずれがある。では、藤澤が自分で書いた「九月九日」は西暦と和暦のどちらの日付なのであろうか。諸文献はどれも「文久元年九月九日」を採っているが、松川為訓の論文「藤澤利喜太郎――博士の大学在学中の学習内容をみる――」には意外な事実が書き留められている。松川が見た藤澤の履歴書の末尾には、藤澤の自筆と思われる文字で「生年月日は文久元年九月九日ではなく、文久元年四月八日が正しい」と記されているというのである。上記の『平凡社大人名事典』の記事はこのあたりの消息に基づいているのかもしれない。

藤沢の生地は新潟とするのが通説だが、平凡社の『人名大事典』はなお一歩を進めて「佐渡に生る」としている。幕末の新潟港の開港時の状況を考えると、新潟は新潟でも佐渡と見てさしつかえないと思われるところである。ところが松川為訓が藤澤利喜太郎を父にもつ人物（本人の希望によるとのことで、名前は伏せられている）から聞いた話によると、生地は江戸小石川で、現在の文京区安藤坂の附近であったという。その人の話によると、江戸で幼児期をすごし、七、八歳のころ、母のちよに連れられて父の赴任先の新潟に向かい、それから明治四、五年ころ、父とともに小石川の安藤坂の祖父の家にもどったとのことで、しかも「自分の父ですから間違いありません。利喜太郎は、現在の文京区安藤坂の附近の家で生れたと聞いています」と言い添えられたというのである。その人は、この話を祖母、すなわち藤澤利喜太郎の母ちよから聞いたとのことで、信憑性の高そうな印象があるが、確かめるすべはない。

附録二　河合良一郎先生の話

（一）加賀の河合家の系譜（第二章　西欧近代の数学を学ぶ）

河合十太郎は京都帝国大学の数学科の創設者であり、少年期に関口開を師とし、若い日に三高で高木貞治を教え、定年の直前に京大で岡潔に影響を与えた人物である。河合の名を挙げずに日本近代の数学を語ることはできないが、河合は著作や論文を残さなかった。わずかに入手することができたのは『関口開先生小伝』に収録された「関口開に対する感想」と、日本中等数学教育学会の第四回総会（大正十一年）における講演記録「中等教育及ビ高等普通教育ニオケル数学」（『日本中等教育数学会雑誌』第四巻、第五号、一二三—一三一頁）のみであった。くわしい消息を知りたいと長年にわたって念願していたが、昨夏（平成二十五年九月）、河合を祖父にもつ河合良一郎先生にお会いする機会に恵まれた。そのおりにうかがった話を摘記し、合わせて多少の文献に基づいて補足事項を書き加えたいと思う。

河合が啓明学校（正確には石川県中学師範学校）で関口開に数学を教わったことは、河合自身が書き残していることでもあるから間違いないが、良一郎先生は祖父の十太郎の口から関口開の名を直接聞いたことは一度もないということであった。祖父の祖父は十郎左衛門義之という人である。たいへん有能な人物で、加賀藩の「改作奉行（農政と財政の両方を司る奉行）」という役職に抜擢され、年貢米を集めて京、大阪に売り捌く仕事に専念した。砺波平野《となみへいや》では現在のコシヒカリの元祖にあたるたいへんいい米がとれた。当時、米の価格の平均は石五両ほどだったが、加賀の米は京、大阪へ運ぶと石八両で売れた。十郎左衛門の一声で米を集めると十五万石は集まり、それだけで百二十万両になった。

金沢の廻船問屋に頼んで下関廻りで瀬戸内海を通って大阪の住之江の浜まで運んでもらったが、そのときの手数料は一割七分五厘と決まっていた。年二十五万石余りを扱った。また、千石につき三百両の褒賞金を出した。米のほかに能登の塩、藩内各地の生糸の取り扱いも改作奉行の仕事だった。これで加賀藩の財政は十分に安定した。

改作奉行の下に算用場という組織があった。ここでは加賀藩の地図づくりをやっていた。伊能忠敬が加賀の測量にきたときは、算用場でつくった地図を渡した。伊能忠敬の一行は山代温泉や山中温泉でゆっくり休養して帰っただけだったと伝えられている。

この状勢がそのまま続けば何事もなかったが、廻船問屋の銭屋五兵衛《ぜにやごへえ》が河北潟《かほくがた》の埋立て工事に失敗し、反対勢力から追及されるという事態になった。銭屋五兵衛の上役であった十郎左衛門も責任を問われ、藩政の中心からはずされて「御役差控《さしひかえ》」となり、海防などの仕事に専念せざるをえないことになった。十郎左衛門が改作奉行を勤めていたときの改作所の記録は、後に藩の祐筆が清書したものが六冊の本になり、「河合録」という書名で金沢市の図書館に保存されている（加賀藩農政経済史料「河合録」全六冊。金沢市立図書館加越能文庫蔵書。複製が国会図書館に所蔵されている）。

祖父の十太郎が祖父の祖父である十郎左衛門について語る場合の話は、羽咋《はくい》市の志々見町《しじみまち》に大砲を鋳造する施設があった話とか、大砲の試射が千里浜《ちりはま》の海岸で行われたときの様子とかの話だけで、断片的なもののみだった。羽咋の製鉄所では鉄を溶かしていろいろな形のものをつくった。十郎左衛門の役職は筒頭《つつがしら》であった。江戸幕府の職制の中に御持筒頭《おもちつつがしら》というのがあるが、加賀藩の筒頭も同様で、砲兵隊の隊長のような役職だったのであろう。

河合十太郎の父の十郎同一《じゅうろうどういつ》は十郎左衛門義之の三男である。長男は十郎義一といい、河合家の人びとはみな「十郎」であった。十郎同一は滝川流の和算家で、天文、暦法、測量法などに携わっていたが、若いころ、オランダ人の計算機を使う人と加賀の殿様の前で試合をさせられたことがあった。西洋の計算機に対し、日本の算盤で立ち向かうのである。結果は算盤の勝で、それ以来、殿様の覚えがたいへんよくなり、その長男の十太郎もまたいつも殿様から目をかけられるようになった。

十郎同一は和算家ではあったが、洋学に興味をもち、そのようなものを直接学ぶにはいつまでも加賀にいてはだめで、江戸に出なければならないとかねがね考えていた。そこに加賀の殿様から特別のお達しがあった。それは十太郎に関することで、この子供はたいへん優秀な子供であるから、江戸の加賀藩邸の場所に大学をつくり、そこに来てもらおうと思っている。ついてはすぐに江戸へ連れて行って、大学で勉強ができるように取り計らってほしいと要請されたのである。これを受けて、十太郎は小学校を卒業してまもないころ、父の十郎同一に手を引かれて東京に向かった。

十郎同一の兄の十郎義一は早くから江戸に出て俳諧や書や画に打ち込んでいた。晩年には俳諧で有名になり、友知翁と称し、明治政府の要人に俳諧や書や絵を教えていた。十郎同一はこの兄を頼って上京したのである。
富山県南砺市《なんとし》和泉地区に河合家の跡地があり、そこに十郎義一の句碑がある。

秋立也身には　覚らぬ草の風

友知翁

「友知」は十郎義一の俳号である。岡山市立図書館の特別文庫（貴重書）「燕々文庫」に句集『愛静集』がおさめられている。

（二）河合十太郎の修業時代（第二章　西欧近代の数学を学ぶ）

河合十太郎が父とともに上京したのはいつのことであろうか。明治十三年、十五歳のときに啓明学校の後身の石川県中学師範学校に入学したことと、明治十八年に東京大学予備門を卒業したことは確かである。予備門の修業年限は開校当初は四箇年だったが、明治十四年七月の改訂で三箇年に縮小されたから、河合が予備門に入学したのは早くとも明治十五年九月である。石川県師範学校に在籍した年月は不明だが、森外三郎の回想では、河合は一年足らずで上京したということであるから、おおよそ一年ほど在学し、それから明治十四年の夏から秋にかけての時期に上京したと見てよいのではあるまいか。河合は満十六歳の少年であった。

まだ鉄道のないころのことで、父と二人で歩いて東京に向かった。途中に天下の険として名高い「親《おや》不知《しらず》・子《こ》不知《しらず》」と呼ばれる場所があり、たいへん恐ろしい場所だったという話を、良一郎先生は十太郎からたびたび聞かされたという。子不知海岸とも呼ばれ、北陸道最大の難所である。北陸本線に親不知駅があり、金沢方面の隣駅が市振駅《いちぶりえき》、直江津方面の隣駅が青海駅《おうみえき》。二駅間の距離はおよそ十五キロメートルで、その総称が「親不知・子不知」である。断崖絶壁と荒波に行く手をはばまれた親子連れの旅人が無理に駆け抜けようとすると、恐怖のあまりにゆとりを失って、親は子を顧みず、子は親を顧みないというありさまになる。これが「親不知・子不知」の由来である。

東京に到着した父子はともかく金沢で聞いた話にしたがって、将来は大学へ繋がっていきそうな私塾を見つけ、その近くに下宿をとり、その塾に通って英語やドイツ語の勉強を続けた。ところが加賀藩邸の地に大学を作るという殿様の話は難航したようで、途中で見通しが立たなくなってしまった。父の同一は十太郎を残して金沢にもどり、仕送りを続けたが、それも停止された。そのため十太郎は新聞配達などをして生活をつなぎ、毎日焼き芋を食べて空腹をしのぐという始末になった。そのころが一番困ったと、後年、十太郎はいつも言っていたという。たいへんな苦学生だったのである。

この一番困ったときは父の十郎同一が金沢から急遽上京し、方々を走り回ってくれたおかげで、東京での勉学はそのまま続けられるようになった。加賀の殿様の大学設立の計画は日の目を見なかったが、その代わり東京大学予備門に入学し、帝国大学への道を歩むことになった。予備門を卒業したのは明治十八年七月で、これは『第一高等学校一覧』の末尾に添えられた卒業生姓名表で確認することができたが、入学年次の記載はない。『東京大学予備門一覧　明治十五―十六年』（明治十五年十二月）の生徒姓名表には河合の名は見られないが、翌年の『東京大学予備門一覧　明治十六―十七年』（明治十七年二月）の生徒姓名表には「第二級三之組」に名前が記載されていて、明治十六年九月の時点で第二級、すなわち入学して二年目の第二学年に所属していることがわかる。第一学年に在籍していることを示す記事がないのはいくぶん不審だが、『東京大学予備門一覧』の巻頭に入学に関する規定があり、「第二年級以上ノ級ニ入ルヲノゾム者ハ其級ニ必要ナル諸科目ノ試験ニ合格スルヲ要ス」と、編入試験が行われていた様子がうかがわれる。河合は明治十五年九月に一年生として入学したのではなく、明治十六年九月に第二学年に編入したのではないかと思う。郷里の石川県中学師範学校に一年ほど在籍したことも、編入にあたって意味をもちえたであろう。

帝大の入学年次については、『帝国大学一覧　明治十九―二十年』（明治十九年十月二十日出版）の生徒姓名表の理科大学数学科第一年の欄に名前が記載されている。明治十九年九月の入学と見られるが、予備門卒業から大学入学にいたるまでの一年間の空白は何を意味するのであろうか。

明治十九年は学制の切り替えが行われた年であった。これに先立って、前年の明治十八年八月、東京大学予備門はすでに東京大学の管理を解かれ、文部省の直轄となっていた。明治十九年三月一日、帝国大学令公布。四月一日付で施行され、これによって東京大学は廃されて新たに帝国大学が創設された。東京大学に在籍する学生たちはそのまま帝国大学に移行した。四月十日、中学校令公布。これを受けて、四月、東京大学予備門は第一高等中学校に変貌した。予備門は廃されたのである。明治十八年七月の卒業生たちが最後の卒業生になった。明治十九年の卒業生は存在せず、同年七月、旧予備門の生徒たちは第一高等中学校の本科および予科の各級に編入された。第一高等中学校の卒業生が現れるのは明治二十年からである。

東京大学卒業と記録されるのは明治十八年七月の卒業生が最後であり、明治十九年七月の卒業生以降は帝国大学卒業として記録されていく。帝国大学最初の入学生が現れるのは明治十九年九月からで、彼らは明治十八年七月に予備門を卒業した生徒たちである。河合もそのひとりであった。学制改革の影響を受けて大学入学が先送りになったのである。

明治二十二年七月十日、河合は帝大を卒業し、この日の日付が記入された修了証書を授与された。河合が予備門と帝大から授与された二枚の卒業証書が京都大学の文書館に保管されているが、それらの実物を見ると、今日の卒業証書とはまったく別の観念に支えられているように見える。予備門長は杉浦重剛、理科大学長は菊池大麓、帝国大学総長は渡邊洪基である（五〇頁参照）。

帝大を卒業した河合は研究科、すなわち大学院に進んでさらに学問を続けたいと望んだが、藤澤利喜太郎との折り合いが悪かったため断念し、帝大を離れて京都の第三高等中学校の教員になり、ここで高木貞治と出会うことになった。三高時代の高木貞治は、河合の目にはこわいくらいの生徒であった。講義中はただ席に座って話を聞くだけの学生で、ノートはまったくとらなかった。講義を聞いているのかどうかわからないようなふうだが、あとで尋ねてみるとちゃんと聞いて理解していた。学校の講義だけでは満足しないのであろうと河合は思い、別に呼んで部屋に来てもらい、雑談風にいろいろな数学の話をした。独自の世界をもつ生徒であった。これに対し高木と同期の吉江琢兒のほうはたいへんまじめな学生で、講義には欠かさず出席し、熱心にノートをとっていた。河合の影響を強く受けた生徒の中にもうひとり、高木と吉江の一学年上の林鶴一がいるが、林は問題を解くのが上手だった。

(三) 京都帝大の数学の創設

河合が三高に移ってからまもなく、明治三十年に二番目の帝大、すなわち京都帝大の設立という出来事があり、これを受けて河合ははじめ京大助教授を兼任し、それから京大の専任になった。経歴を略記すると下記の通りである。

明治二十三年九月十三日、第三高等中学校教諭。

同年十月十五日、同校教授。

明治三十二年十月三日、京都帝国大学理工科大学助教授を兼任。

明治三十三年一月二十五日、兼任解除。京都帝国大学理工科大学助教授専任。

同年六月十二日、数学研究のためドイツ留学の辞令を受ける。

明治三十六年五月二十六日、帰朝。

同年六月五日、教授に昇格。

明治三十三年のドイツ留学のおり、河合はライプチヒ音楽院で洋楽を学ぶ瀧廉太郎と親しくなった。瀧は東京の生まれだが、大分の日出《ひじ》を父祖の地にもち、河合より十四歳下の若い友人であった。洋行して二箇月後に肺結核にかかり、一年ほどで帰国を余儀なくされたが、帰国に先立って一九〇二（明治三十五）年七月六日、ドイツ留学中の日本人たちが瀧のために送別会を催した。そのおりの集合写真に瀧と河合がいっしょに写っている（五一頁参照）。もう一枚、送別会の一年前の一九〇一（明治三十四）年七月二十一日にライプチヒで同地在住の日本人たちとの集合写真があるが、ここにも河合の姿が見える（和泉健『藤代禎輔（素人）の生涯——瀧廉太郎、玉井喜作との接点を中心に』）。この二枚の写真は留学時代の河合の消息を伝える貴重な記録である。

河合は大正十四年に定年に達するまで京大教授であり続け、この間に代数の園正造、幾何の西内貞吉、解析学の和田健雄、位相幾何の米山国蔵、関数論の安田亮、代数の秋月康夫、多変数関数論の岡潔など、京大出身の数学者たちが育っていった。

河合は戦中の昭和二十年二月十九日、京都で亡くなった。満七十九歳であった。明治のはじめ、父とともに上京した河合は、その後の生涯を通じてついに郷里金沢にもどらなかった。

明治二十二年七月、満二十四歳になったばかりの河合が帝国大学を卒業したとき、藤澤もまた満二十七歳という若い教授であった。藤澤が持ち帰った西欧近代の数学は東京帝大の数学の礎石になったが、藤澤と別れて京都に向かい、今日に続く京都帝大の数学を育んだのは河合である。明治二十年代の河合と藤沢の出会いと別れの意味は深く、東西両京の帝大に象徴される日本の近代数学史を考えていくうえで、細やかな回想を幾重にも重ねていかなければならないであろう。

附録三　金沢における学制の変遷——第四高等中学の成立まで——（第三章　関口開と石川県加賀の数学／第四章　西田幾多郎の青春）

（一）蘭学から英学へ

関口開は壮猶館の英語教師の岡田秀之助が持ち帰った数学書を手にし、巽《たつみ》中学のイギリス人教師のランベルトに依頼してトドハンターの代数のテキストを購入した。壮猶館、岡田秀之助、巽中学校、ランベルト等々、一冊の数学書の入手の背景には、石川県加賀の地で繰り広げられた錯綜した学制の変遷が広がっている。加賀藩では幕末から明治維新にかけて多くの学校が設立され、めまぐるしく統廃合を繰り返した後、明治二十年、第四高等中学校の創設を見るに至った。以下しばらく、『第四高等中学校一覧　自明治二十二年　至明治二十三年』の附録「石川県専門学校沿革略」を参照して、金沢における学制の変遷をたどり、本文の記述を補いたいと思う。『金沢大学五十年史　通史編』と「旧加賀藩立学校取調要項」（石川県立図書館蔵）も適宜参照した。

寛政三（一七九一）年の秋、金沢の小立野《こだつの》蓮池《れんち》の地に加賀藩が文武双方の学校を設立し、文学校を明倫堂、武学校を経武館と称した。これが加賀藩の藩校のはじまりである。嘉永六年六月のペリーの浦賀来航を受けて軍備の洋式化が課題となり、一年後の安政元（一八五四）年八月、壮猶館が創設された。洋式の武学校という性格の学校であり、オランダ式兵学と蘭学が教授された。これが金沢における洋学の起源である。文久二（一八六二）年には翻訳方に英学が加わり、蘭学のほかに英書の翻訳も始まった。文学校と武学校の二本立ての枠組みを維持しつつ、文武の内実を洋式化していこうという考えであった。

海外に留学生を派遣する事業も行われた。最初に選ばれた留学生は関沢孝三郎と岡田秀之助の二人で、行き先は英国である。二人とも加賀藩士で、江戸に留学して大村益次郎の鳩居堂で蘭学を学んだ経歴の持ち主である。長崎を出港したのは慶應二（一八六六）年八月。二年後の明治元年に帰国したが、そのとき岡田が持ち帰った書物の中に数学書があり、関口開はそれを見ることができた（第三章）。関沢と岡田は帰国後、壮猶館の翻訳方に加わった。

明治五年、関沢は新政府に出仕し、水産業の発展に大きく貢献した。関沢明清《せきざわあけきよ》と名乗り、水産伝習所（水産講習所、東京水産大学、東京海洋大学の前身）の初代所長になった人物である。帰国後の岡田の消息はよくわからない。後年の名は岡田一六である。

藩費留学生の中にはフランス留学を希望する者もいた。彼らは江戸に出て吉木順吉（石州津和野藩の脱藩者）にフランス学を学んでいたが、戊辰戦争を機に帰国した後、吉木を加賀に招聘し、狂言師畳屋九郎兵衛の能舞台を教場としてフランス語を学ぶ塾を開いた。明治元年四月、加賀藩はこれを藩校と認定した。これが道済館《どうせいかん》である。道済館では英学、仏学、漢学、数学などが教授された。

明治元年、壮猶館と経武館が合併し、これにともなって経武館の旧式武術は全廃となった。

明治二年二月、壮猶館翻訳方の関沢と岡田と三宅復一《みやけまたいち》（後、秀《ひいず》）が中心となって、壮猶館内で会話のできる英語を教えるようになった。これが英学所で、通称は英学校。彼らは道済館の英語の教え方に不満があり、正しい英語教育をめざしたのである。英学所の開設にあたり、三宅たちは道済館の生徒の中から十五歳以下の者を選抜したが、道済館に残された生徒もいた。そこで彼らのために旧金沢城内に挹《ゆう》注館《ちゅうかん》を起こし、英書の講習を行うことになった。

明治二年八月、英学所は西町神護寺に移されて、致遠館と命名された。

（二）中学校の創設

明治三年一月、前年暮れに能登七尾に来航したイギリス人オズボンを教師として、七尾の軍艦所内に語学所を設け、これを致遠館の支館とした。これが、外国人を招聘して教授させることのはじまりである。七尾語学所は八月、致遠館と合併して廃止された。

明治三年十一月、二つの中学校が創設された。文部省創設の前年の時期のことで、政府は全国の藩府県に小学と中学、東京に大学を設置し、小学、中学の出身者を大学に集めようとする構想を打ち出した。

この国策に呼応したのである。二つの中学校のひとつは中学東校で、出羽町の藩主の別墅《べっしょ》（別荘の意）「巽の館」（巽御殿《たつみごてん》。後の成巽閣《せいそんかく》）を校舎にあてて洋学を教授した。致遠館と挹注館の生徒をここに移したが、致遠館の生徒は主に十五歳以下であるのに対し、挹注館の生徒は十六歳以上であった。そこで前者の生徒は正則、後者の生徒は変則と呼ばれるようになった。契約切れで解雇となったオズボンに代わり、明治四年六月、イギリス人サイモンスンを招聘した。サイモンスンは正則の生徒の授業を担当した。

中学東校と並ぶもうひとつの中学校は、国学と漢学を教授する中学西校で、仙石町の明倫堂と経武館を校舎とした。

明治四年七月、壮猶館が廃止された。道済館もまた廃されて、蘭学はまったくその跡を絶つにいたった。洋学修業の中心が変遷し、英学と仏学の時代に入ったのである。

明治四年七月十四日、廃藩置県が行われた。これに先立って明治二年の版籍奉還の後に加賀藩は金沢藩になっていたが、廃藩置県を受けて金沢県と改められた。四日後の七月十八日、東京神田の湯島聖堂内に文部省が設立された。初代文部卿は大木喬任である。これによって学校行政は政府直轄の方向に向かい始めようとしたが、金沢県では金沢独自の学制をいっそう強化する道を選択し、明治四年十一月、東西両中学校を合わせて金沢中学校を創設した。中学西校の校舎が新中学校の校舎にあてられた。だが、金沢中学校を維持するのは困難だったようで、翌明治五年四月に閉校になった。サイモンスンも解雇された。

明治五年二月、金沢県は石川県と改称した。同年八月、学制頒布。

明治六年一月、金沢中学校の校舎に変則学校を設けた。二月、英仏学校と称する一校を起こし、中学東校の校舎（巽御殿）を使い、英書および仏書を講習した。北條時敬が入学したのはこの学校である。五月、英仏学校の校舎内に変則専門学校を設置した。

明治七年五月、英仏学校の仏学を廃し、校名を英学校と改称した。イギリス人ランベルトを招聘し、英語学を教授させた。関口開はこのランベルトに依頼して、トドハンターの代数のテキストを購入したのである（第三章）。八月、変則学校と変則専門学校を合わせて新たに仙石町に変則専門学校が設置された。同月、仙石町と長町の二箇所に変則中学校設置。それぞれ仙石町変則中学校、長町変則中学校と呼ばれた。十月、仙石町変則中学校と変則専門学校が英学校の地に移転した。移転後、仙石町変則中学校は巽中学校と呼ばれるようになった。教師のひとりは関口開である（第三章）。

英学校も巽英学校と呼ばれることがあった。英学校と巽中学校は別の学校で、ランベルトは英学校の教師だが、巽中学校でも教えたのかもしれない。田中鉄吉のエッセイ「思出の記」（『第四高等学校同窓会報』第二号、一九二七年五月）には、「巽英学校」「巽中学校」という呼称が使われている。

（三）啓明学校と四高開校

明治九年二月、巽中学校と英学校を合わせて、仙石町に啓明学校が設立された。田中鉄吉の「思出の記」によると、啓明学校は甲部と乙部の二部制で、甲部は英語に重きを置き、乙部は邦語をもって授業をしたため、自然な成り行きで英学校が甲部、巽中学校が乙部になったという。田中は啓明学校の創設とともに入学したが、上級生に北條時敬がいた。英学校に在籍していた北條はそのまま新設の啓明学校の生徒に移行したのである。

明治十年七月、啓明学校の校名を改めて石川県中学師範学校とした。中学校教師の養成をめざした学校である。明治十三年、河合十太郎はこの学校に入学した（第二章）。

明治十一年、生徒を選抜して東京に留学させる法を設けた。北條時敬の東京留学はこの法に基づいて実現した（第四章）。

明治十四年七月、中学師範学校は石川県専門学校と改称した。中学校教師の養成をめざしたものの、中学校の設立がはかばかしく進まないために方向を転じ、レベルの高い専門教育をめざすことになったのである。河合はこの専門学校に移ったのかどうか、正確な事情は不明だが、河合が中学師範学校に在籍したのは一年足らずという森外三郎の回想があることでもある。学制の切り替えが上京のきっかけになったのではないかと思う。

明治十九年十一月、文部省が高等中学校を金沢に置くことを告示した。これを受けて、石川県専門学校では生徒の志願にしたがって高等中学校に入るための準備を始めさせた。入学試験に備えるのである。

加賀の学制の変遷はおおよそ上記の通りだが、ここに挙げた学校のほかにも、航海測量を教授する鈎深館や、軍事の洋式化にともなう新時代の士官養成のための斉勇館のような学校もある。また、ここでは詳述を避けたが、種痘所、養生所、医学館、金沢病院、金沢医学校、甲種および乙種医学校と続き、四高の医学部に収斂していった医学校の系譜もある。加賀の学制は錯綜をきわめ、ここまでの叙述では依然として不明瞭な諸点が残されている。鮮明に解き明かすには一段と精密な考証が要請されるが、ここでは関口開、北條時敬、河合十太郎、西田幾多郎の経歴など、第三、四章の背景を諒解するのに必要な範囲に留めなければならなかった。

エピローグ——高木貞治をめぐる人びと

岩波新書の一冊として高木貞治の小さな評伝を書き、『高木貞治　近代日本数学の父』という書名を附して刊行したのは平成二十二年十二月のことであった。平成二十二年は昭和三十五年に世を去った高木の没後五十年にあたる節目の年であり、日本の近代を代表する数学者の学問と人生を回想するうえで恰好の機会が与えられたのである。高木の生地の岐阜県本巣市に何度も足を運び、地元の方々の協力を得て、郷里に残る貴重な資料の数々を閲覧することができた。これを皮切りに高木の人生と学問を幼少時から追う作業を続けたが、調査の進展にともなって、高木と同時代を生きる人びとの人生に相次いで遭遇した。

高木は生地の小学校から県下唯一の岐阜県尋常中学校を経て京都の第三高等中学校に進み、ここで数学の河合十太郎に出会い、深い影響を受けて数学の灯を心にともした。それから上京し、帝国大学で菊池大麓と藤澤利喜太郎の教えを受けて数学者への道を歩み始めたが、修業時代から遍歴時代へと続く高木の足取りはやがて遠く西欧に及んだのである。

日本の近代の変遷とともに移り行く高木の姿はどの断片もつねに興味が深く、心を惹かれるが、高木をめぐる人びとの群像の印象もまた一段と際立っている。河合十太郎は石川県加賀の出身だが、加賀には関口開という、和洋両算に通じた名高い数学者がいて、和算から洋算へと学問の姿が変容しようとする時代の中で郷土の後進の育成に打ち込んでいた。関口の感化を受けて多くの人材が数学の道に進んだが、河合もまたそのひとりであった。この一連の経緯の背後には、幕末から明治にかけて、時代の激変に対処しようとして努力を重ねる加賀の人びとの苦心の数々が広がっている。

帝国大学の二人の数学者、菊池と藤沢はともに蘭学の家に生まれた人である。西欧の学問の咀嚼吸収を試みる明治新政府の国策に沿って、東京ではさまざまな学校が創設され、離合集散を重ねたが、明治十九年三月、帝国大学の創設を見て大きな方向が確定した。菊池は帝国大学理科大学数学科の初代の教授であり、藤沢は二人目の教授である。菊池はイギリスに、藤沢はドイツに留学して西欧近代の数学を学び、日本に持ち帰って大学で講義を行った。日本近代の数学はこうして着実に歩み始めたが、この明るい光の射さない場所も存在し、そこは和算の消滅という異変の影に覆われていた。和算史の最後期に登場する高久守静の述懐は、この間の消息の切実と悲哀を赤裸々に今に伝えている。

大学を卒業してドイツに向かった高木はゲッチンゲンでヒルベルトに出会った。ヒルベルトの人と学問を通じてガウスに始まるドイツの数論の伝統に触れ、帰国後、藤澤利喜太郎に続く三人目の数学教授となって講義を続ける日々の中で、類体論の建設と「クロネッカーの青春の夢」の解決に成功した。高木の人生には西欧近代の数学が日本の土壌に移される姿がありのままに体現されている。われわれは高木の数学的経験の観察を通じて、高木とともに、西欧近代の数学の本性に限りなく接近していくことができるのである。

関口開の門下の数学者、北條時敬に学んだ哲学の西田幾多郎や、「考へ方研究社」を起して受験数学の世界に新機軸を打ち出した藤森良蔵など、高木とともに語られるべき人はおびただしい数にのぼる。前作の新書の執筆にあたり、心に期したのは、それらの人びとのひとりひとりを細部にわたって回想したいという一事であった。不十分な叙述に甘んじなければならないところも多々あったが、文献調査やフィールドワークはその後も継続し、新たな知見が得られたこともあり、高木と高木をめぐる人びとに焦点をあてて、もう一度叙述を試みたいというのが、本書の願いである。

本書を構成する六個の章について、本文を補足するあれこれのことを書き添えておきたいと思う。

学制の変遷をめぐって

幕末から明治初期にかけて日本の各地にさまざまな学校が創設され、改編が繰り返されたが、高木貞治は学制の変遷と軌を一にするかのように学校から学校へと移っていった。文部省が設置されたのは明治四年。翌明治五年八月二日（一八七二年九月四日）の日付で学制が公布され、明治十一年、高木の郷里に一色学校が設立された。明治八年四月二十一日に数屋村に生まれた高木が一色学校に入学したのは明治十五年四月である。一色学校は小学校だが、明治十九年になって文部省から中学校令が公布され、岐阜県には岐阜町に岐阜県中学校が設置された。岐阜町は現在の岐阜市だが、市制が施行されたのは明治二十二年のことであり、高木が中学校に進んだ時点ではまだ岐阜町であった。岐阜には岐阜に固有の華陽学校という学校が存在したが、中学校令を受けて解体され、新たに岐阜県中学校が設置されたのである。翌明治二十年には中学校の名前もまた変わり、岐阜県尋常中学校と名乗ることになった。中等教育の担い手として尋常中学校と高等中学校を揃えるという文部省の方針に従ったのである。

このあたりの消息は金沢でも同様で、幕末の加賀藩が設置した壮猶館をはじめとして実にさまざまな学校が林立して統廃合を繰り返した後、最後の段階で石川県専門学校が出現し、明治二十年になって第四高等中学校へと収斂していった。日本の各地の歴史を負う独自の学制に代わって、西田幾多郎の言葉に沿うなら「天下の学校」が出現したのである。岐阜県中学校と第四高等中学校はそれぞれ華陽学校と石川県専門学校を母体として設立されたが、その際の移り行きの状況は単純ではなく、きびしい入学試験が実施された。第一章「学制の変遷とともに」において、明治十九年に大阪府尋常師範学校（大阪教育大学の前身）が創設されたときの入学試験にまつわるエピソードを紹介したが、この話は松宮哲夫先生（大阪教育大学名誉教授）に教えていただいた。大阪府尋常師範学校は大阪府立師範学校、府立堺師範学校、府立奈良師範学校、府立吉野師範学校が合併して、中之島校舎へ統合されたとき、旧学校の生徒たちは新学校の適切な学年に自動的に編入されたのではなく、過酷な入試が行われたのである。これも松宮先生に教えていただいたことだが、明治十九年十二月の調査（『大阪府尋常師範学校一覧』明治二十年三月刊行）によると、一種生（府郡部の推薦を受けて受験した者）の生徒数は一年生二十五名、二年生三十二名、三年生二名、四年生は該当者なしという状況で、計五十九名。二種生（自発的に受験して入学した者）は一年生二十九名、二年生二十七名、三年生五名、四年生三名で、計六十四名。一種生と二種生を合わせて百二十三名である。「合併のときは実に入試はきびしかったのです」と松宮先生は言われた。

話が前後するが、少年の日の菊池大麓が幕末の開成所で英語の勉強を始めたころ、文法のテキストは「木の葉文典」と呼ばれた小冊子であった。ジョン万次郎がアメリカから帰国したときに携えてきた十四冊の書物の一冊で、それを手塚律蔵と西周が復刻して『伊吉利文典』という書名を附して小冊子を出版した。それをまた蕃書調所が復刻したのが『英吉利文典』だが、『伊吉利文典』よりいっそう小さく、あまりにも片々たる小冊子のため、菊池たちはたわむれに「木の葉文典」と呼んだというのである。実物を見たいと思い探索したところ、『伊吉利文典』と『英吉利文典』の双方が東京の多摩の東京外国語大学附属図書館に所蔵されていることがわかり、閲覧することができたが、「木の葉文典」の愛称がぴったりであった。日本の近代の英語学はこの一冊から始まったことを思いながらしばらく眺めたが、感慨が深かった。

加賀の学制

岐阜県尋常中学校を卒業した高木は、明治二十四年九月、京都の第三高等中学校に入学し、ここで数学の河合十太郎に出会った。河合は石川県加賀の金沢の出身で、若い日に関口開に教わった経歴をもつ人物である。高木の心に数学の灯をともしたのは河合であり、その河合の背景には、幕末から明治初期にかけての加賀金沢の数学の光景が広がっている。関口開、北條時敬、西田幾多郎など、日本近代の数学史を語るうえで欠かせない人物が目白押しであり、高木の人生と学問を語ろうとする本書において第三章「関口開と石川県加賀の数学」と第四章「西田幾多郎の青春」を書かなければならなかったのはそのためである。加賀藩の壮猶館の系譜を継ぐ明治初期の金沢の独自の学制の変遷に理解を深めることも不可欠と思い、附録を書いて概観を試みたが、この方面はいっそう精密な調査が必要である（附録三金沢における学制の変遷——第四高等中学の成立まで）。

高木貞治が帝国大学に入学したときの同期生に藤田外次郎という人物がいるが、藤沢市在住の藤田彬さんはその藤田外次郎を祖父に持つ方である。お目にかかる機会があり、藤田家を訪問し、外次郎の遺した百々女木《とどめき》小学校時代の各種の修了証書、第四高等中学校に在学中の評点表、帝国大学の卒業証書などを見せていただくことができたが、これによって学制の変遷の経緯が具体的に諒解されるようになった。実に貴重な古文献であった。

金沢には関口開に始まる洋算の流れが存在し、河合十太郎も藤田外次郎もこの系譜に連なっている。関口開の消息に理解を深めるには金沢におもむくほかはなく、それとなく機会をうかがっていたが、平成二十四年六月半ばになって懸案の金沢行が実現した。石川県立図書館で「関口文庫」を閲覧し、玉川図書館、近世資料館では関口開の履歴書を閲覧したが、いずれもすばらしく、見るほどに関口開の実像が眼前に生き生きと生い立ってくるような思いがあった。「関口文庫」を構成する一群の著作と訳稿は厨子のような小さな箱に詰め込まれていたが、中でもひときわ心を打たれたのは『答氏静力学解』であった。トドハンターの著作“A Treatise on Analytical Statics”の解明をめざす著作で、小さな文字と図がびっしりと書き込まれた粗末な冊子だが、たいへんな迫力があった。清書稿ではなく、草稿とも言い難く、関口文庫の目録にもただ「一綴」と記入されているばかりだが、見る者の心にまざまざと伝わってくるのは、西洋の学問を咀嚼吸収しようと丹念な努力を重ねる関口開の日々の生活の情景である。

尾山神社に足を運ぶと、境内の一隅に関口の学問と人生を記念する碑が見つかった。円柱と円錐が組み合わされてそびえたつ、不思議な形の石碑であった（一六六頁参照）。

滝川流の和算で免許皆伝の域に達した関口開が洋算に向けて目を開くきっかけとなったのは、戸倉伊八郎という人物だが、戸倉の経歴や学問など、人となりを知る手掛かりは、蔵原清人の論文「金沢に洋算を伝えた戸倉伊八郎」に教えられた。関口は軍艦所で戸倉に洋算の手ほどきを受けたが、ほどなくして破門され、それから独学を重ねて英語の数学書を理解し、翻訳することができるようになった。石川県立図書館の関口文庫は永く金沢の誇りである。

河合十太郎のこと

高木の人生と学問にとって河合十太郎との出会いは重い意味をもっているが、河合は著作や論文を残さず、入手できる情報はとぼしかった。参照することができたのは「関口開に対する感想」（『関口開先生小伝』所収）というエッセイと、大正十一年に行われた講演の記録「中等教育及ビ高等普通教育ニオケル数学」のみに留まったが、河合十太郎を祖父にもつ河合良一郎先生のお話に基づいていくぶん立ち入った消息を書き留めることができた（附録二　河合良一郎先生の話）。その後、河合先生からお便りをいただいて、新たに教えられたことがあったので、書き添えておきたいと思う。

加賀藩の殿様が河合十太郎の才能を愛し、「江戸（東京）の上屋敷に大学を作るので、この子供はそこで勉強が続けられるようにとりはからってほしい」と河合家に申し渡したことは、附録に記した通りである。これを受けて十太郎の父の十郎同一は十太郎を東京に連れていったが、何年かの後、大学を作るのはむずかしいということになり、立ち消えになった。そのため父の十郎同一は仕送りを打ち切り、

「金沢にもどるように」と十太郎に言ったこともあったが、十太郎は東京にとどまる決意を示した。このあたりの消息は本文に書いた通りである。東京で苦学を続け、東京大学予備門を経て、帝国大学理科大学数学科を卒業し、それから京都に移って第三高等中学校の教師になった。まもなく京都に二番目の帝国大学が創設された。十太郎は京都帝大の教授になり、京都帝大の数学科の創設者になった。

河合は明治三十四年六月十二日付でドイツ留学の辞令を受け、ライプチヒ大学に三年間にわたって滞在して、明治三十六年五月、帰朝した。

ライプチヒ大学は中世から続いている古い大学で、哲学、法学、医学、神学の四学部しかない。この四学部だけが古いゴシック様式の建物の中にあったが、数学のような新しい学問をする建物は、そのゴシック様式の建物の外側にあり、木造で非常に粗末なもので、中に講義室、準備室、休憩室、トイレがあった。トイレは古いビール樽が並べてあり、そこで用をたしたが、匂いが洋服にしみついてなかなかとれなかった。こんなふうでライプチヒの生活はあまり楽しくなかった。

ライプチヒの数学教室ではフェリックス・クラインとハインリッヒ・ウェーバーの講義を聴いた。ウェーバーの講義にはよほど感銘を受けたようで、ウェーバーの著作『代数学』も購入した。また、当時はちょうどスウェーデンの数学者フレドホルムの積分方程式の論文が出たばかりのころだったが、おおいに興味を寄せて自発的に勉強し、京都帝大にもどってから積分方程式の講義をした。積分方程式の講義は日本で一番早かったと思う。この講義は停年退職まで続いた。

河合良一郎先生の話はおおよそこんなふうであった。フレドホルム型積分方程式の理論は岡潔の多変数関数論研究において重い位置を占める理論である。岡はこの理論に依拠することにより「関数の第二種融合法」の発見に到達し、ハルトークスの逆問題を解くことができたのである。岡がフレドホルムの積分方程式論を学んだ径路は不明瞭だったが、京大で晩年の十太郎の講義を聴いたと思うというのが河合先生の御指摘であった。

河合十太郎の話を思いつくままにもう少し拾いたいと思う。河合はライプチヒで瀧廉太郎と出会い、親しい友になった。瀧は留学してまもなく病気になり、帰国を余儀なくされたが、帰国に先立ってライプチヒ在住の日本人留学生たちが集い、送別会を催した。そのときの集合写真が大分市歴史資料館に保管されている。写真の日付は一九〇二（明治三十五）年七月六日である（五一頁参照）。

河合の経歴の中で最後まで判断のつかなかったことがある。それは河合が東京を離れて京都に向かった時期のことで、日本科学史学会が編纂した『日本科学技術史大系　第十二巻・数理科学』に収録されている「河合十太郎履歴書」を参照すると、明治二十三年九月十三日付で第三高等中学校教諭になったと記されている。この履歴書は京都大学に保存されている公文書に基づいて作成されたということであるから信憑性は高いと思う。ところが、河合が帝国大学理科大学を卒業したのは明治二十二年七月であり、三高教諭に就任するまで一年間ほどの空白がある。この間、河合はどこにいたのだろうというのが、長年の疑問であった。

この疑問を松宮哲夫先生に伝えたところ、『史料　神陵史』（神陵史資料研究会編、平成六年）の一頁を参照するようにとのご教示をいただいた。その一頁というのは六四〇頁のことである。明治二十三年四月八日、明治天皇の三高行幸という出来事があり、各種学課十八組の教室御巡覧が行われたが、六四〇頁に掲示されていたのは教室と講義題目と担当教員を列記した一覧表である。教室のひとつの第十一組は本科二部一年のクラスで、ここで天文学を講じたのが河合十太郎であった。明治二十三年四月の時点で、河合はすでに京都にいたのである。

この事実にうながされて『第三高等中学校一覧　明治二十二―二十三年』をあらためて参照すると、職員一覧表の「教諭」でも「助教諭」でもなく、「雇員」の欄にただ「教員」として河合の名前が記されていた。これで河合は大学卒業後、即座に京都に移ったことが判明し、長い間の疑問が氷解した。明治二十二年七月、帝大を卒業した河合は大学に留まって勉強を続けたいと望んだが、藤澤利喜太郎と折り合いが悪かったためか、多少の経緯ののちに京都に向かうことになった。明治二十二年夏七月の藤澤は（通説にしたがってひとまず生誕日を文久元年九月九日とすると）満二十七歳、河合は満二十四歳である。藤澤が東京で「東大の数学」の伝統を育成したのに対し、河合は京大で園正造、西内貞吉、和田健雄など、後進を育て、「京大の数学」の創設者になった。明治二十二年夏の藤澤と河合の別れは、東京と京都の二つの数学の分岐点なのであった。

十代の半ばに父の十郎同一とともに東京に出た河合は、その後、とうとう郷里金沢にもどらなかった。このような事実にも歴史の影は射している。

高木貞治の数学修業

高木貞治は三高で河合十太郎に学び、それから上京して菊池大麓と藤澤利喜太郎に学んで数学者になった。高木には、関口開の系譜に連なる河合とともに、菊池と藤澤という、系統を異にする二通りの数学の師匠がいたのである。関口は和算の免許皆伝に達しながら洋算に進んだ人であり、菊池と藤澤は蘭学の家に生まれて早くから西洋に親しみ、洋行して西欧近代の数学を日本に持ち帰った。そこで高木の数学研究は和算の伝統と西欧の数学の伝統が融合して形成されたのではないかという推定が可能であり、この論点への関心はそのまま本書の全体にわたって通奏低音のように響いている。

高木の郷里の岐阜県本巣市の「高木貞治博士記念室」に三高時代のノートが保管されていて、京都で数学の勉強に打ち込み始めたころの様子を今に伝えている。大学に進むといろいろな講義を聴講したが、数学の勉強という方面で高木にもっとも大きな影響を及ぼしたのは、藤澤利喜太郎が主宰したセミナーであろう。東京大学数理科学研究科図書室に『藤澤教授セミナリー演習録』(全五冊)が保管されていて、高木のセミナー報告「アーベル方程式につきて」をはじめ、当時のセミナーの様子がうかがえる。大学での講義の内容については、高木と同期の吉江琢兒が記録した「吉江先生ノート」(全十九冊)を通じて克明に観察することができる。

高木は菊池、藤澤に続いて三人目の数学教授になり、吉江は四番目の教授になった。在職中に書かれた高木の手稿「Mathematical notes(数学ノート)」(全十八冊)は、吉江のノートとともに東大の数理科学研究科の図書室に保管されている。『藤澤教授セミナリー演習録』と合わせると、日本における西欧近代の数学の移入のプロセスを知るうえで貴重な基本資料が出揃うが、精密な調査研究の機会の訪れを俟ちたいと思う。

藤森良蔵と「考へ方研究社」

「考へ方研究社」を創設した藤森良蔵については前著『高木貞治』(岩波新書)でも言及したが、よりくわしい消息を知りたいと思い、調査を試みた。第六章はこの調査の報告である。

高木貞治のエッセイ集『数学の自由性』（平成二十二年）が筑摩書房のちくま学芸文庫M&Sの一冊に入ったとき、解説を担当し、参考文献として科学史家の板倉聖宣先生の著作『かわりだねの科学者たち』に収録されているエッセイ「藤森良蔵と考え方研究社」を見る機会があった。亀書房の亀井哲治郎さんに提供していただいたのである。これに加えて松宮哲夫先生には論文「民間数学教育者・藤森良蔵と良夫の仕事の概観――「考へ方」の普及と高等数学の大衆化」の別刷をいただいた。『数学の自由性』は『考へ方』と『高数研究』に掲載されたエッセイや講演記録をまとめたもので、発行元もまた「考へ方研究社」であったから、解説を書くうえで藤森良蔵の事績に理解を深める必要があったのである。

板倉先生のエッセイと松宮先生の論文に糸口を求め、『考へ方』と『高数研究』のバックナンバーを揃え、藤森良蔵の著作を集めて調査を進めたところ、数学教育に寄せる藤森の思想と「考へ方研究社」が展開する事業については次第に理解が深まっていった。そこで、なお一歩を進めて藤森良蔵のくわしい評伝を知りたいと強く望むようになった。まとまりのある評伝としては、戦後復刊された『考へ方』に連載された奥田美穂の作品「数に生きる（藤森良蔵伝抄）」（全十五回）と同じ著者による続編「数に生きる　藤森良蔵――その後半生」があり、しばらくそれを参照していたが、板倉先生のエッセイによれば、藤森の長男の藤森良夫の手になる父良蔵の評伝があり、板倉先生はガリ版刷りの一本を所有しているということであった。ぜひそれを見たいと思い、板倉先生に申し出たところ、いただけることになり、平成二十五年九月六日、高田馬場の仮説社に先生をお訪ねした。同行者は二人。ひとりは亀井哲治郎さん。もうひとりは中嶋恭子さんである。

中嶋さんは鶴田賢次を曾祖父にもつ人である。明治二十七年九月、帝国大学に入学した高木貞治は鶴田助教授の力学の講義を聴講した（第二章）。中嶋さんは曾祖父の人生と学問に深い関心を寄せ、事績調査を続けているが、鶴田賢次の名前の表記は本当は「賢次」ではなく、「賢治」が正しいと教えていただいたのがきっかけで知り合ったのである。板倉先生は浩瀚な長岡半太郎の評伝の著者であり、特に近年は鶴田賢次を調べているという話を耳にして、中嶋さんも同行することになったのである。鶴田本人は「賢次」と書くことが多いが、「賢治」を使うこともあるというふうで、どちらを使えばよいのか、迷いが生じるが、本書では高木の卒業証書に記されている署名を踏襲して「賢次」と表記することにした。

亀井さんは旧知の板倉先生と久し振りにお会いしてうれしそうであり、中嶋さんは鶴田賢次をめぐって板倉先生とあれこれと話がはずむというふうで、仮説社の社内の一角に和気の充溢する午後のひとときが現れた。ぼくは藤森良夫の著作『考へ方への道――数学を学ぶ人のために――第一部　藤森良蔵の生涯』をいただいて大満足であった。この伝記は正確さを欠く記述もあるが、藤森良蔵の生涯の全体を俯瞰するうえでもっとも基本的な資料であり、調査の手掛かりの宝庫である。

藤森良蔵の墓

藤森良蔵は終戦後まもないころ病没し、「考へ方研究社」の事業は長男の藤森良夫が引き継いで数学誌『考へ方』の刊行を続けたが、旺文社の受験誌『蛍雪時代』の台頭に抗せず、昭和二十五年十二月号を最終巻として廃刊となった。大正六年に『考へ方』が創刊されてから三十四年目になるが、藤森良蔵の最初の著作『幾何学　考へ方と解き方』が出版された明治四十三年を「考へ方」事業の創業の年と見ると、四十周年という節目の年であった。数学誌『考へ方』は廃刊になっても「考へ方研究社」はなお十年ほど存続した。松宮先生の論文「民間数学教育者・藤森良蔵と良夫の仕事の概観——『考へ方』の普及と高等数学の大衆化」によると、昭和二十九年三月、「考へ方研究社」は神保町に社屋を移転し（東京都千代田区神保町一の六十。集英社スタジオAスタジオの場所。現在の地名表記では東京都千代田区神保町一丁目四十二番地の六）、藤森良夫、田島一郎、藤森経夫（良夫の弟）の三人の講師で数学の日土講習会を開催したり、藤森良夫の往年の著作の出版を続けたりしたが、昭和三十五年、「考へ方」事業五十周年の年に廃業し、藤森良夫は東洋大学、田島一郎は慶應大学の教授になった。

藤森良夫は平成七年五月八日に亡くなった。生誕日は明治四十三年一月十三日であるから、満八十五歳である。松宮先生は晩年の藤森良夫と交流があり、六月二十五日に営まれた五十日祭のおりに納骨式に参列した。その後は藤森家との交際は途絶えたが、藤森家の住所をはじめ、平成七年当時の藤森家の消息を教えていただいた。藤森家の所在地は東京の練馬区旭町で、最寄りの駅は東武東上線の成増駅。お墓は和光市の金泉寺《こんせんじ》にあるという。この情報を頼りに平成二十六年三月十四日、成増に出向いたところ、教えられた住所の家はもう藤森家ではなくなっていた。

次の手掛かりを求めて和光市に足をのばし、新倉《しんくら》の金泉寺に向かった。古い歴史のある大きな臨済宗のお寺で、境内には多くのお墓が立ち並んでいたが、寺の人に尋ねて藤森家の墓に案内していただいた。お墓の正面には（「藤森家の墓」ではなく）「藤森良蔵家之墓」という文字が刻まれて、隣接する墓誌には藤森良蔵夫妻と藤森良夫夫妻の名が読み取れた（三六〇頁参照）。

御住職にお会いして藤森家の消息を尋ねたところ、連絡をとっていただけることになり、その日のうちに藤森さんと名乗る方からお電話をいただいた。藤森良夫の次男の奥様で、長男はもう亡くなられたこと、藤森家は成増から横浜に移ったことなどを教えていただいた。藤森良夫の生前、松宮先生が成増の藤森家を訪ねたおりに、応接間に藤森良蔵、良夫父子の大きな写真が掲げられていたとうかがっていたので消息を尋ねたところ、引っ越しの際に処分したとのことであった。歳月の流れということを目の当たりに見る思いであった。

残された課題

本書は西欧近代の数学が日本の近代に取り入れられていく過程の解明にテーマを定め、高木貞治を中心に据えて、高木と関係の深い人びとのひとりひとりの消息を尋ねようと試みた。西欧の数学の咀嚼吸収は人を通じてなされたのであるから、どの人の人生もみな貴重である。数学に限定するのは本当はあまり好ましいことではなく、物理学、天文学、化学、工学系諸学科、農学、医学、獣医学等々、西欧の理科系の学問の諸領域において、高木貞治の時代を形成した人びとを幅広く取り上げたいと願ったが、本書では果たせなかった。今後の課題として関心を寄せ続けていきたいと思う。

幅広い探索とともに、探究の目を深みに注いでいくこともまた不可欠である。本書で言及した諸文献の中でも、関口開の著作と訳書、『藤澤教授セミナリー演習録』、「吉江先生ノート」、高木貞治の中学高校時代の勉強ノート、高木貞治の「数学ノート」などは日本近代の数学の姿を知るうえで屈指の基礎資料である。「考へ方研究社」が出していた二つの数学誌『考へ方』と『高数研究』も貴重な情報の宝庫である。西欧近代の数学の日本の土壌への移植という出来事の真相を明らかにするには、これらの文献の解読作業が不可避だが、本書では立ち入って論じるにはいたらなかった。ここにもまた今後の研究に託された大きな課題が残されている。

前作と同様、本書は多くの方々の御支援に支えられて成立した。わけても河合良一郎先生には河合家と河合十太郎の消息を伝えていただき、松宮哲夫先生には明治の学制の変遷と藤森良蔵の生涯を知るための基礎的文献を提供していただいた。お世話になったみなさまに心より感謝いたします。

平成二十六年七月七日

高瀬正仁

参考文献

第一章　学制の変遷とともに

川北朝鄰「高久慥齋君の伝」(『数学報知』第六号、共益商社、明治二十三年十一月二十日発行、二六—二八頁)。

菊池大麓「閑話六七　蕃書調所と開成所」(『東洋学芸雑誌』第三十四巻、第四百三十二号、大正六年八月五日発行、一—五頁)。

『岐阜県教育史　通史編　近代二』(岐阜県教育委員会(編集発行)、平成十五年二月二十八日発行)。

清信重『岐高百年史』(岐高同窓会、非売品、昭和四十八年十月七日発行)。

「新年大附録　名流苦学談」のうち「東京帝国大学総長　菊池大麓君」(『中学世界』第三巻、第一号、明治三十三年、一—八頁)。

菅井準一「藤澤利喜太郎」(『越佐が生んだ日本的人物　第三集』新潟日報社、昭和四十二年三月十日発行、三九二—四一二頁)。

治郎丸憲三『箕作秋坪とその周辺』(箕作秋坪伝記刊行会、非売品、昭和四十五年六月十二日発行)。

The Elementary Catechisms, English Grammar (1850)(『伊吉利文典』、『英吉利文典』の原本)。

手塚律蔵、西周(閲)『伊吉利文典』『英吉利文典』。

松川為訓「藤澤利喜太郎——博士の大学入学前までを追う」(『研究紀要』第十一集、大東文化大学第一高等学校、昭和五十一年三月十八日発行、九四—一〇八頁)。

松川為訓「藤澤利喜太郎——博士の大学在学中の学習内容をみる」(『研究紀要』第十三集、大東文化大学第一高等学校、昭和五十二年発行、二九—四九頁)。

第二章　西欧近代の数学を学ぶ

小倉金之助「日本における近代的数学の成立過程」（『小倉金之助著作集』第二巻、勁草書房、昭和四十八年十月五日発行、一―八六頁）。

「河合十太郎履歴書」（日本科学史学会（編）『日本科学技術史大系　第十二巻・数理科学』第一法規出版、昭和四十四年九月十日発行、一三七―一三九頁）。

『世界的な数学者　高木貞治博士　資料・遺品目録（解説付）』（本巣市数学校研究会／高木貞治博士資料集編集委員会、委員長：高橋彰太郎、平成十九年三月三十一日発行）。

高木貞治『新撰算術』（博文館、帝国百科全書第六篇、明治三十一年五月二十七日発行）。

高木貞治『新撰代数学』（博文館、帝国百科全書第十七篇、明治三十一年十一月十八日発行）。

高木貞治『新式算術講義』（博文館、明治三十七年六月三十日発行）。

高木貞治「Mathematical notes（数学ノート）」（手稿、全十八冊、東京大学数理科学研究科図書室蔵）。

高木貞治「回顧と展望」（復刻版『近世数学史談・数学雑談』共立出版、平成八年十二月十日発行、一七五―一九五頁）。

デデキント『数について』（河野伊三郎（訳）、岩波書店、岩波文庫、昭和三十六年十一月十六日発行）。

藤澤利喜太郎“Summary Report on the Teaching of Mathematics in Japan”（『日本の数学教育に関する概略的報告』文部省、一九一二年）。

『藤澤教授セミナリー演習録』（全五冊。東京数学物理学会編集委員（編纂）。第一冊、明治二十九年十一月十三日発行。第二冊、明治三十年十月十三日発行。第三冊、明治三十一年七月一日発行。第四冊、明治三十一年十月二十二日発行。第五冊、明治三十三年四月一日発行）。

「吉江先生ノート」全十九冊（東京大学数理科学研究科図書室蔵）。

和泉健「『藤代禎輔（素人）の生涯――瀧廉太郎、玉井喜作との接点を中心に」（『和歌山大学教育学部紀要』人文科学、第六十集、平成二十二年、三五―四六頁）。

第三章　関口開と石川県加賀の数学

板垣英治「石川県専門学校の英語教育」(『日本海域研究』第三十六号、平成十七年、二一―三四頁)。

板垣英治「啓明学校、石川県中学師範学校――金沢での高等教育のパイオニア」(金沢大学広報誌『Acanthus(アカンサス)』第二号、平成十七年七月、一二頁)。

板垣英治「金沢大学の淵源　加賀藩医学館から甲種医学校まで、および石川県啓明学校・石川県専門学校の歴史」(『金沢大学資料館紀要』、平成二十四年十月、一―一四八頁)。

『加賀藩艦船小史』(梅桜会(著作者兼発行者)、昭和八年二月七日発行)。

蔵原清人「金沢に洋算を伝えた戸倉伊八郎」(『市史かなざわ』第六号、平成十二年、三三―四二頁)。

蔵原清人「金沢に洋算を伝えた戸倉伊八郎」(幕末維新期学校研究会(編)『近世日本における「学び」の時間と空間』、平成二十二年、三三七―三五八頁)。

「関口開略歴」(「履歴書」「関口開略履歴(写し)」「関口開初世略履歴」の三文書で編成されている。金沢市立玉川図書館近世資料館蔵)。

「関口文庫」(石川県立図書館蔵)。

田中鉄吉、上山小三郎(著作兼発行者)『関口開先生小伝』(非売品、大正八年九月十日発行)。

田中鉄吉(編纂)『郷土数学』(改訂増補、昭和十二年六月十五日発行)。

徳田寿秋『海を渡ったサムライたち　加賀藩海外渡航者群像』(北國新聞社、平成二十三年四月二十日)。

西田幾多郎「コニク・セクションス」(岩波書店、新版『西田幾多郎全集』第十二巻、昭和四十一年一月二十六日発行、二〇七―二〇九頁)。

古畑徹「石川県啓明学校の校名をめぐって」(『金沢大学　資料館紀要』第六号、平成二十三年、一―八頁)。

「文久三発亥年本藩雑記」(金沢市立玉川図書館蔵)。

第四章　西田幾多郎の青春

狩野直喜「西田幾多郎君の思ひ出」(『読書纂余』弘文堂書房、昭和二十二年七月十日発行、二六一―二六四頁)。

下村寅太郎「高木貞治の生涯」落穂拾い、その他」(『数学セミナー』一九七六年二月号、二八—三〇頁)。

下村寅太郎「「高木貞治伝」落穂拾い(II)」(『数学セミナー』一九七六年七月号、四三—四六頁)。

西田幾多郎「四高の思出」(岩波書店、新版『西田幾多郎全集』第十二巻、昭和四十一年一月二十六日発行、一六四—一六七頁)。

西田幾多郎「コニク・セクションス」(岩波書店、新版『西田幾多郎全集』第十二巻、昭和四十一年一月二十六日発行、二〇七—二〇九頁)。

西田幾多郎「山本晁水君の思出」(岩波書店、新版『西田幾多郎全集』第十二巻、昭和四十一年一月二十六日発行、二四五—二五一頁)。

西田幾多郎「木村榮君の思出」(岩波書店、新版『西田幾多郎全集』第十二巻、昭和四十一年一月二十六日発行、二五二—二五六頁)。

西田幾多郎「北條先生に始めて教を受けた頃」(岩波書店、新版『西田幾多郎全集』第十二巻、昭和四十一年一月二十六日発行、二五七—二六〇頁)。

西田幾多郎年譜(岩波書店、新版『西田幾多郎全集』第十九巻、昭和四十一年九月二十六日発行、六六七—七〇一頁)。

西田幾多郎(編)『廓堂片影』(教育研究会、昭和六年六月二十五日発行)。

広島高等師範学校、尚志同窓会(編)『北條時敬先生』(昭和四年十月二十五日発行)。

第五章　青春の夢を追って

『ガウス整数論』(高瀬正仁(訳)。朝倉書店、平成七年六月二十日発行。ガウスの著作『アリトメチカ研究』の邦訳)。

『ガウス数論論文集』(高瀬正仁(訳)、筑摩書房、ちくま学芸文庫M&S、平成二十四年七月十日発行)。

高木貞治『近世数学史談・数学雑談』(復刻版、共立出版、昭和八年十二月十日発行)。

高木貞治『解析概論　微分積分法及初等函数論』(岩波書店、昭和十三年五月十日発行)。

高木貞治『定本　解析概論』(岩波書店、平成二十二年九月十五日発行)。

高瀬正仁『ガウスの数論　わたしのガウス』(筑摩書房、ちくま学芸文庫M&S、平成二十三年三月十日発行)。

高橋巌『世界の数学界　世紀の金字塔　髙木貞治先生』(昭和四十三年)。増補改訂版(髙木貞治博士顕彰会、平成四年)。

第一、二、三、四、五章

『金沢大学五十年史　通史編』(金沢大学五十年史編纂委員会(編集)、金沢大学創立五十周年記念事業後援会(発行)、平成十三年八月三十一日発行)。

「旧加賀藩立学校取調要項」(全二十八点、明治十六―十七年。石川県立図書館の文庫「旧藩学校沿革調」所収)。

倉澤剛『学制の研究』(講談社、昭和四十八年三月三十日発行)。

小松醇郎『幕末・明治初期数学者群像』(全二巻、吉岡書店。上巻、幕末編、平成二年九月二十五日発行、下巻、明治初期編、平成三年七月二十五日発行)。

『追想　高木貞治先生』(高木貞治先生生誕百年記念会(編集・発行)、非売品、昭和六十一年八月二十五日発行)。

『第三高等中学校一覧　明治二十二―二十三年』(明治二十二年十二月印刷)。

『第三高等中学校一覧　明治二十三―二十四年』(明治二十三年十二月印刷)。

『第三高等中学校一覧　明治二十四―二十五年』(明治二十四年十二月印刷)。

『第三高等中学校一覧　明治二十五―二十六年』(明治二十五年十二月印刷)。

『第三高等中学校一覧　明治二十六―二十七年』(明治二十七年一月二十四日発行)。

『第四高等中学校一覧　明治二十―二十一年』。

『第四高等中学校一覧　明治二十一―二十二年』。

『第四高等中学校一覧　明治二十二―二十三年』附録「石川県専門学校沿革略」。

『帝国大学一覧　明治十九―二十年』(明治十九年十月二十日出版)。

『帝国大学一覧　明治二十―二十一年』(明治二十年十月出版)。

『帝国大学一覧　明治二十一―二十二年』（明治二十一年十一月出版）。

『帝国大学一覧　明治二十二―二十三年』（明治二十二年十月三十一日出版）。

『帝国大学一覧　明治二十三―二十四年』（明治二十三年十二月二十七日出版）。

『帝国大学一覧　明治二十四―二十五年』（明治二十四年十一月三十日出版）。

『帝国大学一覧　明治二十五―二十六年』（明治二十五年十二月二十四日出版）。

『帝国大学一覧　明治二十六―二十七年』（明治二十七年一月八日発行）。

『帝国大学一覧　明治二十七―二十八年』（明治二十八年三月二日発行）。

『帝国大学一覧　明治二十八―二十九年』（明治二十九年三月二十七日発行）。

『東京大学予備門一覧　明治十五―十六年』（明治十五年十二月）。

『東京大学予備門一覧　明治十六―十七年』（明治十七年二月）。

『東京帝国大学五十年史』（上下二冊。昭和七年十一月二十日発行）。

『東京帝国大学卒業生氏名録』（大正十五年版、昭和八年版、昭和十四年版）。

『日本の数学一〇〇年史』（上下二巻、「日本の数学一〇〇年史」編集委員会（編著）、岩波書店。上巻、昭和五十八年十年二十五日発行。下巻、昭和五十九年三月二十六日発行）。

『藤澤博士追想録』（東京帝国大学理学部数学教室（編纂兼発行者）、藤澤博士記念会、昭和十三年九月二十八日発行）。

『藤澤博士遺文集』（上中下、全三巻、東京帝国大学理学部数学教室（編纂兼発行者）、藤澤博士記念会、昭和九年十二月二十三日発行）。

本田欣哉「高木貞治の生涯」（『数学セミナー』一九七五年一月号―六月号、六回連載。第一回、一月号、一一―一六頁。第二回、二月号、三二―三八頁。第三回、三月号、四三―四九頁。第四回、四月号、二六―三一頁。第五回、五月号、三八―四四頁。第六回、六月号、五一―五六頁）。

第六章　「考へ方」への道――藤森良蔵の遺産

板倉聖宣「第七章　藤森良蔵と考え方研究社」（『かわりだねの科学者たち』仮説社、昭和六十二年十月二十日発行、一八五―二四〇頁）。

奥田美穂「数に生きる（藤森良蔵伝抄）」全十五回。『考へ方』第三十巻、第十九号（昭和二十二年十二月一日発行）から第三十一巻、第九号（昭和二十三年十二月一日発行）まで連載。

奥田美穂「数に生きる　藤森良蔵――その後半生」（『考へ方』第三十三巻、第一号、昭和二十五年四月一日発行）。

『五無斎保科百助全集』（佐久教育会（編）、信濃教育会出版部、昭和三十九年二月十日発行、非売品）。

『五無斎　保科百助評伝』（佐久教育会・保科五無斎研究委員会（編）、佐久教育会、昭和四十四年六月七日発行）。

高木貞治『数学の自由性』（筑摩書房、ちくま学芸文庫M&S、平成二十二年三月十日発行）。

塚本哲三『聖戦閑話』（昭和十三年四月十一日発行、有朋堂）。

『東京物理学校五十年小史』（東京物理学校、昭和五年十月十七日発行）。

藤森良夫（編）『考へ方への道――数学を学ぶ人のために――第一部　藤森良蔵の生涯』（考へ方研究社）。

ガリ版刷原稿／未刊行。表紙1枚。序文「刊行の決意」四頁。目次一頁。本文百四十六頁。現代仮名遣い。漢字の字体は正字体と略字体の混淆。序文「刊行の決意」の末尾に、「昭和二十四年六月六日　塚本哲三先生と共に之を記して編纂に着手する」と記されている。

目次

第一部　藤森良蔵の生涯

第二部　数学を学ぶ人のために（第二部は目次のみ）

藤森良蔵（著）、藁科浅吉（編纂）『宣伝十二年』（考へ方研究社、大正十一年九月一日発行。雑誌『考へ方』五周年記念出版）。

藤森良蔵「奇傑保科五無齋先生を憶ふ」（『宣伝十二年』三五五頁―三六二頁。『五無斎　保科百助評伝』二六四―二六九頁）。

「保科百助先生」（『教育功労者列伝』信濃教育会（編）、昭和十年六月十日発行、一六―二八頁）。

松宮哲夫「民間数学教育者・藤森良蔵と良夫の仕事の概観――「考へ方」の普及と高等数学の大衆化」（『数学教育

研究』第二十七号、大阪教育大学数学教室、平成十年、三九―六四頁）。

著者紹介

高瀬正仁（たかせ・まさひと）

1951年、群馬県勢多郡東村（現在、みどり市）に生まれる。現在、九州大学基幹教育院教授。専門は多変数関数論と近代数学史。平成20年、九州大学全学教育優秀授業賞受賞。2009年度日本数学会賞出版賞受賞。歌誌「風日」同人。

主要著書：『岡潔　数学の詩人』（岩波書店，2008）、『高木貞治　近代日本数学の父』（岩波書店，2010）

高木貞治とその時代　西欧近代の数学と日本

2014年8月22日　初　版

［検印廃止］

著　者　高瀬正仁

発行所　一般財団法人　東京大学出版会

代表者　渡辺　浩

153-0041 東京都目黒区駒場 4-5-29
http://www.utp.or.jp/
電話　03-6407-1069　Fax 03-6407-1991
振替　00160-6-59964

印刷所　株式会社理想社
製本所　牧製本印刷株式会社

ISBN 978-4-13-061310-1　Printed in Japan

人名索引

あ 行

か 行

さ　行

た　行

な　行

は　行

ま　行

や　行

ら　行

わ　行

事項索引

あ 行

か 行

さ 行

た 行

な　行

は　行

ま　行

や　行

ら・わ行

年譜　黎明期の日本と高木貞治の生涯

とくに人名が明記されていないものは、高木貞治に関するものである。

天保 13（1842）年

【関口開】 7 月 1 日（1842 年 8 月 6 日）、金沢泉町に生まれる。父は松原信吾。松原家の四男であった。幼名は安次郎。

嘉永 6（1853）年

6 月 3 日（1853 年 7 月 8 日）、ペリー来航。

安政元（1854）年

【関口開】 8 月、西洋流火術方役所が壮猶館《そうゆうかん》と改称された。

安政 2（1855）年

【菊池大麓】 1 月 29 日（1855 年 3 月 17 日）、江戸天神下の津山藩松平家の下屋敷に生まれる。

安政 3（1856）年

【関口開】 8 月、このころから瀧川秀蔵のもとで和算の修業を始めた。

安政 4（1857）年

【関口開】 6 月、定番歩士関口甚兵衛の養子になる。通称を甚之丞と改名。実名は武達。

安政 5（1858）年

【北條時敬】 3 月 23 日（1858 年 5 月 6 日）、金沢観音町に生まれる。

万延元（1860）年

【関口開】 9 月、規矩流初段免許取得。

文久元（1861）年

【藤澤利喜太郎】 9 月 9 日（1861 年 10 月 12 日）、新潟に生まれる。一説に文久元年 4 月 8 日、佐渡に生まれるとも。

文久 2（1862）年

【関口開】 金沢西町《にしちょう》と七尾に軍艦所が開設された。5 月、西町の軍艦所におい

て戸倉伊八郎の洋算の講義を受け始めた。

文久3（1863）年

【関口開】 2月、規矩流和算中段免許取得。同月、瀧川秀蔵没。12月28日、養父甚兵衛致仕（辞職して引退）により関口家を継ぐ。定番徒士。

元治元（1864）年

【関口開】 正月、三好善蔵より規矩流皆伝を受け、指南免許を許された。

慶應元（1865）年

【河合十太郎】 5月10日（1865年6月3日）、金沢に生まれる。

【関口開】 11月、加賀藩算用者を申し付けられる。

慶應2（1866）年

【関口開】 3月4日、「京都御守衛詰」を命じられ、京都に出張。11月16日、満期帰藩。

明治元（1868）年

【関口開】 1月、再び京都出張。6月、帰藩。8月3日、北越戦争に際し出張。会計掛。会計主任。大小荷駄方。

明治2（1869）年

【関口開】 2月9日、凱旋、帰藩。洋算教授。また、私塾「衍象舎《えんしようしや》」を開く。岩田勇三郎に就いて英語修業を始めたが、3、4箇月で終焉。以後、独学で英語の勉強を続けた。4月、洋算5等教師。11月、洋算訓導。

6月17日（1869年7月25日）、版籍奉還。

明治3（1870）年

【西田幾多郎】 5月19日、石川県加賀国河北郡森村（現在のかほく市）に生まれる。

【関口開】 8月、洋算訓導に加えて洋算副教師。訳書『数学稽古本』成稿。9月24日、通称を「開」と改める。11月、学制変革にあたりさらに文学訓導。12月、總小学校算術規則主附兼務。

明治4（1871）年

【関口開】 3月、『数学問題集』編輯。4月、文学4等教師。

7月14日（1871年8月29日）、廃藩置県。金沢県が成立した。翌明治5年、石川県と改称。

明治 5（1872）年

4 月、新たな学制を定めるため、諸学校がいったん閉校となった。

【関口開】 6 月 19 日、実名「武達」を廃した。8 月、区学校 2 等教師。

8 月 2 日（1872 年 9 月 4 日） 学制公布。小学校の数学教育は洋算で行うと決定された。

［**学制公布**］

8 月 3 日（1872 年 9 月 5 日） 文部省が「学制」を頒布した。太政官布告「学制被仰出《おおせいだされ》書」が公布された。明治 5 年太政官布告第 214 号。学制は本文 109 章（後に追加されて 213 章になる）と、本文に添えられた太政官布告の前文からなる。この前文が「被仰出書」と呼ばれた。

9 月 8 日、文部省が「小学規則」を制定した。小学校は上等小学と下等小学の 2 部制と規定された。下等小学は初等教育機関で、修業年限は 7 歳から 10 歳までの 4 年間。上等小学は中等教育機関で、習業年限は 11 歳から 14 歳までの 4 年間。計 8 年間である。それぞれ 8 個の級に分け、修業期間は毎級 6 箇月。すべての課程を踏むと、下等小学の 8 級から始めて上等小学の 1 級で終わることになる。

［**太陽暦採用**］

この年の 12 月 3 日を明治 6 年元日とする。また、この年 11 月 23 日の太政官布告により、12 月の 1 日と 2 日がそれぞれ 11 月の 30 日、31 日と定められた（陰暦では 11 月は 29 日まで、陽暦でも 30 日までしかなかった）。

明治 6（1873）年

【関口開】 2 月、小学校 2 等出仕。11 月、小学校 1 等出仕。

高木貞治の生誕から一色学校まで

明治 8（1875）年

4 月 21 日、岐阜県大野郡数屋村 557 番地に高木貞治が生まれる。母はつね、父は木野村光蔵。つねは高木家に生まれ、本巣郡柱本村（現在の本巣郡北方町柱本）の木野村家に嫁いだが、生家にもどった。高木貞治はつねの実兄、高木勘助の養子になり、高木家の長男として成長した。

つねは天保 13（1842）年に生まれ、大正 14（1925）年没。高木勘助は天保 7（1836）年に生まれ、明治 34（1901）年没。

生地の表記は、本巣郡数屋村（町村制施行。明治 22 年 7 月 1 日）、本巣郡一色村数屋（明治 30 年 4 月 1 日。近隣の 7 箇村、すなわち随原村、有里村、数屋村、上高屋村、石神村、見延村、長屋村が合併して一色村が成立し、数屋は

一色村の大字になった)、本巣郡糸貫村《いとぬきむら》数屋（昭和3年4月1日。一色村と土貴野村が合併して糸貫村になった)、本巣郡糸貫町《いとぬきちょう》数屋（昭和35年4月1日。糸貫村が糸貫町に変わった）と変遷した。その後、平成16（2004）年2月1日、本巣郡の3町1村（本巣町、真正町、糸貫町、根尾村）が合併して現在の本巣市が成立し、数屋は本巣市の大字になった。現在の地名表記では、高木貞治の生地は岐阜県本巣市数屋557番地である。

【関口開】 7月、石川県師範学校教諭。

明治9（1876）年

【関口開】 1月、石川県師範学校監事兼務。2月、啓明学校設立につき同校在勤兼監事。

明治10（1877）年

4月12日、東京大学設立。

【菊池大麓】 5月、菊池大麓が洋行を終えて帰朝した。6月、東京大学理学部教授。物理と数学を講じる。

【関口開】 7月、啓明学校が石川県中学師範学校と改称した。同校教諭。10月、数学講究のため衍象舎を起こす。

9月、東京数学会社設立。

【藤澤利喜太郎】 9月、藤澤利喜太郎が東京大学理学部の数学物理及星学科に入学した。同期生は藤澤のほかに田中舘愛橘、田中正平、隈本有尚。数学の教師は菊池大麓。

明治11（1878）年

岐阜県本巣郡見延村一色に一色学校が設立された。

明治12（1879）年

このころから隣家の野川湘東《のがわしょうとう》の塾で書や画を学んだ。

9月29日、「教育令」公布。全47条。太政官布告第40号。これにともなって、同日、学制が廃止された。教育令は翌明治13（1880）年12月28日と明治18（1885）年8月12日の2度にわたって改正された。

明治13（1880）年

3月15日、この日の日付でクロネッカーのデデキント宛書簡が書かれ、「クロネッカーの青春の夢」が吐露された。クロネッカー全集、巻5、455–457頁に収録されている。

12月28日、教育令改正。改正教育令の第23条の規定によると、「文部卿頒布スル所ノ綱領」に基づき、府知事県令が土地の状況を勘案して小学校教則を編

成し、文部卿の認可を経ることになった。

【関口開】12月、東京に遊ぶ。岡本則録、柳 楢悦《やなぎならよし》、川北朝鄰《かわきたともちか》、神田孝平たちと交友した。

明治14（1881）年

5月4日、文部省が改正教育令に基づいて「小学校教則綱領」を頒布した。これにより小学校を初等科3年（7歳から9歳まで）、中等科3年（10歳から12歳まで）、高等科2年（13歳から14歳まで）に分けることになった。計8年制である。

【北條時敬】9月、東京大学理学部数学科に入学した。明治11年5月、上京。明治12年9月、東京大学予備門入学。明治14年7月、予備門を卒業した。

【関口開】12月、石川県専門学校（7月、石川県中学師範学校が改称）3等教諭。金沢師範学校3等教諭兼務。

東京大学理学部に独立の数学科が設置された。

明治15（1882）年

1月28日、岐阜県で文部省の「小学校教則綱領」に基づいて「岐阜県小学校教則」を制定し、文部省に認可を仰いだ。2月24日、認可。3月29日、県下に告示した。内容は文部省の「小学校教則綱領」が忠実になぞられている。4月8日、岐阜県は郡役所に通達を出し、郡内の各学区に対し、「岐阜県小学校教則」に準じるようにと指示した。

4月、一色学校に入学した。明治14年の時点で一色学校に通う生徒は405名。

【藤澤利喜太郎】7月、東京大学を卒業した。数学物理学及星学科、物理学を専攻した。

【藤森良蔵】7月15日、長野県諏訪郡上諏訪村湯の脇に生まれる。

明治16（1883）年

【藤澤利喜太郎】3月17日、藤澤利喜太郎が留学のため横浜を出港した。満3箇年。行き先はイギリスとドイツ。同行者は内科の青山胤通と外科の佐藤三吉。藤澤利喜太郎は5月以後イギリスのロンドンに滞在し、同年12月の終わり、ドイツのベルリンに移動してベルリン大学に入学した。翌1884年夏までベルリンで修業。クロネッカーとの交友を深める。

明治19（1886）年5月4日で留学期間が満期になるところ、この年の2月はじめ（9日ころ）、1箇年延長と決まった。1885年9月、ストラスブルクに移り、10月下旬、ストラスブルク大学に入学し、クリストッフェル、ライエの指導のもとで修業を続けた。1886年7月、学位取得。その後、再びベルリンにもどった。

2度目のベルリン滞在時にはフックスの楕円関数論の講義を半年間、聴講し

た。1度目のベルリン滞在中は、フックスはまだベルリン大学に赴任していなかった。1887年5月、帰朝。

明治17（1884）年

【関口開】 4月12日、午前1時55分、腸チフスのため竪町の自宅で没。法名は開校院勤学指導居士。野田山墓地に埋葬された。後、妙慶寺墓域に移葬。

6月、東京数学会社が東京数学物理学会と改称された。

明治18（1885）年

【関口開】 門人たちが尾山神社境内に記念碑と記念標を建立した。記念標の揮毫は神田孝平。

【河合十太郎】 7月、東京大学予備門を卒業した。

高木貞治のノート「平面幾何学問題集」。最後の頁に「明治18年3月朔日」という日付が記入されている。「朔日」は「一日」の意。明治18年3月、高木は満9歳で、一色小学校の高等科の第1年目の後期生である。

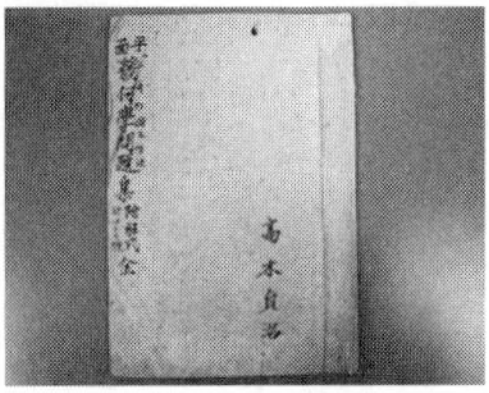

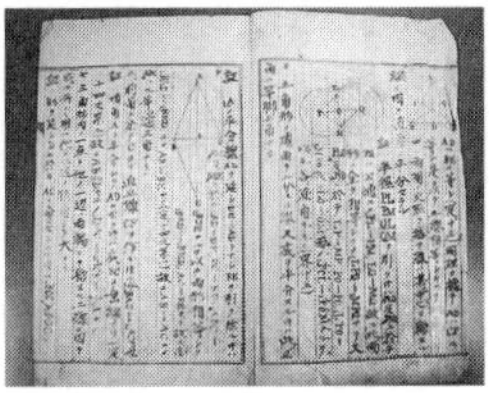

明治19（1886）年

1月7日、『岐阜日日新聞』（『岐阜新聞』の前身）の「神童」という記事で高木貞治が紹介された。

「神童」
美濃国大野郡数屋村高木勘助長男高木貞治といふわ〔は〕今年漸く10年1ヶ月と成り未だ乳臭《にゆうしゆう》を離れざるも夙《つと》に一色小学校に通学《つうがく》し当時既に高等3級の学科を修め頗《すこぶ》る頴才《えいさい》の天資《てんし》なるに加ふるに映雪聚蛍《えいせつしゆうけい》の勉励師父教育の懇切にして大に学業勇進し正科の外更に英学を研究し愈々奮発し怠らざるよし実に後世頼もしき神童なりと西濃の某より申越されたり

高木は明治18年4月に一色学校の高等科に進み、まず前期の第4級に所属し、続いて後期の第3級に進んだ。『岐阜日日新聞』の記事「神童」はこの時期の

消息を伝えている。英語は隣家の野《の》川《がわ》 湘東《しょうとう》の塾で勉強した。

「映雪聚蛍」は、「雪に映《うつ》し、蛍を聚《あつ》むる」と読み、苦労して勉学に励むという意で、「蛍の光、窓の雪」と同じ。

3–4 月、学校令公布。これにともなって教育令が廃止された。学校令は帝国大学令、師範学校令、中学校令、小学校令の総称。

3 月 2 日、帝国大学令公布。これにより東京大学は「帝国大学」と改称された。

4 月 10 日、師範学校令、小学校令、中学校令、諸学校通則が公布された。小学校令（明治 19 年勅令第 14 号）により、小学校は高等科と尋常科の 2 部制になった。修業年限は各々 4 年。

中学校令により中学校は尋常中学校と高等中学校に 2 分された。尋常中学校の課程は 5 年、高等中学校の課程は 3 年または 4 年。

中学校令公布を受けて岐阜県では華陽学校が解体されて岐阜県師範学校と岐阜県中学校に分かれた。翌明治 20 年 1 月 28 日、岐阜県中学校の名称が変わり、岐阜県尋常中学校となった。

明治 19 年から翌 20 年にかけて、全国に下記の 7 つの高等中学校が設立された。

第一高等中学校（東京）、第二高等中学校（仙台）、第三高等中学校（大阪）、第四高等中学校（金沢）、第五高等中学校（熊本）、山口高等中学校、鹿児島高等中学造士館。

第三高等中学は明治 19 年 4 月に設立された。はじめ大阪市東区（現在、中央区）にあったが、明治 22 年、京都市上京区（現在、左京区）に移転した。

6 月、岐阜県中学校に入学した。

【河合十太郎】 9 月、帝国大学理科大学数学科に入学した。

明治 20（1887）年

1 月 28 日、岐阜県中学校が「岐阜県尋常中学校」と改称された。

【藤澤利喜太郎】 5 月 9 日、洋行を終えて帰朝した。5 月 31 日付で帝国大学理科大学教授。

【西田幾多郎】 2 月、石川県専門学校の初等中学科第 2 級を卒業した。10 月、第四高等学校の設立を受け、四高の予科第 1 級に編入された。

明治 21（1888）年

【西田幾多郎】 7 月、四高予科を卒業し、9 月、本科 1 部 1 年生となる。

明治 22（1889）年

【西田幾多郎】 7 月、行状点が不足したため進級できず、留年となった。

7 月 1 日、数屋村の所属先が大野郡から本巣郡に変わった。

【河合十太郎】 7 月 10 日、帝国大学理科大学数学科を卒業した。9 月、京都の

第三高等中学校の雇教員となり、天文、力学、数学を担当した。

明治 23（1890）年

【西田幾多郎】 3 月、四高を中退した。

【河合十太郎】 9 月 13 日、京都の第三高等中学校の教諭に就任した。同年 10 月 15 日、教授に昇任。明治 32 年 10 月 3 日、三高教授のまま京都帝国大学理工科大学の助教授を兼務。翌明治 33 年 1 月 25 日、三高兼任が解除され、京大の専任になった。明治 33 年 6 月 12 日、ドイツ留学の辞令を受ける。留学期間は 2 年とされたが、3 年間滞在し、明治 36 年 5 月 26 日、帰朝。同年 6 月 5 日、教授に昇任し、数学第 1 講座を担任した。

10 月、遠足運動（修学旅行）に参加した。往路は 10 月 21 日から 25 日まで。岐阜から下ノ保、金山、下呂、小坂を経て高山に向かった。参加者は職員 9 名、喇叭《らっぱ》手その他職員 5 名、生徒 41 名、計 55 名である。復路の消息は不明。高木は『学術講談会雑誌』第 6 号（明治 23 年）に「修学旅行記事」という紀行文を寄せた。

『学術講談会雑誌』の発行元は岐阜県尋常中学校に設立された学術講談会の雑誌部である。第 1 号の発刊は明治 23 年 7 月 18 日。学術講談会の前に「甲申会」という会が存在した。これは明治 17 年に華陽学校に設立された演説討論会で、会の名称は明治 17 年が甲申の年にあたることに由来する。『学術講談会雑誌』の第 1 号に、「明治 17 年甲申ノ歳、職員中ニ有志ノ者数名アリテ、所定日課ノ傍ラ生徒ヲシテ互ニ知識ヲ交換シ弁論ヲ錬磨セシメントテ専ラ学術ニ関スル演説討論ノ会ヲ設ケンコトヲ主唱」したと、甲申会設立の主旨が記載されている。この会を引き継いだのが学術講談会である。

［中学時代の数学の勉強］

高木は岐阜中学に在学中、ウィルソンの著作をテキストにして立体幾何を勉強した。テキストは英語で書かれているが、高木は翻訳稿を作成した。保管先は岐阜県本巣市の「高木貞治博士記念室」。

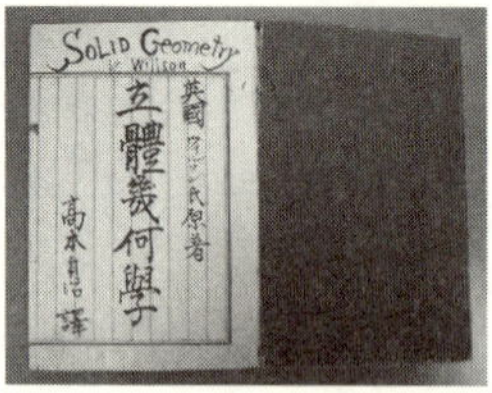

表紙

代数は藤澤利喜太郎の著作で勉強した。本巣市の「高木貞治博士記念室」に高木のノートが保管されている。原著はトドハンターの代数のテキスト。

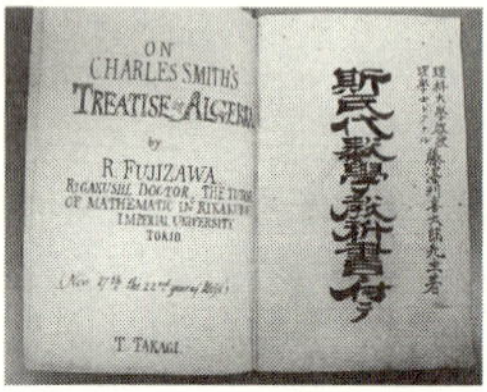

『学術講談会雑誌』は岐阜中学の交友会雑誌である。第 6 号には第 5 学年に在学中の高木の作文「修学旅行記事」が掲載されている。保管先は岐阜市の岐阜県歴史資料館。保管されている第 6 号には表紙が欠落していた。

『学術講談会雑誌』第 7 号の表紙。

明治 24（1891）年

3 月 31 日、岐阜県尋常中学校卒業。

［中学校の学年の呼称］

明治19年6月22日付の官報に掲載された「文部省令第14号」により、尋常中学校の「学科及其程度」が規定され、各学年ごとに学科と授業時間が定められた。尋常中学校の修業年限は5年であるから、入学して第1年目の生徒は「1年生」、5年目の最終学年の生徒は「5年生」と呼ぶのが今日の流儀である。

ところがこれは尋常中学校にはあてはまらない。「尋常中学校に於ては5級を設けるとあるが、入学したときの学年を第5級と称し、以下順にひとつずつ数字が減少し、第5年目の学年は第1級になる。1年生、2年生、……という呼称は存在せず、第5級、第4級、……と呼ばれた。「年」と「級」の対応は下記の通り。

第1年　第5級
第2年　第4級
第3年　第3級
第4年　第2級
第5年　第1級

【西田幾多郎】 9月、東京帝国大学文科大学哲学科選科に入学した。

9月、第三高等中学校入学。本科2年、予科3年。予科の下に予科補充科1年があった。高木貞治は予科1級に編入した。予科1級は予科の最上級。

10月28日、朝、美濃、尾張地方で大きな地震があった。マグニチュード8もしくは8.4。震源地は岐阜県本巣郡根尾村（現在の本巣市根尾）で、濃尾地震、美濃・尾張地震と呼ばれている。高木は京都で新聞を見て大地震の報に接し、急遽、郷里の数屋村にもどった。京都から米原までは汽車に乗り、米原から先は不通になっていたため徒歩で数屋村に向かった。数屋村の総戸数は当時93戸。そのうち全壊が65戸、半壊が28戸。高木の生家では離れが倒壊したが、母屋は無事。高木家の人たちもみな無事であった。

明治26（1893）年

この年、帝国大学理科大学数学科で講座制がしかれた。講座は3つ。担当者は次の通り。

数学第1講座　菊池大麓
数学第2講座　藤澤利喜太郎
応用数学講座　菊池大麓（明治29年、担当者が長岡半太郎になった）

三高卒業、帝大入学から洋行、帰朝まで

明治27（1894）年

7月7日、第三高等中学校卒業。この日、第6回目の卒業証書授与式が挙行さ

れた。卒業生は本科 90 名、法学部 13 名。本科 90 名の内訳は、第一部法科の生徒が 27 人、第一部文科が 28 人、第二部工科が 23 人、第二部理科が 12 人。

高木貞治の卒業後、第三高等中学校は「第三高等学校」と改称された。明治 27 年 6 月 25 日、高等学校令(第 1 次)公布。同年 9 月 11 日、施行。これによって高等中学校は改組されて高等学校になった。

【西田幾多郎】 7 月 10 日、帝国大学選科修了。

8 月 1 日、日本政府が清国に対して宣戦を布告した。この日、宣戦の証書が出された。同日、清国もまた日本に対して宣戦を布告した。日清戦争(日本側の呼称は「明治二十七八年の戦役」、清国側の呼称は「甲午戦争」)始まる。

9 月、帝国大学理科大学数学科入学。1 年生で微分積分学と解析幾何学を学ぶ。2 年生でデュレージの楕円関数論とサルモンの代数曲線を学ぶ。

明治 28(1895)年

1880 年 3 月 15 日付でデデキントに宛ててクロネッカーの書簡が、この年の『王立プロイセン科学アカデミー議事報告』115–117 頁に掲載された。

明治 29(1896)年

『藤澤教授セミナリー演習録』の刊行が始まる。東京数学物理学会編纂委員編纂。著作者、山川健次郎(帝大総長)。全 5 冊。

第 1 冊　明治 29 年 11 月 16 日発行
第 2 冊　明治 30 年 10 月 16 日発行
第 3 冊　明治 31 年 7 月 4 日発行
第 4 冊　明治 31 年 10 月 25 日発行
第 5 冊　明治 33 年 4 月 3 日発行

第 2 冊には 3 篇の論文が収録された。

林鶴一「e 及び π の超越に就て」
吉江琢兒「似真写影(Conform Abbildung)」
高木貞治「アーベル方程式につきて」

明治 30(1897)年

4 月 1 日、数屋村の近郊 7 箇村(随原《ずいはら》村、有里《ありさと》村、数屋村、上高屋村、石神村、見延村、長屋村)が合併して本巣郡一色村が成立した。数屋村は一色村の大字になった。

【菊池大麓】 文部省に移った。文部省学務局長。次いで文部次官。大学の教授職はそのままで、在職期間は明治 31 年 5 月 1 日まで。それから東京帝国大学総長に就任した。明治 34 年 6 月 2 日から明治 36 年 7 月 17 日まで、第 18 代文部大臣。

6 月 18 日、京都帝国大学が設置された。これを受けて、6 月 22 日、従来の

「帝国大学」は「東京帝国大学」と改称された。

7月10日、東京帝国大学理科大学数学科卒業。大学院に進む。

明治31（1898）年

「代数学ノ基礎ヲ論ズ」（『東京物理学校雑誌』巻7、第74号、明治31年1月8日発行、33-36頁）。

「整数論ノ拡張」（『東京物理学校雑誌』巻7、第76号、明治31年3月8日発行、99-104頁）。

5月27日、『新撰算術』（博文館）刊行。帝国百科全書第6篇。

6月22日、大学院退学。

6月28日、文部省より数学研究のためドイツ洋行を命じられる。期間は満3箇年。辞令「数学研究ノ為メ満三年間独国留学ヲ命ス」。

8月31日、横浜出港。新橋から汽車で横浜に向かう。藤澤利喜太郎と長岡半太郎が横浜で見送った。上海までは日本郵船の船。上海からマルセーユまでフランスのメサジュリー・マリチーム会社のアルマン・ベイック号。10月13日、ベルリン着。シューマン街18番地の家に滞在し、ベルリン大学でフックスの微分方程式の講義（「クレルレの66」）、シュヴァルツの講義（ヴァイエルシュトラスの直伝）、フロベニウスのガロア理論や整数論の講義を聴講した。

11月18日、『新撰代数学』（博文館）刊行。帝国百科全書第17篇。

明治32（1899）年

【吉江琢兒】 夏、ドイツ行。ゲッチンゲン大学でクラインとヒルベルトの講義を聴講した。専攻は常微分方程式論と変分法の偏微分方程式論への応用。留学中、東大助教授。明治42年、教授。大正2年、総長推薦により理学博士。

明治33（1900）年

春、ベルリンを離れ、ゲッチンゲンに向かう。ベルリン滞在は3月まで。4月よりゲッチンゲン。クロイツベルク街15番地の家に滞在し、ゲッチンゲン大学でヒルベルトとクラインの講義を聴講した。

8月、パリで第2回目の国際数学者会議が開催された。8月6日から12日まで。名誉会長、エルミート。会長、ポアンカレ。第1部から第6部まで、6部門に区分けされた。藤澤利喜太郎が日本代表として出席した。

8月8日、第5部門「批評及歴史」では藤澤利喜太郎、第6部門「教育及教授法」ではヒルベルトの講演が予定されたが、多数の会員希望により両部門を合わせて開会することになった。議長は数学史家のカントール。ヒルベルトは第1席で講演「将来の数学問題に就て」を行い、23個の問題を提示した。第9問題は「一般相互法則の究明」、第12問題は「解析関数の特殊値による相対アーベル数体の構成問題」。藤澤利喜太郎は第2席で和算に関する講演「旧和算

流の数学に就て」を行った。
6月14日、東京帝国大学理科大学助教授。

明治34（1901）年
春、学位論文の原稿が完成した。
3月31日、父、高木勘助没。
9月、ゲッチンゲンを発ち、故国に向かう。
12月4日、帰朝。新たに設置された数学科第3講座（代数学）を担当した。

明治35（1902）年
4月6日、谷としと結婚。東京府東京市本郷区駒込曙町24番地に居を構えた。曙町には東大の教員がたくさん住んでいた。寺田寅彦の家もすぐ近くにあった。
【吉江琢兒】 9月、帰国。数学第4講座（微分方程式）が設置され、吉江が担当した。

明治36（1903）年
「Über die im Bereiche der rationalen complexen Zahlen Abel'schen Zahlkörper（複素有理数域におけるアーベル数体について）」（『東京帝国大学理科大学紀要』巻19、第5論文、1–42頁）。「ガウス数体上の相対アーベル数体はレムニスケート関数の周期等分値により生成される」という、クロネッカーが提示した定理（1853年）に証明を与えることに成功した。
12月16日、東京帝国大学より理学博士の学位を授与される。論文博士の第1号。12月26日午前10時、文部省において学位授与式が行われた。

明治37（1904）年
2月、日露戦争が始まる。
5月3日、東京帝国大学理科大学教授。
6月30日、『新式算術講義』（博文館）刊行。
12月、「誘導函数ヲ有セザル連続函数ノ簡単ナル例」（『東京物理学校雑誌』巻14、第157号、明治37年12月8日発行、1–2頁）。

明治38（1905）年
9月、日露講和条約が調印された。

明治39（1906）年
9月25日、『高等教育代数学』（東京開成館）刊行。

明治 42（1909）年

5 月 2 日、「数学者の文芸座談」『読売新聞』5 月 2 日（日）　別刷の「日曜附録」に掲載された。談話の記録。

6 月 5 日、寺尾壽教授在職満 25 年祝賀会に出席した。

明治 43（1910）年

【西田幾多郎】 8 月、京都帝国大学文科大学助教授（倫理学担当）。

「何うすれば数学の力を養ふことが出来る乎」（『学生』第 1 巻、第 2 号、96-105 頁、東京冨山房）。

「大懸賞の数理問題」（談話。『読売新聞』明治 43 年 3 月 11 日）。

明治 44（1911）年

【西田幾多郎】 2 月 6 日、『善の研究』（弘道館）刊行。

大正 3（1914）年

7 月 28 日、第 1 次世界大戦始まる。

「世界第 1 の数学者　アンリ・ポアンカレー」（『学生』第 5 巻、第 10 号、東京冨山房、166-170 頁）。

「虚数乗法の理論における等分方程式のあるひとつの基本的性質について」（英文。『日本数学物理学会記事』第 2 輯、巻 7、414-417 頁）。

大正 4（1915）年

5 月 1 日、東京数学物理学会常会（東京帝国大学理科大学）において講演「シラチフ、アーベル、キヨルペル論」。

7 月 3 日、東京数学物理学会常会において講演「シラチフ、アーベル、キヨルペル論の 2」。

12 月 15 日、東京数学物理学会第 9 回特別講演会において講演「群（Group）ノ話」。午後 6 時半より。会場は東京帝国大学理科大学中央講堂。

12 月 18 日、東京数学物理学会において講演「Complex Multiplication（虚数乗法）に就て」。

「相対アーベル数体の理論について I」（ドイツ文。『日本数学物理学会記事』第 2 輯、巻 8、154-162 頁）。

「相対アーベル数体の理論について II」（ドイツ文。『日本数学物理学会記事』第 2 輯、巻 8、243-254 頁）。

高木貞治による論文名の邦訳は「相対的「アーベル」体ノ理論ニツイテ」。

「楕円関数の虚数乗法の理論について」（ドイツ文。『日本数学物理学会記事』第 2 輯、巻 8、386-393 頁）。

大正 5（1916）年

3 月、「群（Group）ノ話」（『東洋学芸雑誌』第 33 巻、第 414 号、13–24 頁）。

大正 6（1917）年

7 月 7 日、東京数学物理学会常会（会場は東京帝国大学理科大学）において講演「Uber eine Eigenschaft des Potenzcharacters（冪指標の一性質について）」。

【菊池大麓】 8 月 19 日、没。

【藤森良蔵】 9 月、「考へ方研究社」より数学誌『考へ方』創刊第 1 号が刊行された。

「冪指標の一性質について」（ドイツ文。『日本数学物理学会記事』第 2 輯、巻 9、166–169 頁）。

大正 7（1918）年

11 月 11 日、第 1 次世界大戦終結。

大正 8（1919）年

1 月、東京数学物理学会の名称が変わり「日本数学物理学会」となる。

2 月、「大学令」により、大学の分科大学制が廃止され、法、医、工、文、理、農、経済の 7 学部が設置された。経済学部は新設。「東京帝国大学理科大学」は「東京帝国大学理学部」になった。

3 月、本郷曙町の地代値上げ反対運動が起こる。この地域の借地権の所有者は土井利興子爵。地代ははじめ坪 1 銭。漸次 1 銭 5 厘、3 銭と値上げを続け、3 年前に 4 銭 5 厘になった。世間の慣例では次の値上げは 5 年または 7 年後になるところ、突如 7 銭ないし 10 銭に値上げすると借地人全員に通告し、4 月から実施しようとした。借地人はみなこれに苦情を申し立て、折衝を重ねたが、土井子爵の側は木で鼻をくくるような応対に終始した。借地人 106 余名は、最近の少数の借地人と藩士を除き全員連名で反対の決議を行った。高木も署名した。署名者の中には高木のほかに田丸卓郎、小金井良精、末広恭二など、二十数名の学者や官吏がいた（『読売新聞』大正 9 年 3 月 28 日の記事「地代の値上に学者連の躍起反対」による）。

7 月 5 日、日本数学物理学会常会において講演「On Fredholm's determinants（フレドホルムの行列式について）」。

11 月 15 日、日本数学物理学会において講演「Ueber die Normenreste（ノルム剰余について）」。

大正 9（1920）年

2 月、類体論の主論文「相対アーベル数体の理論（Über eine Theorie des relativ Abel'schen Zahlkörper）」の執筆が完了した。高木による論文名の邦訳は「相対的「アーベル」体ノ理論」。『東京帝国大学理学部紀要』（Journal of the College of Science, Imperial University of Tokyo）、第 41 巻、第 9 篇（全 133 頁）として刊行された。7 月 31 日発行。

6 月、相互法則に関する論文「任意の代数的数体における相互法則（Über das Reciprocitätsgesetz in einem beliebigen algebraischen Zahlkörper）」の執筆が完了した。高木による論文名の邦訳は「任意代数体ニ於ケル相互律」。2 年後の大正 11 年。『東京帝国大学理学部紀要』（Journal of the College of Science, Imperial University of Tokyo）、第 44 巻、第 5 篇（全 50 頁）として刊行された。

【註記】 東京帝国大学理科大学の紀要が創刊されたのは明治 20（1887）年。誌名の英語表記は "The Journal of the College of Science, Imperial University of Tokyo" である。第 44 巻まで続き、最終巻を構成する諸論文の発行年は大正 11（1922）年から大正 12（1923）年にわたっている。1925 年から誌名が変わり、"The Journal of the Faculty of Science, Imperial University of Tokyo" となったが、これは大正 8（1919）年に大学の組織の模様変えがあって、分科大学制が学部制に変更されたことを受けた措置である。

"Journal of the College of Science, Imperial University of Tokyo" の日本語による誌名表記は、

第 25 巻（1908 年）までは『東京帝国大学紀要　理科』
第 26 巻（1909 年）から『東京帝国大学理科大学紀要』
第 39 巻（1916–1919 年）から最終巻までは『東京帝国大学理学部紀要』

というふうに変遷した。

高木貞治の第 1 主論文「相対アーベル数体の理論」の掲載誌は "Journal of the College of Science, Imperial University of Tokyo" だが、第 41 巻の実物の表紙には『東京帝国大学理学部紀要』という邦語誌名が記されている。「理科大学」ではなく「理学部」である。この巻は 11 篇の論文で構成され、論文ごとに単独で出版された。その期間は 1917 年から 1921 年にわたり、各々の論文に発行年が記入されている。高木の第 1 主論文は第 9 番目の論文で、1920 年 7 月 31 日に発行された。頁番号も論文ごとにつけられていて、巻 41 の全体を通じての通し番号はない。したがって、「第 41 巻の何頁から何頁まで」というふうにいうことはできない。

7 月 8 日、欧米諸国に出張。日本郵船の阿波丸で神戸から出発した。翌年 5 月、帰朝。この間、東北帝大の藤原松三郎が非常勤講師として高木貞治に代わって代数学を講じた。この時期、高木貞治は数学第 3 講座（代数学）の担当であっ

た。

この年、数学第5講座（幾何学）が設置された。担当は中川銓吉。

9月22-30日、ストラスブルクにおいて開催された第6回国際数学者会議に出席し、類体論を発表した。8月20日ころ、マルセーユ着。パリに行き、オテル・ディエナに宿泊。講演は9月25日午前10時から。聞き手は50人ほどであった。小倉金之助も聴講した（本田欣哉が聞き取った小倉金之助の談話による。本田欣哉「高木先生の伝記」。『追想　高木貞治先生』所収、182-188頁）。

「ノルム剰余について」（英文。『日本数学物理学会記事』第3輯、巻2、43-45頁）。

大正10（1921）年

5月13日、欧米出張を終え、帰国した。

7月、日本中等教育数学会第3回総会で講演「すとらすぶるぐニ於ケル数学者大会ノ話」。会場は東京高等師範学校。講演記録は『日本中等教育数学会雑誌』第3巻、第4、5号、1921年、113-116頁に掲載された。

『東京物理学校雑誌』第30巻、第359号、1921年、398-401頁、および『数理科学』（日本科学技術史大系、第一法規、日本科学史学会編、1969年9月、230-231頁）、に再録された。

【藤澤利喜太郎】10月、停年制（満60歳で停年）により東大を退官した。

10月15日、日本数学物理学会常会において講演「方程式論の或問題に就て」。

大正11（1922）年

9月16日、『東京帝国大学理学部紀要』第44巻、第5篇、全50頁刊行。相互法則に関する論文「任意の代数的数体における相互法則」が刊行された。

大正12年から昭和7年まで

大正12（1923）年

1月20日、チェコスロバキア数学物理学会より「数学物理学会名誉会員」に推薦された。

6月8日、学術会議会員になる。

大正14（1925）年

母、つね没。

6月27日、帝国学士院会員になる。

「フレドホルム行列式に関するノート」（長岡教授在職満25年記念祝賀会、Anniversary volume dedicated to professor Hantaro Nagaoka by his friends and pupils on the completion of twenty-five years of his professorship、313-318頁）。

大正15、昭和元（1926）年

1月12日、帝国学士院第191回総会において論文の報告と紹介を行う。午後4時半、開会。

論文報告。高木貞治「代数方程式の相互簡約に就て」。

論文紹介。末綱恕一が提出した論文「イデアル論に於ける或る函数のマキシマル、オルドヌングに就て」を紹介した。

11月4日、帝国学士院第199回総会において論文の紹介を行う。午後3時30分、開会。

論文紹介。末綱恕一が提出した論文「イデアル論的函数のマキシマル、オルドヌングに就て」と清水辰次郎が提出した論文「有理型函数の性質に就て」を紹介した。

「代数の一問題に関する諸注意」（『日本数学輯報』第2巻、137頁）。

「代数方程式の相互還元について」（『帝国学士院記事』第2巻、41–42頁）。

昭和2（1927）年

論文紹介「整数論講義（E. ランダウ）（E. Landau, Vorlesungen über Zahlentheorie、Leipzig、1927）」。『日本数学物理学会誌』第1巻、1927–1928年、219–221頁。

論文紹介「一般相互法則の証明（E. アルチン）（E. Artin, Beweis des allgemeinen Reziprozitätsgesetzes、ハンブルク大学数学セミナー論文集、第5巻、1927年、353–364頁）」。『日本数学物理学会誌』第1巻、1927–1928年、221–223頁。

昭和3（1928）年

4月、共立社から「輓近高等数学講座」の刊行が始まる。全18巻。昭和4（1929）年10月までに完結した。「数学雑談」が分載された。

昭和4（1929）年

4月6日、オスロ大学よりアーベル没後百年記念式典にあたり、高木貞治ほか15人の数学者に名誉博士の称号が授与された。高木は、類体論の基本定理、すなわち「アーベル体は類体である」という事実の発見を記念するためと思った（「一数学者の回想」より）。高木のほかの15人は次の通り。ブロウエル、エンゲル、フエター、アダマール、ハーディー、ヘンゼル、ユーエル、ランダウ、リンデレーフ、パンルベ、フラグメン、ビンケルル、ド・ラ・ヴァレ・プーサン、ヴェブレン、ワイル。

4月6日はアーベルの命日である。アーベルは1829年4月6日、満26歳で没。

【北條時敬】4 月 27 日、没。

昭和 5（1930）年

1 月、共立社から「続輓近高等数学講座」の刊行が始まる。全 16 巻。昭和 6（1931）年 11 月までに完結した。「近世数学史談」と「続数学雑談」が分載された。

7 月 1 日、『代数学講義』（共立社）刊行。

昭和 6（1931）年

3 月 15 日、『初等整数論講義』（共立社）刊行。

昭和 7（1932）年

4 月、「微分積分学」の講義を始める。停年退官まで 4 年間にわたって行われた。

7 月 12 日–12 月 3 日、欧州各国に出張。7 月 12 日、神戸出港。8 月 20 日、ナポリ着。ローマ、フィレンツェを経て 9 月 3 日、チューリッヒ着。12 月 3 日、神戸着。

9 月 5–12 日、チューリッヒで開催された第 9 回国際数学者会議に日本学術研究会議代表として出席した。会場はチューリッヒ連邦工科学校とチューリッヒ大学。議長はチューリッヒ大学のルドルフ・フエター。高木貞治は副議長のひとりであった。また、第 1 回フィールズ賞選考委員のひとりに選ばれた。

宿泊先のホテル・エーデンにおいて、出席者たちを招待した。招待されたのはシュバレー、ハッセ、ネーター、タウスキー、ファン・デア・ヴェルデン、チェボタレフ、彌永昌吉、南雲道夫、守屋美賀雄、三村征雄、三村たか子。計 11 人。国際数学者会議の後、ドイツ行。ゲッチンゲンではヒルベルトを訪問した。

10 月 8 日、ヒルベルトを訪問した。同行者はエミー・ネーター。

11 月、岩波講座「数学」の配本が始まる。11 月 20 日に第 1 回目の配本があり、以後、おおよそ月に 1 回ずつ配本が続いた。昭和 10 年 8 月、第 30 回目の配本があり、講座が完結した。高木貞治は「解析概論」と「代数的整数論」の執筆を担当した。「解析概論」は「一般項目」のひとつで、第 5、7、9、11、13 回配本（ここまでは昭和 8 年刊行）、第 15、17 回配本（昭和 9 年刊行）、第 30 回配本（昭和 10 年）と、8 回にわたって分載された。全 472 頁。「代数的整数論」は 6 回にわたって分載された。

第 1 回目の配本に「書信」が収録された。内容は手紙 2 通。1 通は岩波茂雄宛。チューリッヒの第 9 回国際数学者会議の状況報告。末尾に「9 月下旬　ぱりニテ」と記入された。もう 1 通は S 君宛で、ヒルベルト訪問記。1932 年 10 月 8 日、ゲッチンゲンにおいて執筆したと明記されている。「ヒルベルト訪問

記」は『近世数学史談』第2版（河出書房、昭和17年3月）に収録された。
「月報」に4回にわたって記事を寄せた。

1、「解析概論について」第5回配本（昭和8年4月5日発行）。末尾に記された日付は昭和8年2月28日。

2、「涓滴」第10回配本（昭和8年9月1日発行）。末尾に記された日付は昭和8年8月8日。

3、「代数的整数論について」第19回配本（昭和9年6月9日発行）。末尾に記された日付は昭和9年5月21日。

4、「終刊に際して」第30回配本（昭和10年8月15日発行）。末尾に記された日付は昭和10年8月1日。

12月3日、日本郵船の鹿島丸で帰国。この日の朝、神戸港に到着した。

昭和8年から昭和19年まで

昭和8（1933）年

4月2–3日、東北帝大において日本数学物理学会が開催された。第1日（4月2日）の午後、「自然数論について」という演題で講演を行った。講演時間は20分。

10月、「新修輓近高等数学講座」（共立社）の刊行が始まる。昭和11（1936）年完結。全35巻。第1回配本（10月18日発行）の第2巻は『近世数学史談』。

【藤澤利喜太郎】12月23日、没。

「自昭和5年至昭和7年　万国学術研究会議竝各協会総会参列報告」（学術研究会議、昭和8年4月）。

「自然数論について」（『科学』第3巻、第9号、昭和8年3月、378–380頁、岩波書店）。末尾の日付「昭和8年8月8日」。

昭和9（1934）年

8月、第7次日土大学講習会において講義「新代数学概論」を行う。

日土大学講習会は「考へ方研究社」の藤森良蔵が開設した事業である。企画にあたり、藤森良蔵は大阪の塩見理化学研究所の所長、小倉金之助を訪ねて相談した。小倉は東京物理学校の2年後輩（明治38年2月卒業）。小倉は、高木貞治に出てもらうにはまず林鶴一に出てもらうのがよいと助言した。第1次の日土大学講習会は昭和4年に実現した。期間は12月21日から1週間。

日土大学講習会は高木貞治の協力のもとに回を重ね、第7次をもって終了。昭和10年8月、新制日土大学が発足した。

11月5–8日、大阪帝大理学部数学教室において連続講演を行う。

「過渡期の数学」（5日）／「解析概論」（6日）／「数学基礎論と集合論」（7日）／「p–進数と無理数論」（8日）。

11月24日、大塚数学会の数学講演会において講演「過渡期の数学」。『大塚数学会誌』第3巻、第2号に掲載された。『大塚数学会誌』は「東京文理科大学東京高等師範学校大塚数学会」の機関誌。

昭和10（1935）年

8月、考へ方主義宣伝25周年記念事業として新制日土大学講習会が発足した。

8月24日、『数学雑談』（共立社）刊行。「新修輓近高等数学講座」巻1。第17回配本。

「新修輓近高等数学講座」に収録された『数学雑談』は、「輓近高等数学講座」の「数学雑談」と「新修輓近高等数学講座」の「続数学雑談」を合わせて編成された。「続」は「4　無理数」以下。

10月20日、『過渡期の数学　大阪帝国大学数学講演集I』（岩波書店）刊行。

12月26–28日、文部省で開催された数学講習会において吉江琢兒、田辺元とともに講義「訓練上数学の価値　附　数学的論理学」を行った。高等学校の数学、とくに文科の数学の教授改善を目的として、全国の高等学校、大学予科の数学の教員を文部省に集めた。吉江の講義は「高等学校文科数学教材の取扱方に就いて」、田辺の講義は「思想史的に見たる数学の発達」。これらの3つの講義の記録を編纂して、翌昭和11年、『一般的教養としての数学について』（岩波書店）が刊行された。

「過渡期の数学」（『大塚数学会誌』第3巻、第2号、昭和10年5月10日発行、69–71頁）。

「日本の数学と藤澤博士」（『教育』第3巻、第8号、昭和10年8月、岩波書店）、『藤澤博士追想録』（昭和13年）、230–239頁、および『数理科学』（日本科学技術史大系、第一法規、日本科学史学会編、1969年9月、112–113頁、190–191頁）に再録された。

「数学教育偶感」（『師範大学講座数学教育、第13巻、数学教育特選題目』昭和10年8月15日発行。翌昭和11年4月5日にも同様の冊子『師範大学講座数学教育［第二期]、第12巻、数学教育特選題目9』が発行された。初出は「師範大学講座数学教育」（全12巻)。

昭和11（1936）年

1月、イタリアの数学者フランチェスカ・セヴェリ来日。第1回日伊交換教授として外務省文化事業部と国際文化振興会の招致に応じて来日した。ローマ大学教授。2月3日から東大理学部で連続講義を行った。講義のテーマは多変数関数論。講義は英語で行われた。約10回の予定。1月29日、東京着。宿泊先は帝国ホテル。同日夕刻、高木は帝国ホテルにセヴェリを訪ね、講演の打ち合わせを行った。

2月4日、セヴェリが東京大学において講演「現代イタリアの文化について」

を行った。

2月5日、重光葵外務次官主催の歓送迎午餐会に出席。午後零時半より。場所は霞が関の次官官邸。主賓はシャリアピンとセヴェリ。

2月8日、「セヴエリ教授の来朝」(『東京朝日新聞』昭和11年2月8日)。

2月12日、上野の帝国学士院例会においてセヴェリの論文「代数面上の点集合の或る例」を代読した。2月14日、東北帝国大学で講演。4月3日、東京の数学物理学会で相対性理論について講演。

3月31日、停年を迎え、東京帝国大学を退官した。

9月11日、東京帝国大学名誉教授。

【藤森良蔵】10月1日、「考へ方研究社」の数学誌『高数研究』第1巻、第1号、10月号発刊。「高等数学入門」「大学数学解放」をスローガンに掲げて企画された。この年の4月、9月に第1巻、第1号を発刊することが決定した。6月、発刊の趣意を述べたパンフレットができあがった。日土大学の機関誌としての役割ももたせた。昭和19年12月号をもって終巻。

11月5日、日本数学物理学会主催の第13回特別講演会において講演「黎明の数学基礎論」。定刻の6時半には会場の数学教室別館(実はバラック)の周辺におよそ300人の聴衆が集まったため、委員の掛谷宗一が急遽、会場を新築の理学部2号館に移した。定刻に1時間遅れて、午後7時半開会。終了したのは9時近くであった。

11月25日、『一般的教養としての数学について』(岩波書店)刊行。講演記録「訓練上数学の価値　附　数学的論理学」が収録された。同書、35–70頁。

「数学漫談(祝高数研究発刊)」(『高数研究』第1巻、第1号、昭和11年10月1日発行、3–5頁。2つのエッセイで構成されている。「1、わたしの好きな数学史」「2、彼理憤慨」。末尾の日付は昭和11年7月31日。

昭和12(1937)年

11月27日、帰朝した辻正次の歓迎会に出席した。午後3時から5時まで談話会。辻正次と伊藤清(東大学生)の講演があった。引き続き赤門前の「鉢の木」において晩餐会。出席者約50名。高木貞治のほか、吉江琢兒、藤原松三郎も出席した。

「数学漫談(微積の体系といったようなこと)」(『高数研究』第2巻、第3号、昭和12年12月1日発行、1–4頁)。署名「TKG」。末尾の日付「昭和12年11月5日」。

「数学・世界・像(Emmy Noether 三回忌に)」(『科学』第7巻、第5号、200–202頁、岩波書店)。末尾の日付は1937年4月14日。

7月15日、『最新科学叢話第二』(日本数学物理学会、岩波書店)刊行。昭和11年の日本数学物理学会主催の第13回特別講演会における講演記録「黎明の数学基礎論」が収録された。同書、191–205頁。

昭和 13（1938）年

5 月 10 日、『解析概論　微分積分法及初等函数論』（岩波書店）刊行。612 頁。定価 7 円。東大理学部での講義「微分積分学」の講義原案を岩波講座「数学」に「解析概論」として発表。補筆改訂を施して単行本として刊行した。

9 月 28 日、『藤澤博士追想録』発行。編纂兼発行者、東京帝国大学理学部数学教室内、藤澤博士記念会（代表者、高木貞治）。『教育』第 3 巻、第 8 号に掲載された高木貞治のエッセイ「日本の数学と藤澤博士」が再録された。

11 月 23 日（新嘗祭）、上野池の端「浜の家」において開催された『高数研究』誌主催の座談会に出席する。出席者は高木貞治のほか、吉江琢兒、掛谷宗一、末綱恕一、小倉金之助、鍋島信太郎。藤森良蔵ほか 5 名の『高数研究』編集部員も同席した。「高木、吉江両長老に物を訊く会」という趣旨で行われた。

座談会の記録は「高木・吉江両博士を囲む会」と題されて『高数研究』第 3 巻、第 7 号、昭和 14 年 4 月 1 日発行、36–45 頁に掲載された。

昭和 14（1939）年

7 月 30 日、『数学教育講演集』（日本中等教育数学会編、東京開成館）刊行。日本中等教育数学会総会における講演記録から 27 篇が集められた。大正 10 年の第 3 回総会の際の高木貞治の講演記録「すとらすぶるぐニ於ケル数学者大会ノ話」が収録された。

「数学漫談（Newton. Euclid. 幾何読本）」（『高数研究』第 3 巻、第 4 号、昭和 14 年 1 月 1 日発行、1–5 頁）署名「Tkg. 」。末尾の日付は昭和 13 年 11 月 30 日。

「日本語で数学を書く等々」（『高数研究』第 4 巻、第 1 号、昭和 14 年 10 月 1 日発行、2–4 頁）署名「Tkg.」。末尾の日付「昭和 14 年 9 月 1 日」）。

昭和 15（1940）年

11 月 2 日、岩波書店店主岩波茂雄の発意により、哲学・数学・物理学など、基礎的学問の研究者を対象にする奨学金補助組織、財団法人「風樹会」が設立された。10 月 30 日、財団法人設立の願書を提出し、11 月 2 日、許可された。創立当初の理事長は西田幾多郎、理事に高木貞治、小泉信三、岡田武松、田辺元、幹事に明石照男が委嘱された。

【注記】 昭和 15 年 11 月 5 日の『読売新聞』の記事。岩波茂雄は私財 110 万円を投じた。

11 月 10 日、第 2 回文化勲章受賞。この日が授与式であった。同時に受賞したのは西田幾多郎（哲学）、佐々木隆興（生化学、病理学）、川合芳三郎（玉堂、日本画）。午後 3 時から賞勲局総裁室において授与式。西田幾多郎は病気のた

め出席できなかった。下條総裁からそれぞれ勲章と勲記が伝達された。午後4時、勲章を佩用して参内し、東車寄せにおいて御礼の記帳をして退出した。

【高木貞治の談話】

「寡少なる研究に対しまして過分の恩賞を賜わり誠に恐縮している次第で老骨に一層鞭うち皇恩の万分の一にも酬い奉らんことを期しております。世界の数学の現状を見ますと今やドイツの数学は米国に移った感があります。これはナチスのユダヤ人排斥が第一流の学者を米国に追いやったことも原因していますが、米国が数学の興隆に力を注いでドイツの数学者を多数招聘したことが最大の原因といえましょう。数学は時局に直接応用されるものではありませんが間接にはあらゆる科学研究の基礎をなすものです。数学の盛んな国は科学も盛んであるといっても過言ではないでしょう。翻ってわが国数学界を見ますに世界的水準にはまだ達しておりませんが、最近少壮数学者に有望な人が多数輩出して来ましたからわが数学界は将来は極めて明るいものです。次の代を背負う若い学徒はわれわれのような老人の後塵を拝するようなことなく独自の立場で潑剌と研究してほしいと思います。」(『大阪毎日新聞』昭和15年11月11日)

「光栄の文化勲章を拝受し誠に恐懼感激にたえません。現在第一流の数学者はほとんどアメリカに集っているありさまで、ドイツからもずいぶんアメリカに渡った人が多いが、日本の数学界は何分人も少ないのでまだ国際的水準にまで達しているとは申されないでしょう。数学は直接応用できるものではありませんが、この時局に対しても間接には色々な方面で大きな役割を果していることと思います。これから数学に志す人達に対して特に私から申上げる様な言葉はありません。我々年寄りが何も云わなくとも若い人達は若い人達の信念でもって立派に日本数学のために盡して呉れるでしょう。」(『東京朝日新聞』昭和15年11月11日)

【西田幾多郎の談話(家人を通して)】

「恩師の井上哲次郎先生はじめ諸先輩がいるのに、自分が受賞する事は恐懼感激に堪えない。」(同上)

【佐々木隆興の談話】

「明治35年東大医科卒業以来アミノ酸と癌生成の研究を続けてきた自分が文化勲章を拝受しまして、責任の重くなった事を痛感。ますます研究を進めなければならぬと思っています。」(同上)

【川合玉堂の談話】

「一門の光栄これに過ぎるものはない。」(同上)

この日、宮中外苑において紀元2600年式典が挙行された。翌11日、同じく宮中外苑において紀元2600年奉祝会が挙行された。

この後、大阪毎日新聞社の招待を受けて大阪で講演。数の理論の基礎の話をした。

12月7日、東大の数学教室談話会において講演「回顧と展望」を行う。加筆して『改造』1941年1月号、310–320頁、改造社に掲載された。昭和17年3月、河出書房の「科学新書」の1冊として『近世数学史談』が刊行されたとき、収録された。

また、速記録が、高木貞治の校閲を経たうえで『高数研究』第5巻、第4号、昭和16年1月1日発行、1–6頁に掲載された。

「数学の応用・それの実用性などということ（応用と実用）」（『高数研究』第5巻、第1号、昭和15年10月1日発行、1–4頁）。末尾の日付は昭和15年8月31日。

昭和16（1941）年

9月1日、藤原工業大学の教授に就任した。昭和22年7月31日まで。藤原工業大学は藤原銀次郎が私財800万円を投じて設立した私立の工業単科大学である。昭和14（1939）年5月26日、設置が許可された。設置場所は横浜市日吉。大学予科2年、本科3年の5年制であった。昭和19年8月5日、慶應義塾大学に統合され、慶應義塾大学工学部になった。

11月15日、大塚数学会の数学講演会において講演「数学に於ける抽象、実用、言語、教育等々」を行う。講演記録は『大塚数学会誌』（第11巻、昭和17年11月）に掲載された。

「高木貞治　掛谷宗一　両博士縦横対談記」（『高数研究』第5巻、第8号、昭和16年5月1日発行、24–35頁）。

「或る試験問題の話」（『高数研究』第6巻、第1号、昭和16年10月1日発行、1–3頁）署名「Tkg」。末尾の日付は昭和16年9月5日。

『高数研究』第6巻、第3号、昭和16年12月1日発行、53頁のアンケート特集記事「虚数は不実用的か」に応じ、「元来実用・不実用は物それ自身にあるのではない。吾々が使いこなせるものが実用的で、使いこなし能わざるものが不実用的である」という所見を表明した。

昭和17（1942）年

3月15日、『近世数学史談』第2版刊行（河出書房、科学新書）。講演記録「回顧と展望」とエッセイ「ヒルベルト訪問記」が附録として加えられた。

5月、「右と左」（『知性』5月号、39–42頁、河出書房）。

7月5日、上野濱亭において開催された日土大学座談会に出席した。出席者は高木貞治、末綱恕一と「考へ方研究社」の藤森良蔵、藤森良夫、岩田至康、田

島一郎。座談会の記録は『高数研究』第6巻、第11号、昭和17年8月1日発行、26-35頁に「高木　末綱両博士を囲む日土大学座談会」と題して掲載された。

7月25日-8月22日、新制第8回日土大学が開催された。テーマは代数学。高木貞治は9名の講師のひとりとして出向し、「数学雑話」と題して3回の講演を行った。第1回は円周率πについて、第2回、第3回は「仕官36人の問題（オイラーの方陣）」。

8月2日、上野濱亭において開催された日土大学座談会に出席した。出席者は高木貞治、守屋美賀雄、中山正と「考へ方研究社」の藤森良蔵、藤森良夫、田島一郎。座談会の記録は『高数研究』第6巻、第12号、昭和17年9月1日発行、41-46頁に「日土大学連続座談会（第2次）」と題して掲載された。

「昔と今（円周率をめぐって）」（『高数研究』第7巻、第1号、昭和17年10月1日発行、1-10頁。「未定稿」とされている。新制第8回日土大学における講義の記録）。末尾の日付「昭和17年8月30日」。

「仕官36人の問題（オイラーの方陣）」（『高数研究』第7巻、第3号、昭和17年12月1日発行、1-6頁。新制第8回日土大学における講義の記録）。

「数学に於ける抽象、実用、言語、教育等々」（『大塚数学会誌』第11巻、昭和17年11月、1-8頁）。『大塚数学会誌』は第11巻を最後に休刊。

昭和18（1943）年

3月11日、日本数学錬成所の開設を間近に控え、3月23日に大東亜会館において大懇談会を開催することに決まり、その打ち合わせのため、本郷帝大前の「鉢の木」において協議会が開かれた。高木は日本数学錬成所同人のひとりとして出席した。

3月23日、「日本数学錬成所」に関する懇談会に出席する。午後3時半から午後8時ころまで。場所は大東亜会館。高木貞治は錬成所同人のひとり。東京都下各大学、専門学校、中等学校の数学関係者、陸海軍関係工場工員養成所、民間工場の技術関係者など、四百数十名が出席した。国枝東京文理大名誉教授の挨拶、橋田文相の祝辞（代読）、田中舘愛橘博士、科学動員協会理事長多田駿吉中将たちの講演があった。高木も挨拶した。

3月30日、「刻下の関心事　増産と数学の問題（上）」（『東京朝日新聞』3月30日）。

3月31日、「決戦下に一投　増産と数学の問題（下）」（『東京朝日新聞』3月31日）。

5月、『科学朝日』5月号の「或る日の科学者」欄に紹介された。

6月10日、『数学小景』（岩波書店）刊行。

6月26日、日本数学錬成所で講演「数学雑話」。日本数学錬成所では毎週土曜日に特別講演が行われていた。

7月23日、午後5時半より日本数学錬成所において第1回錬成所総会が開催された。高木貞治、掛谷宗一ほか数学者40名ほどが出席した。午後9時半まで、4時間に及んだ。

7月25日-8月22日、新制第9回日土大学に7人の講師のひとりとして出講。課目は「数学雑話」。6時間。毎日夜間、午後6時から午後9時まで。日曜休講。他の講師は能代清（名大教授）、功力金次郎（北大教授）、吉田洋一（北大教授）、入江盛一（北大助教授）、福原満洲雄（九大教授）、古屋茂（中央航空研究所、研究官）。

「仕官36人の問題（オイラーの方陣）（承前）」（『高数研究』第7巻、第4号、昭和18年1月1日発行、1-6頁。新制第8回日土大学における講義の記録）。

「数学の辻説法」（『高数研究』第7巻、第8号、昭和18年5月1日発行、1-2頁。3月23日に開催された数学者大量養成懇談会における挨拶）。

「数学雑話——日本数学錬成所特別講演より」（『高数研究』第7巻、第11号、昭和18年8月1日発行、1-5頁）。末尾の日付「18・6・26（昭和18年6月26日）」。

昭和19（1944）年

1月15日、『数学の本質——講演集』（大塚数学会編、甲鳥書林）刊行。「過渡期の数学」（『大塚数学会誌』第3巻、第2号）と「数学に於ける抽象、実用、言語、教育等々」（『大塚数学会誌』第11巻）が掲載された。

7月25日、新制第10回日土大学で講演「数学雑話」を行う。この日が初日であった。

8月16日、新制第10回日土大学で講演を行う。この日は第3期の初日であった。

「虫干し」（『高数研究』第9巻、第1号、昭和19年10月、39-42頁）。

「オイレル方陣について」（『科学』第14巻、第2号、昭和19年2月、42-44頁、岩波書店）。

昭和20年以後

昭和20（1945）年

【河合十太郎】 2月19日、没。
4月13日、この日の深夜に行われた空襲により、東京都本郷区駒込曙町24番地（現在、東京都文京区本駒込）の家が焼失した。この夜の空襲は午後11時ころに始まり、約4時間に及んだ。空襲機はB29で、約170機（米軍側資料では330機）の大編隊であった。

高木の自宅は焼夷弾の直撃を受けて焼失し、高木本人もまた身体中に火の粉を浴びた。地面に転がって消し止めたが、眉毛と髪の毛がすっかり抜け落ちてしまった。避難し、夜明けを待って焼跡にもどると、書物がずらりと並んだま

ま白い灰になっていた。

9月27日、高木は山梨県南都留郡谷村町（現在、都留市）に疎開した。終戦後の9月27日には郷里の岐阜県本巣郡一色村数屋の生家に移動した。

9月下旬、長野県諏訪の鉱泉旅館「神の湯」に逗留。東大物理学教室の学生の疎開先であった。学生たちを相手に講話「整数とは何か」を行った。

9月27日、岐阜県本巣郡一色村数屋の生家に移動した。

12月、『高数研究』終刊。12月1日発行の第9巻、第3号が最後になった。

昭和21（1946）年

昭和21年10月1日、上京。東京都淀橋区諏訪町182番地に住所を定めた。現在の地名表記では東京都新宿区高田馬場1丁目附近である。

昭和22（1947）年

【藤森良蔵】 11月22日、肝硬変のため没。
【吉江琢児】 12月26日、狭心症のため没。
「故会員掛谷宗一君略歴」（『帝国学士院記事』第5巻、第2・3号、1947年11月、191–192頁）。

昭和23（1948）年

2月25日、『代数的整数論』（岩波書店）刊行。

8月14日、「考へ方研究社」主催の第3次大学数学講座で特別講義「数学の自由性」を行う。5時10分から。開始直前に土砂降りになり、全身びしょぬれになって「考へ方研究社」（東京都千代田区神田一つ橋2の3）に到着した。社員一同、飛び出して出迎えたところ、高木貞治は「ひどい雨ですね」と微笑した。

　第3次大学数学講座は8月2日、開講。毎日、午後5時から7時まで。A組とB組に分かれた。A組は8月2日から8月12日まで。B組は8月16日から8月26日まで。

11月26日、第5次大学数学講座（11月15日（月）–12月16日（木））において特別講義「続数学の自由性（集合論の話）」を行う。

「考へ方のいろいろ」（『考へ方』第31巻、第1号、1948年4月1日発行、3–5頁。「考へ方研究社」の数学誌『考へ方』は昭和18年10月から誌名が変わり、『数学錬成』となった。昭和20年1月号をもって発刊打ち切り。この時期、藤森良蔵の自宅は西巣鴨にあったが、昭和20年4月13日の夜半の空襲を受けて炎上したため、埼玉県北足立郡大和町の仮住居に転居した。終戦を経て、昭和20年12月1日、ガリ版刷り4頁で復刊した。対象は直接購買者のみ。第31巻、第1号から活版刷りになって再出発。）

「数学の自由性」（『考へ方』第31巻、第7号、1948年10月1日発行。8月14

日に行われた第3次大学数学講座における特別講義「数学の自由性」の記録)。

「故会員吉江琢兒君略歴」(『日本学士院紀要』第6巻、第2・3号、1948年11月、204-205頁)

昭和24(1949)年

「続数学の自由性(集合論の話)」(『考へ方』第31巻、第10号、1949年1月1日発行、34-38頁。昭和23年11月26日に行われた第5次大学数学講座における特別講義「続数学の自由性(集合論の話)」の記録)。

6月1日、『数学の自由性』(考へ方研究社)刊行。『高数研究』と『考へ方』に掲載したエッセイを集めた。目次は下記の通り。

序
1　数学の自由性(日付なし)
2　考え方のいろいろ(昭和23年3月)
3　わたしの好きな数学史(昭和11年7月31日)
4　彼理憤慨(昭和11年7月31日)
5　微積の体系といったようなこと(日付なし)
6　Newton、Euclid、幾何読本(昭和13年11月30日)
7　日本語で数学を書く、等々(日付なし)
8　応用と実用(昭和15年8月31日)
9　或る試験問題の話(昭和16年9月5日)
10　昔と今(円周率をめぐって)(昭和17年8月30日)
11　数学の辻説法(昭和18年3月23日)
12　数学の実用性(昭和18年6月26日)
13　虫干し(昭和19年9月)
藤森良夫　高木貞治先生への感激(昭和24年4月29日)
(冒頭の2篇「数学の自由性」と「考え方のいろいろ」を除いて、他はすべて『高数研究』に掲載された。末尾の括弧内の日付は執筆時期を示す。)

8月20日、『数の概念』(岩波書店)刊行。

昭和25(1950)年

「我が道を行く」(『私の哲学　ひとびとの哲学叢書』中央公論社、昭和25年1月25日発行、206-211頁)。談話筆録。末尾に「昭和24年8月5日　高田馬場の自宅にて談。文責　市井三郎」と記されている。

「現代数学の抽象的性格について」(『科学』第20巻、第12号、昭和25年12月、538頁、岩波書店)。

「Stirlingの公式について」(『数学』第2巻、第4号、昭和25年、344-345頁)。

昭和26（1951）年

2月、間歇性跛行症と診断され、医師の勧告にしたがい喫煙をやめた。

「私の信條」（『世界』1951年1月号、78-81頁、岩波書店）。

「'科学' 創刊20周年に当って」「"科学" の成年式に寄せて」（『科学』第21巻、第4号、176頁、岩波書店、昭和26年4月）。

「雑記帳から」（『心』第4巻、第8号、昭和26年12月号、80-81頁）。

昭和27（1952）年

「中学時代のこと」（『学図』第1巻、第3号、2-4頁、学校図書）。

「嘘か誠か」（『心』第5巻、第7号、昭和27年7月号、6-7頁）。

昭和30（1955）年

9月8-13日、「代数的整数論国際シンポジウム」（東京—日光）の名誉議長をつとめた。海外からアンドレ・ヴェイユ、クロード・シュヴァレー、エミール・アルチンなど、高木の学問の真価を知る著名な数学者たちが、この会議のために来日した。高木は名誉議長であった。

「一数学者の回想」（『文藝春秋』11月号、106-111頁）。

「明治の先生がた」（鈴木信太郎編『東京大学80年　赤門教授らくがき帖』鱒書房、昭和30年5月25日発行、111-118頁）。末尾の日付「一九五五・三・三一」（1955年3月31日）。

昭和32（1957）年

「謎」（『心』第10巻、第2号、昭和32年2月号、146-147頁）。

「無趣味が趣味」（談話筆録。『心』第10巻、第3号、昭和32年3月号、80-81頁）。

「回想」（談話。『数学』第9巻、第2号、昭和32-33年、65-66頁）

昭和33（1958）年

「雑記帳から——西の世界での東と西、等」（『心』第11巻、第7号、昭和33年7月号、170-171頁）。

昭和35（1960）年

2月28日、午後2時50分、脳軟化症のため東京大学附属病院沖中内科において没。

3月3日、青山葬儀場において葬儀。午後3時から4時まで告別式。

昭和48（1973）年

欧文論文集 "The Collected Papers of Teiji Takagi"（岩波書店）が刊行された。

編纂者は黒田成勝。序文は彌永昌吉。収録された論文は計 26 篇。通し番号が打たれている。類体論の第 1 論文は 13 番目、第 2 論文は 17 番目。第 2 論文が公表されたのは 1922 年で、その後もなお 9 篇の論文が並んでいるが、みな短篇である。論文集の本文は計 266 頁。第 2 論文までで 216 頁。ここまでで 81 パーセントを占めている。最後の第 26 番目の論文の刊行は昭和 20 年で、『学士院紀要』第 21 巻に掲載されたが、刊行は 3 月 12 日であるから、戦争のさなかである。ストラスブルクの国際数学者会議で類体論を発表したとき、高木はフランス語で書いた講演用のノートを読み上げた。そのノートは欧文論文集の第 14 番目の論文（168–171 頁）である。

平成 20（2008）年

5 月 10 日、『新式算術講義』（筑摩書房、ちくま学芸文庫M＆ S）再刊。

平成 22（2010）年

3 月 10 日、『数学の自由性』（筑摩書房、ちくま学芸文庫M＆ S）再刊。